国家社会科学基金项目成果

地方政府环境治理的驱动机制与减排效应研究

毛 晖 著

中国财经出版传媒集团

图书在版编目（CIP）数据

地方政府环境治理的驱动机制与减排效应研究／毛晖著. —北京：经济科学出版社，2019. 2

ISBN 978 - 7 - 5218 - 0291 - 7

Ⅰ. ①地… Ⅱ. ①毛… Ⅲ. ①地方政府 - 环境综合整治 - 研究 - 中国 ②地方政府 - 节能减排 - 研究 - 中国 Ⅳ. ①X321. 2 ②F424. 1

中国版本图书馆 CIP 数据核字（2019）第 034645 号

责任编辑：白留杰 刘殿和
责任校对：靳玉环
责任印制：李 鹏

地方政府环境治理的驱动机制与减排效应研究

毛 晖 著

经济科学出版社出版、发行 新华书店经销

社址：北京市海淀区阜成路甲 28 号 邮编：100142

教材分社电话：010 - 88191354 发行部电话：010 - 88191522

网址：www. esp. com. cn

电子邮件：bailiujie518@ 126. com

天猫网店：经济科学出版社旗舰店

网址：http：//jjkxcbs. tmall. com

北京密兴印刷有限公司印装

710 × 1000 16 开 17. 75 印张 300000 字

2019 年 5 月第 1 版 2019 年 5 月第 1 次印刷

ISBN 978 - 7 - 5218 - 0291 - 7 定价：55. 00 元

（图书出现印装问题，本社负责调换。电话：010 - 88191510）

（版权所有 侵权必究 打击盗版 举报热线：010 - 88191661

QQ：2242791300 营销中心电话：010 - 88191537

电子邮箱：dbts@esp. com. cn）

前　言

改革开放以来，我国经济持续高速增长，污染问题却日益突出，环境治理刻不容缓。党的十八大报告将环境保护纳入基本公共服务范畴。党的十九大报告则指出，我国经济已由高速增长阶段转向高质量发展阶段。在这一转型过程中，加快生态文明建设，推动绿色发展，成为新时代的重要任务。

环境治理具有较强的区域受益性。在我国，地方政府承担了大部分环境事权与支出责任。2007～2017年，“节能环保支出”科目中，地方支出占全国总支出的比重均在90%以上。显然，要提高我国的环境治理水平，必须充分考虑到地方政府的行为取向和激励机制。

本书是国家社科基金青年项目“地方政府环境治理的驱动机制与减排效应研究”（项目号：13CGL106）的最终研究成果。全书尝试从地方政府角度出发，探讨环境监管、财政竞争和公众参与对环境治理的影响，研究各类环境治理手段的影响因素和减排效应，力求为地方政府环境治理政策的优化，提供相应的决策参考，从而推动地方政府环境治理绩效的提升。

全书尝试探讨以下几方面的问题：

第一，分析地方政府环境治理状况的时序变化与区域差异。

从地方政府环境治理的时序变化来看，在工业废水、工业废气、工业固体废弃物的治理上，地方政府的治理能力均呈逐年提升的趋势，其中工业废水治理能力的提升尤为明显。

从地方政府环境治理的区域差异来看，东部、中部、西部地区的地方政府在工业固体废物上的治理能力相当。对于工业废水和工业废气，治理能力则存在较大的区域差异：东部地区的治理能力远高于其他地区。

同时，地方政府环境治理中，还存在着诸如环境事权划分尚未明晰、地方政府“竞次”① 行为严重、环境治理手段有待完善、公众参与渠道缺失等

---

① 竞次（race to the bottom）一词，由美国法官路易斯·布兰迪斯（Louis Brandeis）最先使用，指各国在经济竞争中获取竞争优势的一种办法，即以剥夺本国劳动阶层的各种劳动保障，人为压低他们的工资，放任自然环境的损害为代价，从而赢得竞争中的价格优势。中文中有的译为“趋劣”或“向底部竞争”等，这里统一称为“竞次”。

问题。

第二，探讨地方政府环境治理的驱动机制。

本书认为，地方政府对环境治理手段的实际运用，受上级监管、同级竞争和公众参与三重因素驱动。来自上级政府的环境监管，对地方政府节能减排具有最直接的驱动作用。而整体来看，沿海发达地区的节能减排完成状况好于内陆地区。来自同级政府的财政竞争压力，则会使地方政府在环境治理中，更为青睐环境基础设施方面的投资。而公众对环境治理的参与，则有利于推动地方政府加大污染防治力度。

本书运用 2005 ~ 2014 年我国 30 个省份的面板数据，探讨了各种激励因素对地方政府环境治理的影响。结果显示：节能减排问责制、政府竞争和公众参与均能有效减少污染排放，对地方政府的环境治理行为都具有正向的激励作用，其中，节能减排问责制的激励作用最为明显。因此，我国应从健全地方环保政绩考核制度、构建良性财政竞争机制，推动公众参与三个方面，完善地方政府环境治理的激励机制，以优化环境质量。

第三，研究地方政府不同环境治理手段的减排效应。

我国环境治理政策体系，包括命令控制型的直接管制和经济激励型的环境保护支出、环境税费和排污权交易等。地方政府在治理手段应用上的策略，会影响各种手段的减排效果。本书对环保财政支出、环境税费以及排污权交易三种环境手段的减排效应进行了实证分析。

首先，采用 2007 ~ 2013 年我国 30 个省份的面板数据，对我国环保支出的减排效应进行检验。结果显示，地方节能环保财政支出与污染排放呈现负相关关系。不过，地方节能环保财政支出虽然降低了污染排放，但并没有改变经济增长与污染排放的关系。在引入节能环保财政支出前后，经济增长与污染排放之间的关系均呈倒 U 形。

其次，根据经济发展水平和工业化程度，将我国的省份划分为四类，探讨了不同类型区域排污费的减排效应。实证研究表明，排污费在低工业化、高收入区域，未能发挥减排效果；而在低工业化、低收入区域，减排效果低于两个高工业化区域。总体而言，工业化程度较高的地区，排污费的减排效果更为显著。今后，为了充分发挥环境税的减排效果，我国应适度扩大环境税征收范围，同时，应根据各地工业化水平，制定差异化的区域税收政策。

另外，使用双重差分法，检验我国 2007 年以来实施的二氧化硫排污权交易改革的政策效果。研究发现，我国针对二氧化硫污染实施的排污权交易政策，从总体上降低了单位产出的二氧化硫排放强度。相比于政策实施之前的时期和非试点地区，排污权交易试点省市的二氧化硫减排程度均更强。

第四，提出优化地方政府环境治理的政策建议。

借鉴世界各国环境治理的先进经验，我国应从以下几方面优化地方政府环境治理体系。

首先，应明确环境事权划分，包括环境事权的纵向与横向划分。环境事权的纵向划分，要求对中央、地方及其共担的环境责任进行清晰界定，为后续管理打好基础。而环境事权的横向划分，则要求构建起跨区域环境治理的合作机制。

其次，有效的环境治理需建立规范的财政管理体制。一方面，构建地方税体系，适当扩大地方税收权限，完善地方税种建设。另一方面，健全生态转移支付制度，科学测算生态转移支付标准，完善相应的监督体系。

再次，完善地方政府环境治理手段十分重要。地方政府环境规制制度的改进、环境税制体系的完善、环境保护支出的优化、排污权交易制度的健全，将有力促进地方政府环境治理能力的提高。

最后，“十三五”规划提出，要形成政府、企业、公众共治的环境治理体系，实现环境质量总体改善。因此，要着力改善政府环境管理，强化企业责任，加强环境公众参与，形成政府、企业、公众多元共治的治理格局。

感谢国家社科基金的资助，使笔者能够对环境治理这一问题，从地方政府的视角，开展相应的探索和研究。

毛 晖

2019年1月

目　　录

导　论

改革开放以来，我国经济持续高速增长，环境污染问题却日趋严重。在我国的环境治理管理体系中，地方政府承担了绝大部分的事权和支出责任。然而，环境治理的效果却并不显著，地方政府的环境治理激励尚待加强。因此，要提高我国的环境治理水平，必须充分考虑到地方政府的行为取向和激励机制。

一、研究背景和研究意义

（一）研究背景

1. 环境污染问题日益严重，提高环境质量迫在眉睫

自20世纪70年代末改革开放以来，我国的经济高速增长，国力大幅增强。2008年起，我国的GDP总量超过日本，位居世界第二。2017年，中国GDP总量达到82.7万亿元，按可比价格计算，比上年增长6.9%①。

但纵观我国经济发展历程可以看出，我国在经济高速增长的同时，也伴随着环境污染的加剧。我国从20世纪70年代开始出现点源污染，80年代出现大气和城市河段污染，1994年爆发了淮河特大水污染事故，生态环境不断恶化。进入21世纪后，这种"高污染、高排放、高风险"的工业发展模式，以及"高投入、低产出、高能耗"的能源利用模式，使得工业废气、废水和固体废弃物呈现出连年增长的态势，污染日益严重。

以大气污染为例，2001～2013年，我国工业废气排放量从138145亿立方米，增加到669361亿立方米，增加了将近5倍。工业固废产生量从81608

---

① 中华人民共和国国家统计局：《2017年经济运行稳中向好、好于预期》，中国政府网，http：//www.gov.cn/xinwen/2018－01/18/content_5257967.htm，2018年1月18日。

万吨，增加到332509万吨，年均增幅达到30%左右[①]。2016年，在全国338个地级以上城市中，环境空气质量达标的城市仅占24.9%；此外，在474个开展降水监测的城市（区、县）中，酸雨城市比例达19.8%，酸雨频率平均为12.7%[②]。

此外，水污染问题同样严峻。联合国的调查数据显示，中国是世界上人均水资源拥有量最低的国家之一。但我国有限的水资源并未得到较好的保护，全国423条主要河流、62座重点湖泊（水库）的968个国控地表水监测断面的水质监测结果显示，Ⅰ、Ⅱ、Ⅲ、Ⅳ、Ⅴ、劣Ⅴ类水质断面分别占3.4%、30.4%、29.3%、20.9%、6.8%、9.2%。[③] 而我国的土壤污染状况也不容忽视。2014年，土壤污染调查公报显示，重金属污染超标的土壤占调查土壤的16.1%。

在2018年世界环境绩效指数（environmental performance index，EPI）排名中，我国EPI得分为50.74，在180个国家和地区中仅排第120席。其中，空气质量的单项得分仅为14.39分，排名倒数第四，[④] 可见我国环境污染问题的严重程度。2014年12月召开的中央经济会议中指出，我国的环境承载能力已达到或接近上限，经济发展方式必须从原来的粗放式发展转为可持续发展。生态环境问题已经成为影响中国可持续发展和人居生活环境的最大一块"短板"[⑤]。

2. 环境污染导致巨额社会损失，人民生活质量严重下降

生态环境作为人类活动的基础载体，其质量好坏对生产和生活都会造成相当大的影响。根据原国家环保总局和国家统计局联合编制的《中国绿色GDP核算研究报告2004》，中国2004年因环境污染造成的经济损失为5118亿元，占GDP总量的3.05%。另有学者指出，我国每年因水污染直接和间接

---

① 《中国环境统计年鉴》（2014）。

② 中华人民共和国环境保护部：《2016年中国环境状况公报》，http：//www.zhb.gov.cn/hjzl/zghjzkgb/lnzghjzkgb/，2017年6月5日。

③ 中华人民共和国环境保护部：《2014中国环境状况公报》，http：//www.mee.gov.cn/hjzl/zghjzkgb/lnzghjzkgb/201605/P020160526564730573906.pdf，2015年5月29日。

④ Yale Center for Environmental Law & Policy，Yale University，Center for International Earth Science Information Network，Columbia University：《2018 Environmental Performance Index》，https：//epi.envirocenter.yale.edu/downloads/epi2018policymakerssummaryv01.pdf。

⑤ 田国强、陈旭东：《中国改革：历史、逻辑和未来——振兴中华变革论》，中信出版社2014年版。

造成的经济损失约2400亿元[①]。

除经济损失外，环境污染还会严重损害公众的身体健康。据统计，“十一五”期间发生的232起较大环境事件中，污染损害健康的有56起；发展为群体性事件的有37起[②]。《OECD中国环境绩效评估》数据显示，预计到2020年，由于环境污染，我国城市地区每年患呼吸道疾病的约有2000万人，约有60万人过早死亡，总健康损失将达到GDP的13%[③]。

3. 政府与公众对环境治理的重视程度不断提高

在决策层面，我国近年来出台了一系列环境治理法律法规。2015年1月1日，修订后的《环境保护法》开始施行，这部“史上最严环保法”为环境保护提供了法律依据。2016年1月1日起，新修订的《大气污染防治法》开始施行，要求地方政府对本地大气污染防治重点任务、大气环境质量改善目标的完成情况进行考核，强化了地方政府在改善大气质量方面的责任。2016年12月，《环境保护税法》获全国人大常委会通过，并于2018年1月1日起实施。

2015年9月，国务院印发的《生态文明体制改革总体方案》提出，从建立健全环境治理体系、完善环境绩效制度等多个方面，进行生态文明体制改革，提升环境质量。“十三五”环保规划中，则明确提出加快改善生态环境，建立环境质量改善和污染物总量控制的双重体系。2017年10月，党的十九大报告指出，我国经济已由高速增长阶段转向高质量发展阶段。在这一转型过程中，加快生态文明建设，推动绿色发展，成为新时代的重要任务。

在公众层面，公民环保意识逐渐提高，对环境问题的参与程度不断增强，环境公众事件数量逐年上升。以环保举报为例，据原环境保护部数据，2017年，共接到环保举报618856件，其中“12369”环保举报热线电话举报量占66.2%，共409548件，约为2008年的196.8倍。微信、网络等新兴方式的举报量也大幅提升，相比上年分别增长了96.4%和612.7%。与之相应的办结率也达到了较高的水平，截至2018年1月，办结率达到95.19%。[④] 可见，

① 《环境治理成两会建言热门：宁要绿水青山》，《第一财经日报》，2015年3月4日。

② 《关注环境与健康：污染影响健康，如何防范风险》，人民网，http://env.people.com.cn/n/2014/1115/c1010-26028523.html，2014年11月15日。

③ 李禾：《我国污染引起健康损失将占GDP13%》，《科技日报》，2007年7月20日。

④ 《环境保护部通报2017年全国“12369”环保举报办理情况》，中国日报网，https://baijiahao.baidu.com/s?id=1590377694185405353&wfr=spider&for=pc，2018年1月23日。

公众对环境问题的关注，也成为政府环境治理的重要驱动力。

（二）研究意义

1. 通过探讨地方政府环境治理的驱动机制，以改善其环境治理激励，同时进一步完善政府管理体制

在我国的环境治理管理体系中，地方政府承担了绝大部分的事权和支出责任。2007～2016年，地方节能环保支出占全国节能环保支出总额的比重均在90%以上，支出总占比接近95%。[①] 地方政府环保支出规模从2007年的961.24亿元，增加到2016年的4439.33亿元[②]，年均增速达到18.5%。可见，地方政府在我国的环境治理中扮演着至关重要的角色。

但是，在地方政府的GDP锦标赛下，地方政府往往高度关注经济增长，而对环境保护的重视程度不足。地方政府为应对财政竞争的环境“竞次”行为，使得地方环境治理的效率低下，激励明显不足。

因此，探究地方政府环境治理的驱动机制，有利于增强地方政府环境治理激励。本书指出，上级政府的节能减排问责、同级政府间的竞争和公众参与的环保压力是驱动地方政府进行环境治理的三大主要因素，通过探讨这三类因素对地方政府环境治理行为和效果的影响，探究如何改善地方政府环境治理激励，从而进一步完善环境管理体制。

2. 通过比较不同环境治理手段的减排效应，为优化环境治理政策提供决策依据

从环境治理手段的作用机制来看，可分为命令控制型和经济激励型的环境治理手段。其中，经济激励型手段又包括环保支出、环境税费和排污权交易。不同的手段有其不同的适用对象。

命令控制型手段在环境治理的早期运用较多，其更多地依赖环境管理体制和行政部门的环境管理能力，在环境治理初期起到了一定的作用。但随着市场经济的发展，灵活性较差的命令控制型手段已难以满足环境治理的新要求，经济激励型环境治理手段成为各国广泛运用的工具。

同样地，经济激励型的环境治理手段也受到各类因素的影响，产生不同的治理效果。如排污权交易必须建立在环境产权明晰的基础上，对控制排污

① 2016年《中国统计年鉴》。
② 2008～2017年《中国统计年鉴》。

量有显著作用；环境税费手段要求有完善的税费管理体系，且具备一定的环境检测能力；环保支出的效果则取决于具体支出的领域，同时还将产生一定的再分配作用。

可见，不同的环境治理手段有其不同的特点和适用对象，同时，受地方政府手段选择和应用策略的影响，也会产生不同的环境治理效果。因此，本书通过深入分析各环境治理手段的特点和适用条件，探究不同环境治理手段的减排效应，尝试为优化地方政府环境治理手段，提供相应的决策依据。

二、相关文献综述

（一）地方政府行为激励理论

现有文献主要从财政分权与政治晋升锦标赛的角度，来阐述地方政府行为的激励理论。

1. 地方政府的经济激励：财政分权

钱颖一（1998）将财政分权与经济激励联系起来，认为一方面，行政分权赋予了地方独立的经济决策权；另一方面，财政分权改革使得地方可以与中央分享财政收入。在这两方面的激励作用下，地方政府推动经济增长的热情高涨，有很强的动力去维护市场。

此外，国内外不少学者也对此开展了多角度的理论研究和实证分析。

理论研究方面，张宇（2013）认为，政府生产性财政支出比重会随着收入及分权程度的增加，而呈现先增后减的倒 U 形变化特征。支出分权程度的提交会导致临界水平的降低，使财政分权收入与生产性支出比重更易呈现负相关关系。丁骋骋、傅勇（2012）研究发现，新中国成立之后，尤其是改革开放以来，通过反复博弈，中央与地方逐步建立了财政分权和金融集权的体制框架，进而影响到地方政府的行为和资源配置，最终优化了我国宏观经济运行模式。

实证分析方面，Jin 等（2005）利用省级数据，发现财政分权促进了中国市场化进展。张曙霄、戴永安（2012）利用市级数据，发现财政分权促进了城市经济增长。基于空间视角的进一步分析发现，政府间财政分权的空间策略性竞争，对大多数城市的经济增长有抑制作用，仅对经济增长速度极为领先的城市有促进作用。

2. 地方政府的政治激励："官员晋升锦标赛"

Blanchard 和 Shleifer（2001）认为，财政分权只是推动中国经济快速发展的原因之一，地方政府在中央政治晋升的激励下，更倾向于采取有利于当地经济发展的政策。要更充分地解释地方政府激励，需要将中国官员治理模式与财政分权体制相结合。

周黎安（2004）指出，以 GDP 为政绩考察指标的"政治锦标赛"，是我国政治体制的显著特征之一。通过改变地方政府官员的激励，"政治锦标赛"为企业的发展提供了政府服务（周黎安，2007）。在对上负责的中国政治体制背景下，地方政府往往大力确保 GDP 的高增长。而 GDP 增长，也成为政府政绩考察和官员晋升的主要指标。

张晏、龚六堂（2005）指出，地方政府之间"自上而下的标尺竞争"，源于分权对地方政府产生的激励。因此，"为增长而竞争"，也就成为地方官员的必然选择。孙伟增等（2014）认为，这种考核机制也能够有效促进中国城市经济增长的可持续性。随着中央对地方官员考核机制的科学化，环保考核被纳入考核体系，在这种情况下，环境质量的改善能增加地方官员的晋升概率，并且在大城市和政府行政力量较强的城市，这种作用更加显著。

此外，也有学者从实证角度进行了验证。Li 和 Zhou（2005）等基于 1985 年以来中国省级面板数据，发现随着地方 GDP 增长率的提高，省级官员的升迁率也有所上升，这就为地方官员晋升激励提供了经验证据。周黎安、陶婧（2011）运用我国 1997～2003 年县级面板数据，系统考察了省区交界地带与非交界地区经济发展的差异，其经验发现与中国地方官员的政治锦标赛理论相一致。乔坤元（2013）使用 1978～2010 年我国省、市两级政府的面板数据，对这一机制进行了多个角度的再考察，研究发现，我国的确存在官员晋升锦标赛机制，这一机制的考核内容主要是经济增长，而且市级比省级竞争更激烈。

（二）影响地方政府环境治理的因素

1. 财政分权与地方政府环境治理

由地方政府提供区域性公共物品，在理论和实践中都得到了较为广泛的认可。现阶段，分权体制下地方政府的环境治理问题，日益得到重视。

传统环境联邦主义认为，分权体制下，为吸引流动性要素、增加就业和税收，地方政府往往会放松环境监管，形成环境治理的"竞次"局面

(Levinson，2003；Rauscher，2005；Kunce and Shogren，2005；马中，2010；唐翔，2010；闫文娟，2012)。在财政分权背景下，地方政府环境治理激励不足、效率较低，缺乏治理环境污染的积极性，使生态环境成为被滥用的“公共池”的现象加剧（张玉、李齐云，2014；计志英等，2015；郑尚植、宫芳，2015；谭志雄、张阳阳等，2015)，且环境治理效果的地区差异较大(林伯强、邹楚沅，2014)。由于财政分权和垂直整治集中的双重激励，地方政府更重视经济建设，引资竞争，挤占环境治理支出（赵霄伟，2014；陈思霞、卢洪友，2014)。

财政分权导致地方政府环境治理不足，在实证研究上也得到了一定程度的证明。Bowman 与 DeShazo（2007）发现，地方政府获得环境检测权力后，环境的检查率显著降低。薛钢、潘孝珍（2012）指出，财政分权度若以支出衡量，则与环境污染负相关；若以收入衡量，则无法确定其关系。王娟、张克中（2011）从碳排放的视角，通过省级面板数据的计量分析，发现财政分权会增加碳排放量，主要是通过第二、第三产业发生作用，并且耗煤大省的财政分权对碳减排的负面作用要显著高于其他省份。阎文娟（2012）发现财政分权在一定程度上导致环境治理投资偏低，但不是主要原因，关键是政府竞争加剧了财政分权对环境治理投资的负面影响。

但是，也有研究发现，分权体制下，地方政府倾向于改善环境质量(Kunce，2004)。在美国，环境分权政策实施后，地方政府采取更严格的措施控制污染，使环境质量得到了改善（List & Gerking，2000；Sigman，2003；Fomby& Lin，2006)，甚至导致出现过度的环境保护（Millimet，2003)。张征宇等（2010）发现地方环境支出提高到某一水平后，环境支出的增加主要是由于地区间的环境政策竞争。杨海生等（2011）则证明了在省级政府间，同样存在环境政策的攀比式竞争。随着户籍制度的松动，异地入学和社会保障的跨地转移更加便利，“用脚投票”机制将得到强化，从而迫使地方政府关注环境质量之类的非经济性社会目标（傅勇，2010)。

鉴于财政分权体制对环境质量的影响，中央政府在考察地方政府的环境治理行为时，应采取灵活应对的策略（Chirinko & Wilson，2007；崔亚飞、刘小川，2010)。刘炯（2015）提出，环境治理制度设计应以提高地方政府的治理意愿和能力为根本。马万里、杨濮萌（2015）建议，未来改革应从中央政府层面开始进行“顶层设计”，确定合理的中央和地方政府环境事权以及科学的地方官员考核制度。

2. 财政竞争与地方政府环境“竞次”行为

传统环境联邦主义认为，分权体制下，为吸引流动性要素、增加就业和税收，地方政府往往会放松环境监管，形成环境治理的“竞次”局面（Levinson，2003；Rauscher，2005；Kunce and Shogren，2005；马中，2010；唐翔，2010；闫文娟，2012）。关于“竞次”理论，国外学者一般是从税收具有跨区域的外部性角度，作出解释。选择提高辖区内税率的地方政府，并不会考虑资本、劳动等要素的流出是否给其他地区带来好处，其本地成本将降至社会成本之下。由于存在税收的外部性，均衡税率低于社会最优税率，从而影响到地方政府税收的增加，进而影响地方公共品的供给（Zodrow and Mieszkowski，1986；Wildasin 1989；Keen and Marchand，1997）。Wilson（1996，1999）指出，地方政府往往会通过降低税负或者放松环境监管等方式，争取流动性要素的“落户”，来获取经济竞争优势，这致使环境治理等公共服务供给不足。

具体到中国地方政府的环境“竞次”行为，改革开放以来，地方政府在财政分权和“政治锦标赛”的混合激励下，展开引资竞争。1994 年分税制改革后，中国政府 FDI 竞争更为激烈。

王福岭、曹海军（2011）对财政分权与 FDI 之间的关系，进行了实证检验，发现分权体制下，FDI 成为地方政府竞争的焦点，地方政府会想方设法吸引外资，以此推动地区 GDP 的提高。然而，这种以 FDI 为主导的经济增长模式，也带来诸多弊端。国内地方政府为吸引 FDI 而导致的环境政策博弈显著存在（朱平芳等，2011），放松环境管制，可以降低企业污染治理的投入成本，增加对外商投资企业的吸引力，从而成为地方政府竞争 FDI 所依赖的一项重要政策手段（王芳芳、郝前进，2010；邓慧慧、桑百川，2015）。

Cole 等（2007）使用中国省级面板数据，证明了“污染避难所”假说。王芳芳、郝前进（2010）发现，环境规制强度的增加对 FDI 的区位选择具有显著的负面影响。朱平芳等（2011）建立空间计量模型研究发现，环境“竞次”效应在 FDI 中高水平的城市间最为显著。阚大学（2014）通过实证检验发现，FDI 显著加剧了环境污染，但这种效应呈下降趋势，以至于 2000 年后 FDI 改善了环境质量。杨红等（2014）研究发现，一方面，FDI 通过拉动工业制造等产业的发展，增加了相关企业污染物排放量；另一方面，FDI 企业的先进制造技术与污染治理技术将减少污染物的产生，并从投资母国政府、FDI 企业、国内地方政府三个角度分析了 FDI 加剧中国环境污染的原因。

3. 公众参与和地方政府环境治理

近年来，公众参与对环境治理的影响备受关注，对环境治理中的公众参与研究，主要集中于公众参与的必要性、现状分析、影响因素、治理效应以及制度设计等五个方面。

（1）公众参与环境治理的必要性。随着经济增长，公民的环保需求日益增强（曲格平，2006；佘群芝、王文娟，2012）。这会促使政府增加环保预算，也会使公众通过选举、游行等形式，给执政者施加压力，促使政府采取更严格的环保政策（Kwon，2001；Khanna，2002）。公众及利益相关者的参与，有助于改进政府决策，已成为发达国家环境治理中的重要驱动力（Dietz and Stern，2008；Rauschmayer，2009），是政府组织在环境保护领域的有力补充（董莉，2011）。

另外，国外学者在公众参与环境治理的初期对其参与的必要性进行了论证。Jonathan（2001）提出，公众参与环境保护，有助于改善环境质量、降低成本，是一种既廉价又绿色的新方法。Mulugetta（2010）认为，公众在化解气候危机方面发挥着重要作用，是碳减排的核心力量[①]。

（2）公众参与环境治理的现状分析。胡文婧（2015）提出，目前我国公众参与环境治理存在着意识不强、行动不足的问题，且公众参与的法律和制度欠缺、形式化严重。同时，公众参与缺乏政府的有序指导，缺乏对城市环境治理的全程参与；公众参与的制度供给不足，环保民间组织的发展面临重重困难（孙彬彬，2015）。屈志光、严立冬（2015）对2010年全国公众的环境素质进行了评估，结果表明：城市居民的环境素质显著高于农村居民，受教育程度、媒体使用水平等因素对公众环境素质影响显著。

（3）影响公众参与的因素探究。公众参与成本高，公众参与的预期效用及其实现概率较低，公众参与的心理收益较低，被认为是影响公众参与积极性的主要因素（尹明华，2013）。刘小青（2012）则通过统计分析得出，代际差异是影响公众对环境治理主体选择偏好最关键的因素。Mikko Rask（2011）分析了公众的社会阶层、种族、性别等因素对其参与环境治理的影响。

（4）公众参与环境治理的效应。郑思齐等（2013）研究发现，公众对于

---

① Mulugetta Y. and Urban F. Deliberation on Low Carbon Development, Energy Policy, 2010, 38: 7546 – 7549.

环境的关注，使地方政府更重视环境问题。另外，在公众环境关注度越高的城市，空气污染的环境库兹涅茨曲线（EKC）会更早地跨越拐点，从而进入增长与环境改善双赢的发展阶段。于文超等（2014）认为，公众环保诉求能推动地方政府进行环境治理，如增加投资、颁布环保法规等。张玉、李齐云（2014）以公众认知程度代表公众参与环境治理的主观能动性，研究发现，环境质量水平与公众受教育水平正相关，与城乡人均储蓄水平负相关。杜建国等（2013）采用演化博弈理论方法，建立了公众与排污企业行为交互过程的演化模型，用数值仿真展示了决策参数的不同取值和初始条件的改变对演化结果的影响。研究发现，公众参与下的企业环境行为路径演化系统，既可以向良好状态演化，也可以“锁定”于不良状态，通过调节模型中的参数，可以跳出不良“锁定”状态。

John W. Delicath（2004）研究了美国及其他一些地方在制定环境决策中，公众参与事件中的有效信息交流过程，以揭示公众参与对环境政策制定的影响程度。此外，A. Ozola（2011）则基于案例研究和行动研究，探讨了 NGO 和公众参与对环境治理的作用程度。他的研究表明，公众参与在制定环境政策中起着关键作用，并提出，建立公众参与的制度体系是促进公众参与环境治理的关键。

（5）公众参与环境治理的制度设计。有学者专门从公众参与的法律制度角度进行研究，认为完善公众参与环保的法律机制迫在眉睫（墨绍山，2012；苏姝，2013）。王彬辉（2014）认为，我国应实行“民行刑三位一体”的环境公益诉讼，同时加强政府治理与公众自治的良性互动，促进环保社会组织专业化，实现公众环境举报法治化。张晓文（2010）提出，在公众参与环保法律制度的建设上，应以公众权利为核心，并建立政府行政管理和公众参与相结合的环境保护制衡机制。

（三）各种环境治理手段的减排效应

1. 地方政府环境治理手段的选择及比较

Rosen（2009）将环境治理手段分为两类：命令控制型管制和激励型管制，后者包括体现庇古思路（Pigou，1920）的环境税费和体现科斯思路（Coase，1960）的排污权交易制度。在不同的生态、制度、技术条件下，不同治理手段的环境绩效差异明显（Daniel，2002）。国内关于政府环境治理手段的研究，主要包括针对不同手段展开的专门研究及对环境治理手段的综合研究。

（1）关于命令控制型管制。国外许多实证文献（Tietenberg，2001；Keohane，2002）研究发现，命令控制型治理手段在控制污染方面所需的成本，比激励型治理手段高出几倍甚至几十倍。当政府有较强的监管能力时，命令控制型环境管制政策的减排效果明显，但缺乏有效经济刺激，且不利于技术创新（Stiglitz，2000；王江宏、贾宝疆，2014）。张江雪等（2015）通过对2007～2011年中国30个省（区、市）进行测算，发现命令控制型管制手段对工业绿色增长的作用显著，但绿化度较低。刘超（2015）认为，实行命令控制型管制模式，会出现环保目标悬置与制度异化以及政府与企业合谋等诸多弊病。

（2）关于环境税的研究。苏明、许文（2011）和晋盛武、王圣芳（2012）认为，环境税能有效减少污染排放，缓解资源环境压力，开征环境税是必然选择。作为环境税体系的重要税种之一，碳税的开征，有助于引导企业减少碳排放，缓解温室效应，从而实现保护环境的目的（Nordhaus，2009；Joseph Stiglitz，2010；张景华，2010；陈诗一，2011）。

在环境税的征税范围上，赵丽萍（2012）认为，应当将环境税制的设计向能源税靠拢，目前我国消费税的征税范围包括部分能源，未来应当将消费税的征税范围进一步扩大，直至包含电力产品。未来时机成熟时，可以根据每一类能源产品，设计单一的调节税种，如成品油消费税、电力产品消费税，并逐步对其他有害环境产品或污染物征税。苏明，许文（2014）认为，在当前我国国情下，环境税的征税范围选择应分为两个部分，一是各类污染物排放，包括水污染、大气污染和固体污染等，二是专门针对二氧化碳设置的碳税。

（3）关于排污收费制度的研究。在我国，由于现行排污收费制度存在收费标准偏低、排污费可以转嫁等问题，其污染减排的效果不佳（周峰，2010；王金南、龙凤等，2014）。因此，必须改革和完善排污收费制度，才能充分发挥其政策作用（常月芹，2011；王军峰、闫勇，2012）。

在完善排污收费制度方面，王军峰，闫勇等（2012）从区域性角度出发，以排污税费标准的制定为切入点，指出我国排污费制度不能使所有区域达到最优排污税费水平，最终提出要结合区域特征、推行差别排污税费标准的建议。王金南，龙凤等（2014）结合我国排污费制度发展状况，阐述了2014年我国排污费标准调整的内容和特点，提出了排污费制度的改革方向，即扩大收费标准、重视排污费收入使用、建立独立型环境保护税等。

(4) 关于排污权交易的研究。作为推动环保与经济协调发展的核心环节(王小龙,2008),排污权交易制度有助于提高公众参与的积极性,增加社会福利和效益,优化环境资源配置以及减少污染物的排放(武普照、王倩,2010)。我国排污权交易制度虽然仍处于试点阶段,但在强化减排监管方面已取得了较大成绩(方灏、马中,2008;彭本利、李爱年,2012)。由于各地区经济发展状况不同,该制度在不同地区发挥的减排力度也存在着差异(代军,2011)。我国的排污权,是按行政区来交易的,政府的干预色彩较浓厚,极易造成地方政府的寻租行为,使排污权交易流于形式(马中,2010)。为了更有效地发挥排污权交易制度的污染减排作用,并在全国范围内广泛施行,还需从排污权相关立法(杜光秋、黄战峰,2009)、初始分配(张琪,2010;张胜军,2010;林涛,2011;张培、章显,2012)、总量控制(胡民,2010;邓可祝,2011)等方面对其进行优化和完善。

(5) 关于环保投资的研究。部分学者对我国区域环保投资状况进分析,指出目前我国的环保投资还没有起到改善环境的作用,主要原因是环保投资总量不足、结构不合理、资金的运行效率较低(武普照,2010;刘妮、江荫,2012)。杨磊和高向东(2012)指出,我国环境污染与环保投资的重心存在偏离,削弱了环保投资的作用。

但有些学者认为环保投资能够改善环境质量(王亚菲,2011;张宏霞,2011;董竹等,2011;Zhang,2013;Xue,2013),且我国东部发达地区环保投资的效率水平优于中西部地区,中西部地区环境效率的敏感性相对较高(曾贤刚,2011;原毅军,2011;胡达沙,2012)。在环境规制下,滞后一期的环保投资有着较强的减排效果(彭熠、周涛等,2013)。

2. 各种环境治理手段减排效应的实证研究

在环境治理手段减排效应的实证研究方面,国外起步较早,并主要集中在环境税费、排污权交易等。国内学者对环保投资、环境税、排污收费等环境治理手段的治污效果,展开了大量的实证分析。但由于排污权交易制度在我国尚未普遍施行,数据并不完整且难以获取,与此有关的研究文献则相对较少。

(1) 对环境治理手段减排效果的直接研究。Gupta 和 Barman(2015)通过构建包含正式部门和非正式部门的两商品动态模型进行研究,发现环境质量和公共基础设施建设支出显著影响了两部门私人投资生产率。冯海波、方元子(2014)以财政分权为制度背景,利用中国地市级数据,考察了地方财政支出与工业污染（SO_2）排放关系的区域差异，发现增加财政支出的规模能改中西部的环境质量，但对东部环境质量没有改善作用。在此基础上，他们提出应改变投资主导的经济发展思维，从而使财政支出有效逆转经济增长对环境质量的破坏。孙开、孙琳（2014）和李国年（2014）则得出“政府财政支出规模增长无法有效地降低碳排放”的结论。

在排污收费方面，一些学者展开了专门的研究。Shibli 和 Markandya（1995）指出，在中国，排污收费制度治污减排的作用未得以充分发挥，是因为地方政府只将其视为融资的方式之一，人为因素较大。Wang（2000）和 Wheeler（2005）发现对水污染和空气污染收费会对企业产生不同程度的影响，其中，排污收费对水污染强度、空气污染强度的影响弹性，分别为 0.27 和 0.65，表明两者均能显著地引导企业减少污染排放。Dasgupta 等（2001）的研究也表明，征收排污费能有效地保护环境，降低约 0.4% ~1.18% 化学需氧量和总悬浮固体引起的水污染水平。

还有学者针对环境税进行研究。Bosquet（2000）和 Patuelli（2002）研究发现，环境税的实施有效控制了碳排放。Lee（2007）则发现开征碳税后，上游企业的二氧化碳排放量明显下降，但下游企业并没有太大变化。在税率方面，一些学者运用可计算一般均衡模型（computable general equilibrium，CGE），发现如果按最优税率征收，污染减排效果将显著提高（王德发，2006；何建武、李善同，2009；姚昕、刘希颖，2010）。高鹏飞和陈文颖（2002）则应用 Markal-Macro 模型研究得出，碳税最佳税率应为 50 美元/吨，太高反而会降低其效果。

在环保投资方面，国内很多学者专门研究了环保投资的治污效果。他们认为，我国目前的环保投资总量不足，投资结构不尽合理，环保投资资金的运行效率也较低，导致治污效果不佳（武普照，2010；刘妮、江荫，2012）。只有进行科学的环保投资，并将环保投资与其他经济手段相结合，才能真正改善环境质量（张雪梅，2010）。王亚菲（2011）则发现，环保投资是否有效与区域分布有关，有的省份环保投资作用较大，但不足一半，且多是污染不严重的偏远省份。

但也有学者提出，环保投资能促使企业改进生产工艺，使用清洁能源，实现源头治理（张平淡、朱松，2012）。董竹、张云（2011）也认为，我国目前的环保投资能改善环境，且两者之间存在长期的均衡关系。

（2）利用环境库兹涅茨曲线（the environmental kuznets curve，EKC）的

间接研究。Halkos 和 Paizanos（2014）构建动态面板模型，验证了环境库兹涅茨曲线假设，以及财政支出对环境的影响。研究认为，环境库兹涅茨曲线呈现 N 形，政府支出占 GDP 的比重与污染排放负相关。Halkos 和 Paizanos（2012）分析了 77 国 1980 ~2000 年的面板数据，估计了政府支出规模对环境的直接影响和间接影响。实证结果显示，政府支出规模的扩大直接减少了二氧化硫和二氧化碳的排放。收入水平较低时，政府支出规模的扩大间接地减少了二氧化硫的排放；随着收入水平的提高，政府支出的二氧化硫间接减排效应逐渐减弱。而政府支出的二氧化碳减排效果，则不受收入水平的影响。

国内也有一些学者利用 EKC 来分析环境治理手段的减排效果。张学刚等（2010）实证发现，与中国的经济增长模式相同，环境治理的模式也属于政府主导型。彭水军和包群（2006）发现环境政策能促使 EKC 曲线的转折点提前到来，同时使曲线趋于平缓（高宏霞，2012；李时兴，2012）。另外，为了提高经济增长和环境质量的协调度，有必要通过经济或行政性手段来限制污染物排放（周茜，2011；罗岚、邓玲，2012）。

一些学者针对北京、河南、浙江等具体地区的环境库兹涅茨曲线进行研究，结果发现，排污收费、环保投资、行政政策等环境治理手段能有效降低重点污染行业的污染排放强度，尤其是污染密集产业的排放（吴振信、万埠磊，2012）。环保科技和生产技术发展滞后，也会影响环境手段的执行效果，导致环境治理工作收效甚微（白婷、徐波，2010；柯文岚，2011）。

综上所述，现有文献研究了地方政府行为激励理论和影响地方政府环境治理的因素，对各种环境治理手段的减排效应，也进行了相应的量化研究。当然，现有研究也存在进一步完善的空间：如对各地环境治理行为和效果的差异性，及其内在的原因，还缺乏较为深入的实证分析；此外，结合政府体制，来探讨环境手段的减排效应，研究相对不足。本书将研究地方政府环境治理的驱动机制，为激励地方政府治理环境，提供相应的参考依据。另外，拟通过定量分析，在省级政府层面，比较不同环境治理手段的减排效应，为优化环境治理政策，提供决策依据。

三、研究内容与方法

（一）研究内容

本书除导论外包括六章，各章内容如下：

第一章地方政府环境治理状况。本书指出，不同财政体制下环境污染状况有差异。从不同污染物治理的时序变化来看，在工业废水、工业废气、工业固体废弃物的治理上，地方政府的治理能力都呈逐年上升趋势，其中工业废水治理能力的提升更为明显。从环境治理的区域差异来看，东部、中部、西部地区的地方政府在工业固体废物上的治理能力相当，且效果都不算差。对于工业废水和工业废气，地方政府的治理能力有较大的区域差异，并且基本上是东部地区远高于其他地区。同时，地方政府环境治理中还存在着诸如环境事权划分尚未明晰、地方政府“竞次”行为严重、公众参与渠道缺失等问题，治理水平仍有待提高。

第二章地方政府环境治理的驱动机制。本章分析了地方政府环境治理的驱动因素：来自上级政府的环境监管，对地方政府节能减排具有最直接的驱动作用；来自同级政府的财政竞争压力，对地方政府进行环境治理，会产生或正或负的影响；公众对环境治理的参与，则有助于推动地方政府提高环境治理水平。

本书运用2005~2014年我国30个省份的面板数据，探讨了各种激励因素对地方政府环境治理的影响。结果显示：节能减排问责制、政府竞争和公众参与均能有效减少污染排放，对地方政府的环境治理行为都具有明显的激励作用，其中，节能减排问责制的激励作用最为明显。因此，我国应从健全地方政府环保政绩考核制度、构建良性财政竞争机制，同时推动公众参与环境治理三个方面，完善地方政府环境治理的激励机制，以优化环境质量。

第三章地方政府环境治理手段及影响因素。本章主要分析了我国目前所实行的命令控制型、环境保护财政支出、环境税费、排污权交易等不同治理手段，围绕发展历程、现实状况、存在的问题等展开论述；并且探讨了影响环境治理手段绩效的相关因素，具体包括污染物类型和分布、环境技术的发展水平、环境产权的界定情况、环境管理体制等。

第四章地方环境治理手段的减排效应。本章对环境保护财政支出、环境税费以及排污权交易三种环境经济手段的减排效应进行了实证分析。

首先，采用2007~2013年我国30个省份的省级面板数据，检验我国环境保护财政支出的环保效应。实证结果显示，地方污染物排放随着地方政府节能环保财政支出的增加而减少。随后对环境库兹涅茨曲线假说进行了验证，实证结果显示，在引入节能环保财政支出占地区生产总值比重变量前后，经济增长与污染排放均呈倒U形关系。此外，地方政府节能环保财政支出与污染排放呈现负相关关系，有效控制了污染排放。

其次，根据经济发展水平和工业化程度，将我国的30个省份划分为四类，探讨了不同类型区域排污费的减排效应。实证研究表明，排污费在低工业化、高收入区域，未能发挥减排效果；而在低工业化、低收入区域，减排效果低于两个高工业化区域。总体而言，工业化程度较高的地区，排污费的减排效果更为显著。

最后，使用双重差分法，实证检验了中国2007年实施的二氧化硫排污权交易的政策效果，以考察二氧化硫排污权交易的减排效应。研究结果发现，无论是否引入控制变量，排污权交易政策净影响的系数都显著为负，说明从总体上看，该政策降低了单位产出二氧化硫的排放强度，与政策实施前以及未实施交易试点的地区相比，交易政策实施地区的二氧化硫排放强度有所减弱。

第五章地方政府环境治理的国际经验借鉴。本章介绍了地方政府环境治理的国际经验，包括环境事权划分、环境治理手段优化和多元环境共治体系构建的经验。在介绍国外环境治理经验的过程中，本章梳理出各国实践的共同点和各自特色，总结了值得我国借鉴和参考的地方。

第六章优化地方政府环境治理的政策建议。基于前文的研究，提出了优化地方政府环境治理的政策建议，主要包括明确环境事权划分、完善财政体制、丰富环境治理手段和构建政府、企业、公众共治的环境治理体系四个方面。

（二）研究方法

本书主要采用实证分析、规范分析、经验总结等研究方法和研究手段进行研究。

实证分析主要通过分析中国各省级政府污染排放和经济增长的面板数据，探讨经济发展水平和工业化程度各异的地方政府，在环境治理行为及效果上是否存在区域差异。并且对各种地方环境治理手段的效果进行实证考量，展开对比。

规范分析主要运用制度经济学、环境经济学等相关知识，分析了庇古思路和科斯思路两种环境治理手段的特色，并综合分析了选择环境治理手段的影响因素和现实效果。

经验总结方法，主要用于分析地方政府环境治理的国际经验。本书对地方政府环境治理的国际经验进行分析与归纳，使之系统化，为我国地方政府环境治理提供相应借鉴。

四、可能的创新与不足

本书的创新之处体现在以下几点：

第一，将政府体制与环境治理结合起来进行探讨，综合运用财政学、环境经济学、制度经济学与公共管理学等理论，开展交叉学科研究。环境治理不仅仅是个技术问题。在中国，环境问题带有深刻的体制烙印。要提高我国的环境治理水平，必须充分考虑到地方政府的行为取向和激励机制。

第二，探讨了各地环境治理行为和效果的差异性。通过分析相关指标数据，检验财力充裕、财政支出自主权限较大和公民环保意识较高的地方政府，治理环境的积极性是否更强。

第三，比较了三种代表性环境治理手段的应用状况和减排效应，为优化环境治理政策，提供相应的决策参考。本书提出，在中国的财政分权格局下，要提高治理手段的环境绩效，就必须充分考虑到地方政府行为的影响。例如，地方政府会放松环境管制标准来招商引资，出现环境“竞次”行为；环境税费的作用发挥，与当地的经济发展水平和工业化程度有关等。报告还运用双重差分法，实证检验了二氧化硫排污权交易制度的减排效应。

本书的不足之处在于：由于数据可得性原因，在进行定量分析时，仅在省级层面，探讨了地方政府环境治理的驱动机制和环境治理手段的减排效应，而未能深入到更基层的地市一级。

第一章　地方政府环境治理状况

财政体制直接影响地方政府行为，不同的财政体制对地方政府的环境治理行为也有不同的影响。另外，由于我国各省经济、社会发展差异显著，地方政府的环境治理水平也有高下之分。因此本章首先探讨不同财政体制下的环境治理状况，然后从时序变化和区域差异两个方面，研究地方政府对不同污染物的治理状况，最后分析地方政府环境治理中存在的问题。

第一节　不同财政体制下的环境治理状况

一、统收统支阶段我国地方环境治理状况

新中国成立以来（1949～1978年），我国实行高度集中的统收统支财政体制，统一全国财政收支、物资调度与现金管理，由中央政府掌握国家财政管理权限。在这一阶段，虽然中央与地方的关系，在集权与放权中反复调整，但每一次调整都由中央政府主导，地方政府收支与管理权限都很小，因此总体上并未改变高度集权的特征。

（一）统收统支阶段的环境状况

1953年，伴随着新中国的第一个五年计划，我国展开了工业化的进程。该时期的经济模式表现为两种模式的周期性循环，即中央高度集权的“集中模式”和中央放权的“地方竞赛模式”。

面对国家“重工业战略优先”的发展计划，地方政府开展了以钢铁、粮食等产量为指标的“锦标赛”，变成了追求指标的大型公司。由于这个时期的经济分权是建立在高度的政治控制和资源控制的基础上，地方政府往往为

了追求指标而不计成本，努力建设辖区内完整的工业体系，并不关心投资和建设的长期经济效益。重复建设、地方保护主义盛行，是放权阶段地方政府行为的集中特点，也给环境带来了严重的破坏。

可以说，新中国成立后20年，在重工业赶超的宏观经济战略下，政府与民众普遍环境意识淡薄，地方政府短视行为导致自然资源难以合理利用，成为我国所面临环境压力的诱因。尤其是在“大跃进”和“文化大革命”时期，经济建设片面强调数量，不注重社会效益，错误的经济指导纲要使得环境污染和生态破坏明显加剧。

工业生产方面，在“以钢为纲”的方针指导下，粗放式、小规模的炼钢炉遍地开花，布局混乱，也缺少相应控制污染的措施。据统计，1985年末，全国兴建炼铁、炼钢炉，约60万个[①]。1959年的工业企业是1957年的三倍之多[②]。冶炼钢铁需要大量矿产资源，也会排放废气、废渣，而当时的技术条件难以实现污染物排放的有效处理。矿产资源无序开采、冶炼垃圾直接排放等，都给生态环境带来了很大的压力。

城市建设方面，在“先生产，后生活”的倡导下，城市发展无规划，且任意布点。一些城市甚至在公园等公共场所建立重污染型工厂，以致城市之中烟雾弥漫。

农业生产方面，“以粮为纲”的方针使得全国的土地被深耕，作物被密植，以发展粮食生产。为了解决温饱问题，甚至出现毁林、毁牧、围湖造田等现象。如1961～1967年，鄱阳湖面积缩小了590平方千米，平均缩减速度是50年代的近1.76倍[③]。并且，大量的森林被砍伐，温室气体排放严重。这些不仅违背了农业生产的自身规律，也给我国当前环境问题埋下了祸根。

（二）统收统支阶段的环境治理政策

新中国成立初期，国民经济遭到严重的破坏，政府的工作重心也在于复苏财政经济工作，环境保护概念尚未形成，也不存在明确的环境治理政策。

---

① 张连辉、赵凌云：《新中国成立以来环境观与人地关系的历史互动》，《当代中国史研究》，2010年第3期。

② 何亮亮：《向自然界开战：“大跃进”造成巨大的生态破坏》，凤凰网，http：//news.ifeng.com/history/phtv/tfzg/detail_2010_12/29/3760381_0.shtml，2010年12月29日。

③ 《中国环境保护行政二十年》编委会：《中国环境保护行政二十年》，中国环境科学出版社1994年版。

随着工业生产的恢复和发展，政府才开始对环境问题有所重视。政府在环境治理中处于主导地位，成为政府直控型环境政策的起点。

计划经济体制下，我国的环境政策主要体现在20世纪70年代各项环境法规的出台。并且，这一阶段的法规，以国务院的法规和行政条例为主。首先，国家开始制定和颁布环境标准，使环境治理有定量指标。其次，政府开始实施各项环境保护工作，如调查重点区域污染、制定全国环境保护规划等。另外，政府还实行各种污染防治工作，主要是“三废”治理和综合利用，并开始提出“三同时”等管理制度。

然而在该阶段，环境管理体制建设并未得到足够重视。环境管理以直接管制为主，主要采取单一的行政管理手段，缺乏更高层次的法律制度建设，环境税费和排污权交易制度等经济手段也未得到运用。具体的环境治理政策如表1-1所示。

表1-1　统收统支阶段的环境治理政策

时间	环境治理政策
1951年4月	《矿业暂行条例》
1953年12月	《国家建设征用土地办法》，强调土地保护
1956年12月	《矿产资源保护试行条例》，强调自然资源保护
1957年10月	《工厂安全卫生规程》，防治工业污染
1972年6月	《关于官厅水库污染情况和解决意见的报告》，第一次提出区域污染治理
1973年8月	第一次全国环境保护会议：《关于保护和改善环境的若干规定》
1973年11月	《工业“三废”排放试行标准》
1974年1月	《防治沿海水域污染暂行规定》
1974年10月	成立国务院环境保护领导小组
1977年4月	《关于治理工业“三废”，开展综合利用的几项规定》

（三）统收统支财政体制对地方政府环境治理行为的影响

统收统支体制下，财政分权进行了集权与分权的数次调整。虽然地方政府的自主性在这些调整中有所扩大，但是计划经济体制的特点，仍使得中央权力过分集中，抑制了地方政府的积极性。

一是地方政府行为缺乏有效的激励机制。计划经济时期，地方没有独立的经济利益，财政收支更多地表现为向中央“要”为主，对中央的依赖性很强。高度集权体制下的激励不足，使得地方政府缺乏发展经济的热情，更不用说环境治理问题。

二是资源配置效率低下。在统收统支财政体制下，政府是资源配置的主导力量，资源调配统一按中央计划进行。该时期实行“收支两条线”管理，地方收入上缴中央，支出则由中央拨付。因此在中央确定基数、比例时，常常由于信息不对称等原因，使得部分财政资源被不当投入，降低了资源配置效率。各个领域的监督不力，也导致地方政府行为效率低下，难以有效提供环境等公共品。

二、财政包干阶段我国地方环境治理状况

1978 年，我国由计划经济向市场经济转轨，财政体制开始实行包干制。财政包干制打破了统收统支阶段高度集权的格局，通过提高地方政府的财政自主权，强化地方政府激励。在支出方面，支出安排的“块块”管理，使地方的财政权限有所提高。在收入方面，“分灶吃饭”体制激励地方政府发展经济，从而提高税基，增加财政收入。因此，地方政府发展经济的热情高涨，但是由此带来的负面影响也开始凸显，产生了地方保护主义、产业结构趋同等现象。

（一）财政包干阶段的环境状况

正如前文所述，地方政府开始了以经济发展为中心的要素竞争。并且，以改革开放为契机，地方政府也开始了招商引资的热潮。从最初的萌芽阶段到分税制前的快速发展阶段，我国外资从东部沿海城市向全国迅速推广，在长三角、珠三角、珠渤海湾一带，形成了以吸引外资为主的开放区。工业化和市场经济的作用下，我国环境政策远远滞后于经济增长的速度，地方政府区域竞争也带来了生态环境的恶化。

以工业“三废”为例，在大气环境方面，1982～1991 年，粉尘回收量从 893 万吨增加到 2161 万吨，增长率高达 120.8%。工业粉尘和烟尘的排放量都呈下降趋势；二氧化硫排放量有所上升，但幅度不大。[①] 可见这一阶段，

① 1981～1990 年《中国环境资料汇编》；1991 年《中国环境状况公报》。

地方政府大气防治工作还是取得了一定的成效。

在水环境方面，1983～1993年，工业废水排放达标率提高了18.1%，工业废水处理率提高了51.4%。然而，尽管我国政府在废水方面的治理能力有了很大的提高，但工业废水排放绝对量依然居高不下，全国工业废水排放量基本维持在220亿～270亿吨范围内①。

在固体废弃物方面，1986～1993年，我国固体废弃物产生量逐渐上升，但排放量从1.33亿吨下降到0.22吨，下降了约83.46%；固体废物的综合利用率稳步提高，1992年达到了接近40%②。然而，在这一时期，由于固体废物产生量与累积堆存量持续增长，加重了环境质量恶化的趋势。

总之，相对于统收统支阶段，财政包干体制下，地方政府对环境问题予以更多的关注，环境治理能力也有所加强。我国工业污染总体上得到了一定的控制，这也与中央的宏观政策密切相关。据统计，“六五”期间，我国环保投资占GDP的0.5%（166.23亿元）；“七五”期间，环保投资占GDP的0.67%（476.42亿元）。③ 不过，尽管我国环保投资绝对额的增幅显著，但是占GDP的比重依然很低，我国重工业发展战略下的环境恶化态势并未有根本性扭转，我国仍然面临着环境污染蔓延和生态环境恶化的严峻形势。

（二）财政包干阶段的环境治理政策

我国环境保护事业自20世纪70年代起步，并通过不断加强制度建设和开展重点地区污染治理，逐渐走上法制化轨道。

1. 环境保护的起步与创建阶段（1973～1982年）

在这一阶段，人们认为环境问题是由于工业生产而带来的污染问题，把环境管理简单地理解为采取各种手段控制污染。当然，这一阶段也取得了相应的成就。第一，初步实现了对环境问题认识上的转变，要求加强“三废”治理，并取得了成效；第二，实现了环境管理思想认识的转变，开始依法管理；第三，成立了国家、省两级环境管理机构；第四，建立了“老三项”（环境影响评价、“三同时”、排污收费）制度。具体的环境治理政策如表1－2所示。

---

①② 国家环境保护局，历年中国环境状况公报。

③ 陈林华：《论我国政府环境保护的投资行为》，《经济与社会发展》，2008年第3期。

表 1-2　　1973～1982 年的环境治理政策

时间	环境治理政策
1978 年 2 月	第一次在《宪法》中强调环境保护
1979 年 9 月	《环境保护法（试行）》
1981 年 4 月	《关于国民经济调整时期加强环境保护工作的决定》，要求对企业、自然资源和自然环境加强管理和监督，切实执行国家有关政策和法规
1982 年 2 月	《征收排污费暂行办法》
1982 年 4 月	《大气环境质量标准》
1982 年 8 月	《海洋环境保护法》

2. 环境保护的发展阶段（1983～1993 年）

该时期我国环境治理政策由"末端治理"型向"预防控制"型转变，环境保护制度有所完善，环境保护措施有所优化，环境资源立法进入一个新阶段。一是明确了环境保护是基本国策，充实了环境保护理论体系；二是建立了以《环境保护法》为核心的法律体系，不断提升法律管理在环境管理体制中的地位；三是建立了以排污收费、"三同时"与环境影响评价制度为主体的环境保护制度。具体的环境治理政策如表 1-3 所示。

表 1-3　　1983～1993 年的环境治理政策

时间	环境治理政策
1983 年 12 月	《防止船舶污染海域管理条例》
1984 年 5 月	成立国务院环境保护委员会，领导组织和协调全国环境保护工作
1984 年 5 月	《水污染防治法》
1984 年 9 月	《森林法》
1985 年 6 月	《草原法》
1986 年 6 月	《土地保护法》
1987 年 9 月	《大气污染防治法》
1988 年 1 月	《水法》
1988 年 7 月	成立国家环境保护局
1989 年 12 月	《环境保护法》
1992 年 4 月	成立中国环境与发展国际合作委员会
1993 年 3 月	成立全国人大环境与资源保护委员会

（三）财政包干财政体制对地方政府环境治理行为的影响

在财政包干体制下，首先，“剩余索取权”使额外增长的税收归属地方政府，激发了地方发展经济的热情。此外，以经济增长为核心的政绩考核体系初步形成，地方官员开始了以经济绩效为标准的晋升博弈。然而，在日趋激烈的竞争下，地方政府片面追求经济增长，忽略环境代价，导致保护环境的意愿弱化，环保动力不足，重复建设、市场分割、产业结构趋同等负面现象严重。

其次，在财政包干体制下，中央和地方需要就基数和包干比例进行讨论，无疑会增加交易成本，浪费财政资源，降低资源配置效率。在讨论过程中，地方政府权限的扩大，也增强了地方与中央讨价还价的能力，形成了“上有政策、下有对策”的局面，削弱了中央政府的宏观调控能力，不利于中央环境政策的有效执行。

最后，地方政府往往追求自身利益最大化，表现出强烈的对外排斥性。我国严格的户籍管理制度，给这种对外排斥提供了可行性，从而滋生地方保护主义、地方封锁等不良现象，影响全社会的资源配置，也给跨区域污染治理带来困难。

三、分税制阶段我国地方环境治理状况

1994 年 1 月 1 日起，我国开始了分税制财政管理体制。分税制改革规范了各级政府间的财政分配关系，改变了过去中央与地方讨价还价的方式，节约了大量交易费用。然而分税制改革使大部分财政资源归属于中央政府，而相当一部分的财政支出项目下放给地方，这就导致政府财权与事权不对称。在中央与地方之间，财权上收，事权下放，导致地方政府的财政收支压力加大（见表 1 -4）。

对于地方政府来说，比较全国财政收支中地方的占比可以发现，地方财政支出占比一直呈小幅上升趋势，地方财政收入占比则在 1994 年急剧下降。1978 ~ 1993 年，地方财政收入占全国的比例平均为 70.14%，财政支出占比为 58%。1994 ~ 2013 年，地方收入占比为 48.21%，但财政支出却占 74.73%（见图 1 - 1）。

表 1-4　　中央与地方政府财政收入与财政支出情况

时期	财政收入				财政支出			
	中央财政		地方财政		中央财政		地方财政	
	收入（亿元）	比重（%）	收入（亿元）	比重（%）	支出（亿元）	比重（%）	支出（亿元）	比重（%）
“七五”（1986～1990年）	4104.4	33.4	8176.2	66.6	4420.3	34.4	8445.4	65.6
“八五”（1991～1995年）	9038.4	40.3	13403.7	59.7	7323.1	30.0	17064.3	70.0
“九五”（1996～2000年）	25618.4	50.5	25156.0	49.5	17481.6	30.6	39561.9	69.4
“十五”（2001～2005年）	61888.3	53.8	53162.4	46.2	36629.9	28.6	91393.0	71.4
“十一五”（2005～2010年）	159290.5	52.6	143741.6	47.4	66023.2	20.7	252947.7	79.3

资料来源：根据2014年《中国统计年鉴》整理而来。

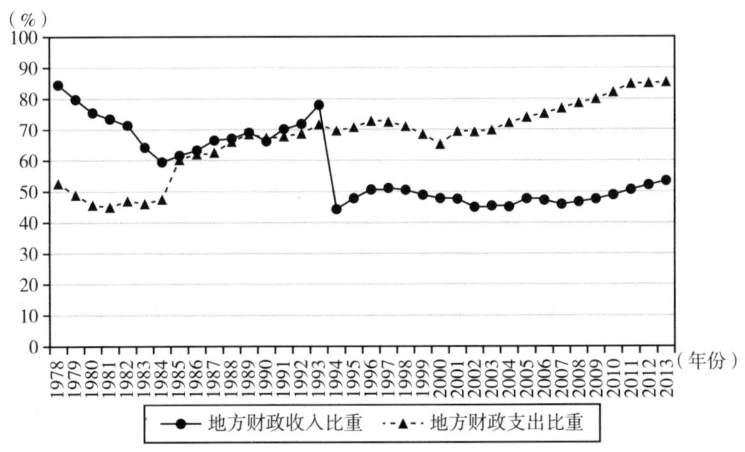

图 1-1　“分税制”前后地方政府财政收支比重

资料来源：根据2014年《中国统计年鉴》整理而来。

（一）分税制阶段的环境状况

如果说财政包干制是地方经济与工业化迅速发展的重要推动力，那么分税制就进一步强化了地方政府工业化的激励。分税制改革以调整中央与地方政府之间的财政关系为核心，改革了财政包干制下不规范的做法，但是也带来了新的问题。在分税制下，由于财权与事权高度不对称性，地方政府把城市扩张和“土地财政”变成了增加税源、保证地方财力的重要砝码，纷纷开始了过热的地方基础设施投资热潮，导致粗放型经济增长和产能过剩。

分税制阶段，地方政府的环保意识和环境治理能力都有一定提高。然而，在政治晋升的压力下，地方政府招商引资的热情与日俱增，大规模地建设工业开发区，污染排放的绝对量居高不下。

在大气环境方面，伴随着分税制的改革，工业粉尘、工业烟尘的排放量从 1998 年开始都有较大幅度的下降。1998 ~ 2010 年，工业粉尘排放量从 1320. 45 万吨减少到 448. 59 万吨，降幅高达 66. 03%；工业烟尘排放量从 1174. 86 万吨减少到 603. 17 万吨，下降了 48. 66%。[①] 但是排放量依然很高，政府还需加大大气污染治理的力度。

在水环境方面，1994 ~ 2013 年，工业废水排放量依然居高不下，一直在 200 万吨 ~ 250 万吨。2013 年，全国 202 个地级市开展了地下水水质监测工作，共计 4896 个监测点。其中，较好及以上水质的比例为 38. 5%，较差及以下水质的比例为 61. 5%。[②] 水污染的治理形势依然严峻。

在固体废弃物方面，1997 年开始，工业固体废弃物排放呈现显著的下降趋势，这说明我国工业污染治理能力有所提高。然而我国工业固体废弃物产生量依然很高，2013 年，我国工业固体废弃物产生量达到 33. 09 亿吨，相较于 1994 年的 6. 2 亿吨来说，增长率高达 433. 7%[③]。

可见，实行分税制以来，随着我国环境治理技术的不断提升，我国环境污染加剧的趋势有所控制。据统计，我国基本完成“九五”期间的主要污染物控制计划。“十五”期间，国家控制的污染物排放增长趋势得到初步遏制。“十一五”期间，环境质量基本保持稳定。不过，尽管环境保护和生态建设取得了很大成绩，环境问题仍然相当突出。从全国范围来看，污染物排放总量依然居高不下，污染程度仍然处于较高水平。

---

① 1999 ~ 2011 年《中国环境年鉴》。

② 2014 年《中国国土资源公报》。

③ 1995 ~ 2014 年《中国环境年鉴》。

（二）分税制阶段的环境治理政策

1994年起，我国在环境治理上突出经济管理，注重科学性、规范性，法律管理也有所加强，而行政管理则有所弱化。环境管理手段进一步向适应市场经济的方向发展，环境管理的多元管理体制得到了进一步完善。

该阶段的环境治理政策在经济管理、法律管理、行政管理、国际合作方面都有所涉及，环境治理体系不断深化。

经济管理方面，在管理手段上，主要有以下几种：一是开展大气排污交易政策试点工作；二是在环境影响评价市场中引入竞争机制；三是全面推行环境标志制度和排污许可证制度；四是在全国各地试点建立环保投资公司；五是开征二氧化硫排污费，提高排污收费标准。

法律管理方面，出台了大量法律、行政性法规和相关标准，逐步完善环境保护的法律体系，力求将环境问题上升到法律层面。

行政管理方面，在具体的管理手段上，逐步在环境管理中引入市场机制，发挥环境影响评价制度、排污交易制度与排污许可证制度的作用，关停污染企业政策也开始实施。

国际合作方面，在全球化大背景下，环境问题越发成为全球性问题。这一阶段，我国积极参加了几十项涉及环境保护的国际公约，如《联合国气候变化框架公约》《京都协议书》等，并与多个国家签署了双边环境保护合作协议。

具体的环境治理政策如表1－5所示。

表1－5　　1994～2016年的环境治理政策

时间	环境治理政策
1994年9月	成立重大环境污染与自然生态破坏事故应急处理工作领导小组
1996年7月	第四次全国环境保护会议召开，确定了坚持污染防治和生态保护并重的方针，在全国范围内开展了大规模的污染防治及生态建设和保护工程
1998年9月	印发《全国环境保护工作纲要（1998～2002）》，强调环保经济手段的重要性
2001年3月	设立10个国家级生态功能保护区建设试点区
2002年3月	印发《全国生态环境保护“十五”计划》
2002年6月	颁布《中华人民共和国清洁生产促进法》
2005年7月	颁布《国务院关于加快发展循环经济的若干意见》

续表

时间	环境治理政策
2007 年 5 月	印发《节能减排综合性工作方案》
2007 年 11 月	颁布《国务院关于印发国家环境保护“十一五”规划的通知》
2011 年 10 月	印发《关于加强环境保护重点工作的意见》
2013 年 9 月	印发《大气污染防治行动计划》
2015 年 4 月	印发《水污染防治行动计划》
2015 年 6 月	发布《中华人民共和国环境保护税法（征求意见稿）》
2015 年 8 月	颁布《中华人民共和国大气污染防治法》
2015 年 9 月	印发《生态文明体制改革总体方案》
2015 年 12 月	印发《生态环境损害赔偿制度改革试点方案》
2016 年 12 月	颁布《中华人民共和国环境保护税法》
1997 年以来	修订多部有关环境保护的法律法规，如 1998 年修改的《森林法》、2000 年修改的《渔业法》、2002 年修改的《环境影响评价法》、2014 年 4 月修改的《环境保护法》等

综上所述，分税制以来，党和政府高度重视环境保护，环境管理体制在实践中不断完善，逐渐由单一化走向多元化，并形成面向全球的综合化管理体制。这反映出我国的环境政策手段正在向政府间接管制转变；环境治理的主体也逐步发展到政府、企业、公众共同参与；环境政策的设计理念则逐渐从“谁污染谁治理”转化为“科学发展观”（见表 1－6）。

表 1－6　　改革开放以来环境政策设计理念的转变

环境政策	年份	内容	优势	存在的问题
谁污染谁治理	1979	产生污染的企事业单位应对其造成的环境损害负担经济和行政上的责任	首次提出了排污者应当承担的社会与环境责任；适用于点源污染时期	污染的来源越来越多，无法全面参与治理；排污者自觉意识不足，无法按要求治理；导致了分散治理带来的技术、资金、工艺上的浪费
可持续发展	1992	在满足当代人需求的同时，不危及后代人的需求	倡导良好的生态环境和资源的永续利用；鼓励经济增长；谋求社会的全面进步	没有发掘公众参与的积极性；具体的实施方案正在摸索

续表

环境政策	年份	内容	优势	存在的问题
科学发展观	2003	坚持以人为本，树立全面、协调、可持续的发展观，促进经济社会和人的全面发展	强调物质、政治、精神三个文明建设整体推进；强调生态环境的改善、资源利用效率的提高，可持续发展能力的增强，实现人与自然的和谐发展	理论框架与实施体系需要进一步完善

资料来源：吴荻、武春友：《建国以来中国环境政策的演进分析》，《大连理工大学学报》（社会科学版），2006 年第 4 期。

（三）分税制财政体制对地方政府环境治理行为的影响

一是基础设施建设空前热情，而民生类公共品供给激励不足。分税制改革使中央财政收入占国家财政收入的比重大幅度提升，而地方的事权并没有上调，由此给地方带来沉重的财政压力。对于地方政府而言，地方财政收入增长的压力，加之财政转移支付制度尚不完善，使其无法顾及环境保护等投资长、见效慢的民生类公共品。另外，分税制改革调整了地方政府财政收入的来源，使其更多地依赖营业税，导致地方政府对土地开发的力度加大，基础设施建设热情高涨①。

二是以 FDI 为主的地方政府竞争激烈。分税制以来，吸引外资成为地方政府发展经济的重要途径。一方面，FDI 多集中于制造业等第二产业，地方政府盲目集中有限的资源，进行生产性基础设施建设，忽视了生态环境方面的需求。另一方面，为了吸引 FDI 落户，地方政府运用一系列恶性竞争手段，如放松环境管制、降低环境标准等，导致环境污染加剧。

第二节　不同污染物的治理状况

一、工业废水治理状况

（一）工业废水治理状况的时序变化

从表 1－7 可以看出，工业废水排放量虽然在个别时期有所增加，但总体

① 周飞舟：《以利为利——财政关系与地方政府行为》，上海三联书店 2012 年版，第 62 页。

呈下降趋势，而工业废水排放达标率一直呈上升趋势，这与我国地方政府的环境治理行为是分不开的。环境保护意识与治理行为在不同时期也略有差别，从而影响到该时期的环境质量。

表 1-7　　1986~2015 年全国各地工业废水排放总量及治理情况

时期	年份	工业废水排放量（亿吨）	工业废水排放达标率（%）	工业废水处理率（%）
“七五”计划	1986	260	42.50	24.30
	1987	264	45.80	25.70
	1988	268	46.20	27.00
	1989	252	47.70	29.90
	1990	249	50.10	32.30
“八五”计划	1991	236	50.20	63.50
	1992	234	52.90	68.60
	1993	220	54.90	72.00
	1994	215.5	55.50	75
	1995	222	55.40	76.80
“九五”计划	1996	205.9	59.10	81.60
	1997	226.7	61.80	84.70
	1998	200.5	67.00	88.20
	1999	197.3	72.10	91.10
	2000	194.2	82.10	95
“十五”计划	2001	200.7	85.20	
	2002	207.2	88.30	
	2003	212.4	89.20	
	2004	221.1	90.70	
	2005	243.1	91.20	
“十一五”规划	2006	240.2	92.10	
	2007	246.6	91.70	
	2008	241.7	92.40	
	2009	234.5	94.20	
	2010	237.5	95.30	

续表

时期	年份	工业废水排放量（亿吨）	工业废水排放达标率（%）	工业废水处理率（%）
“十二五”规划	2011	230.9		
	2012	221.6		
	2013	209.84		
	2014	205.34		
	2015	199.5		

资料来源：国家环境保护局，历年《中国环境状况公报》。

1. “七五”计划（1986～1990年）和“八五”计划（1991～1995年）

总体来看，1986～1995年，地方政府治理工业废水的效果不太好。从表1－7和图1－2可以看出，工业废水排放量基本都在220亿吨以上，最大值有268亿吨。工业废水排放达标率只有约50%，并且增长幅度较小。

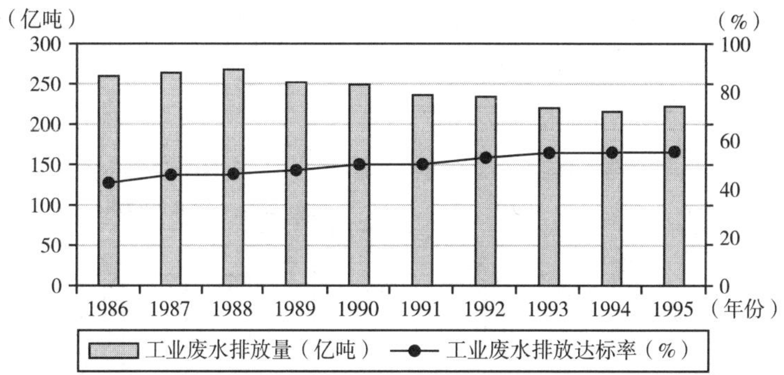

图1－2 “七五”和“八五”期间全国各地工业废水排放总量及治理情况

资料来源：中华人民共和国环境保护部网站，1987～1996年《中国环境统计年鉴》。

改革开放之初，我国工业化水平不高，工业结构以重工业为主。“七五”计划和“八五”计划的发展重点也仍然在经济增长上，环境保护意识不强。在此阶段内，各地方政府在工业废水的治理上虽然成就不大，但也有所进步。尤其是工业废水处理率，从24.3%增加到76.8%，提高了51.4%。工业废水排放量也从260亿吨减少到222亿吨，有小幅度下降。但在工业废水排放达标率上，变化比较平稳，仅提高了18.1%，1995年也只有55.4%，数值较小。

2. “九五”计划（1996～2000年）和“十五”计划（2001～2005年）

总体来看，1996～2005年，地方政府在工业废水的治理上取得了非常大的成就，治理能力有很大的提高。具体表现在工业废水排放达标率从1996年的59%，增加到2005年的91.2%。

具体来看，“九五”计划开始重视环境，强调经济增长方式从粗放型向集约型转变，正确处理经济建设和人口、资源、环境的关系。该时期内，各地方政府在工业废水的治理上取得了很大的成就。工业废水排放量呈下降趋势，并且工业废水排放达标率从59.1%提高到了82.1%，已经达到了一个较高的水平。

由于我国经济发展前期对传统能源的需求较大，且对环境保护的重视度不够，导致环境隐患积累较多。在石油等重要资源短缺、部分地区生态环境恶化的背景下，“十五”计划对环境保护更加重视，还专门用两章的内容规划未来五年的环保计划。一是节约保护资源，实现永续利用；二是加强生态建设，保护和治理环境。在该时期内，工业废水排放达标率持续提高，到2005年提高到91.2%，达到了一个较高的水平。但工业废水排放量没有延续前期的下降趋势，从2001年的200.7亿吨增加到了2005年的243.1亿吨（见图1－3）。

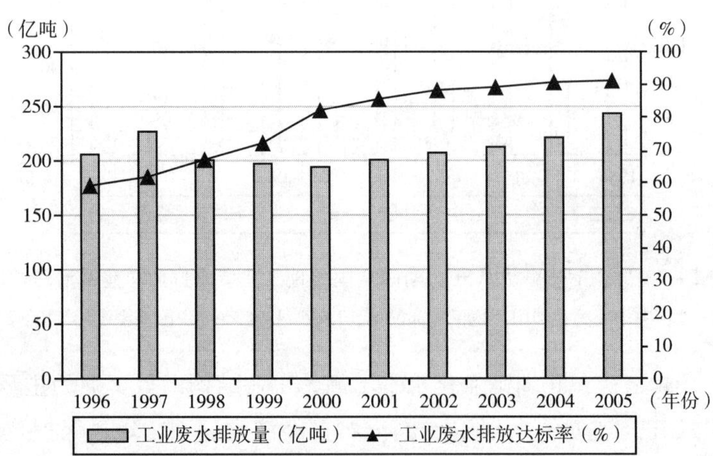

图1－3 “九五”和“十五”期间全国各地工业废水排放总量及治理情况

资料来源：1997～2006年《中国环境统计年鉴》。

3. “十一五”规划（2006～2010年）和“十二五”规划（2011～2015年）

“十一五”继续强调建设资源节约型、环境友好型社会，“十二五”规划在此基础上进一步指出提高生态文明水平。从表1－8和图1－4可以看出，2006～2014年，地方政府的工业废水治理能力基本保持平稳。工业废水排放量从2006年的240.2亿吨减少到2014年的205.3亿吨，有小幅度下降。工业废水排放达标率也有小幅度上升，但基本都在93%左右。

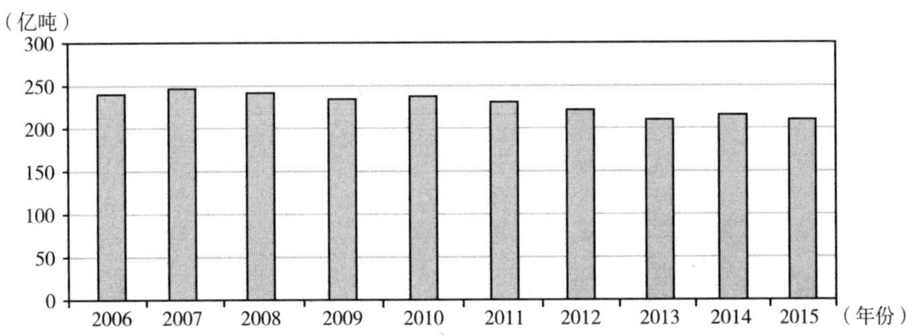

图1－4　“十一五”和“十二五”期间全国各地工业废水排放量

资料来源：2007～2016年《中国环境统计年鉴》。

（二）工业废水治理状况的区域差异

以2010～2015年各省份的工业废水治理设施日处理能力为例，分东部、中部、西部三个地区分析①。从表1－8和图1－5可以看出，各地区的工业废水治理设施日处理能力在400万吨～1800万吨，区域差异比较明显。说明近年来，我国地方政府在工业废水上的治理能力存在较大的差异。

表1－8　2011～2015年各省（自治区、直辖市）工业废水设施处理能力

单位：万吨/日

地区	2011年	2012年	2013年	2014年	2015年
北京	60.3	64.5	60.2	61	65
天津	135.5	170.8	150.5	133.7	152

① 改革发展以来，我国东、中、西部地区的经济状况存在明显的区域差异，地方政府的环境治理状况是否受经济状况影响，从而也呈现出明显的区域差异，是值得研究的问题。因此本章沿用“七五”计划经修改后的地区划分标准，东部地区包括北京、天津、河北、辽宁、上海、江苏、浙江、福建、山东、广东、海南11个省级行政区，中部地区包括黑龙江、吉林、山西、安徽、江西、河南、湖北、湖南8个省级行政区，西部地区包括内蒙古、广西、重庆、四川、贵州、云南、西藏、陕西、甘肃、青海、宁夏、新疆12个省级行政区（重庆于1997年升格为直辖市，内蒙古和广西于2000年从中部地区变更为西部地区，而本书选用的省际数据均为2000年之后，因此不涉及样本数据的调整问题）。

续表

地区	2011 年	2012 年	2013 年	2014 年	2015 年
河北	3521.9	3725	4029.4	3644	3625
辽宁	6391.2	1212.3	1180.6	1306.3	1393
上海	305	321	318.6	339.6	330
江苏	3042.3	1953.1	1926.9	2050.8	2009
浙江	1421.7	1361.9	1425.1	1342.7	1290
福建	961.6	736	682.1	718.4	661
山东	1858.6	2007.2	1857.6	1981.4	1852
广东	1408.3	1654.7	1505.5	1551.4	1269
海南	39.9	39.9	53.5	44.6	40
东部平均	1740.57	1204.218	1199.091	1197.6	1153.273
黑龙江	464.8	1214.3	691.3	672.7	659
吉林	350	485	266.4	247.6	274
山西	999.8	1013.3	803.5	753.5	607
安徽	903.4	1020.7	951.6	962.2	961
江西	746.5	811	1071.8	1107.8	933
河南	1223.7	970.4	1028.1	1178.7	1137
湖北	1321.6	1023.1	1029.4	1043.1	1052
湖南	669.6	1121.9	1153.9	1243.1	1217
中部平均	834.925	957.4625	874.5	901.1	855
内蒙古	474.3	658.7	549.4	472.8	500
广西	1064.1	1275	1068.6	960.3	1089
重庆	337.9	394.5	242.6	250.4	245
四川	1116.5	999.4	1053.2	989.5	913
贵州	529.5	442.6	615.8	576.3	586
云南	933.1	933.8	798.6	680.6	540
西藏	2.4	6.1	6.9	7.5	9
陕西	387.9	333	413.5	348.7	372
甘肃	226.1	206.9	171.6	170.5	164
青海	64	66.5	77.2	78.8	91
宁夏	164.5	159.2	174.9	132.4	130
新疆	279.2	238.2	283.2	266	565
西部平均	464.9583	476.1583	454.625	411.2	433.6667
全国	827.1452	858.7097	1013.071	816.6581	797.7419

资料来源：由 2012～2016 年《中国环境统计年鉴》的相关数据整理而来。

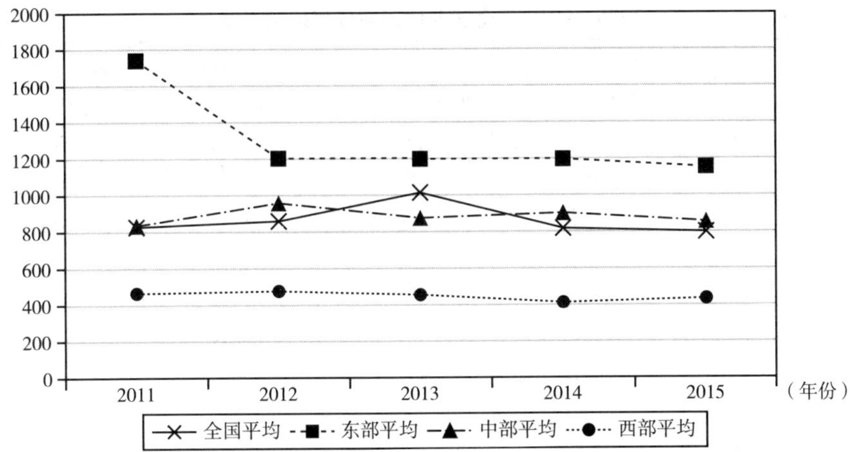

图 1－5　2011～2015 年东、中、西地区工业废水设施处理能力

资料来源：由 2012～2016 年《中国环境统计年鉴》的相关数据整理而来。

具体来看，东部地区的工业废水治理设施日处理能力一直是最高的，每年工业废水治理设施日处理能力的平均值在 1000 万吨～2000 万吨。东部地区的各省市差异比较大，处理能力比较高的河北，每年都在 3000 万吨/日以上，2013 年甚至超过 4000 万吨/日。而北京、海南才不到 100 万吨/日。

中部地区的工业废水治理设施日处理能力占据第二位，且最接近全国水平，年平均值在 800 万吨/日～1000 万吨/日。其中，河南、湖北的工业废水治理设施处理能力基本在 1000 万吨/日以上，吉林则不足 500 万吨/日。

西部地区的工业废水治理设施日处理能力远低于中部地区，且年变化幅度相对平稳。其中四川、广西的工业废水治理设施处理能力基本都在 1000 万吨/日左右，超过中部平均水平，而西藏则不足 10 万吨/日。

二、工业废气治理情况

（一）工业废气治理状况的时序变化

从表 1－9 可以看出，工业废气排放总量呈上升趋势，工业二氧化硫、工业烟尘、工业粉尘排放量虽有增有减，但二氧化硫总体呈上升趋势，烟尘、粉尘总体呈下降趋势。

表1-9　　1986~2015年全国各地工业废气排放总量

时期	年份	工业废气排放总量（亿标立方米）	工业二氧化硫排放量（万吨）	工业烟尘排放量（万吨）	工业粉尘排放量（万吨）
“七五”计划	1986	69679	1209	1368	1067
	1987	77270	1406	1492	928
	1988	82382	1501	1459	913
	1989	83062	1552	1396	759
	1990	85380	1501	1328	775
“八五”计划	1991	84653	1622	845	579
	1992	89633	1323	870	576
	1993	93423	1292	880	617
	1994	97463	1341	807	583
	1995	107478	1405	838	639
“九五”计划	1996	111196	1397	758	562
	1997	113375	1852	1565	1505
	1998	121203	1593	1175	1322
	1999	126807	1857.5	953.4	1175.3
	2000	138145	1612.5	953.3	1092
“十五”计划	2001	160863	1566	852.1	990.6
	2002	175257	1562	804.2	941
	2003	198906	1791.6	846.1	1021.3
	2004	237696	1891.4	886.5	904.8
	2005	268988	2168.4	948.9	911.2
“十一五”规划	2006	330990	2234.8	864.5	808.4
	2007	388169	2140	771.1	698.7
	2008	403866	1991.4	670.7	584.9
	2009	436064	1865.9	604.4	523.6
	2010	519168	1864.4	603.2	448.7
“十二五”规划	2011	674509	2017.2		
	2012	635519	1911.7		
	2013	669361	1835.2		
	2014	694190	1740.4		
	2015	685190	1556.7		

注：2010年之后将工业烟尘排放量、工业粉尘排放量统一为工业烟（粉）尘排放总量，2011年为1100.9万吨，2012年为1029.3万吨，2013年1094.6万吨。2014年为1456.1万吨，2015年为1232.6万吨。

资料来源：1987~2016年《中国环境统计年鉴》。

1. “七五”计划（1986～1990年）和“八五”计划（1991～1995年）

从图1－6可以看出，1986～1995年，虽然工业废气排放总量呈上升趋势，但工业粉尘和烟尘的排放量有所下降，二氧化硫排放量虽有所上升，但上升幅度不大，并且趋于缓和。可见，这一阶段，地方政府大气防治工作还是取得了一定的成效。

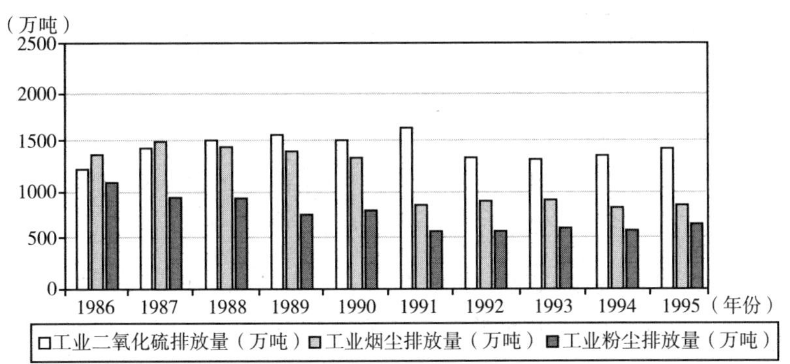

图1－6　“七五”和“八五”期间全国各地工业废气排放总量

资料来源：1987～1996年《中国环境统计年鉴》。

具体来看，相比“七五”计划，“八五”计划期间二氧化硫、烟尘、粉尘的排放量处于较低的水平。以工业烟尘为例，从表1－9和图1－6可以看出，“八五”计划期间工业烟尘排放量都在900万吨以下，而“七五”计划时期都超过了1300万吨。并且“八五”计划时期的工业烟尘治理水平高于工业二氧化硫，前者的去除率达到了90%，后者还不足20%。说明对于工业废气中的不同污染物，地方政府的治理能力存在很大的差异。

2. “九五”计划（1996～2000年）和“十五”计划（2001～2005年）

总体来看，1996～2005年，虽然地方政府在工业废水的治理上取得了非常大的成就，但工业废气治理效果不佳。工业废气排放量不仅没有减少，反而大幅度增加，其中工业粉尘的增长率高达62%（见表1－9）。各类污染物的去除率也并没有大幅提高。该时期累积的环境污染更加加大了地方政府的治理难度。

具体来看，从图1－7可以看出，在工业二氧化硫、工业烟尘和工业粉尘中，工业烟尘的去除率最高，基本都在90%以上，并且比较平稳。其次是工业粉尘去除率，呈逐年上升趋势，到2004年已经突破90%。工业二氧化硫去除率虽然增幅最大，从1996年的22.52%到2004年的32.00%，提高了将近10%，但水平最低。

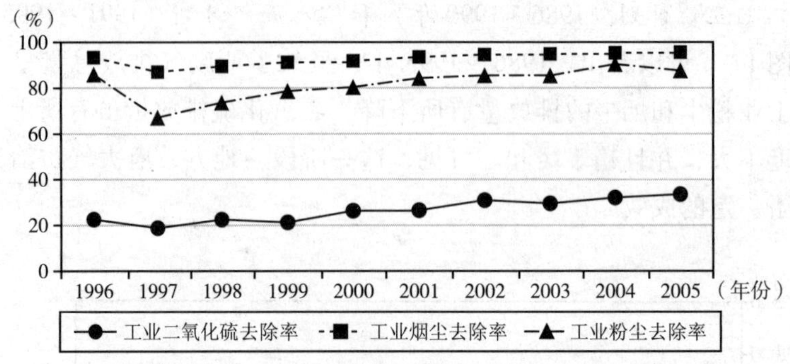

图 1－7 “九五”和“十五”期间工业废气去除率

资料来源：1997～2006 年《中国环境统计年鉴》，根据公式：去除率＝去除量/（去除量＋排放量）计算得到。

3. “十一五”规划（2006～2010 年）和“十二五”规划（2011～2015 年）

随着政府对环境问题更加重视，各地方政府都加大了环境治理力度，在工业废气的治理上成效明显。2010 年，工业烟尘和工业粉尘的去除率都超过 95%，工业二氧化硫去除率也从 2006 年 39.17% 提升到 2010 年的 63.93%①，提高了将近 25 个百分点。从图 1－8 可以看出，工业二氧化硫、工业烟尘的排放量都有所减少，其中工业烟（粉）尘排放总量较为明显，从 2006 年的 1672.9 万吨减少到 2013 年的 1094.6 万吨。

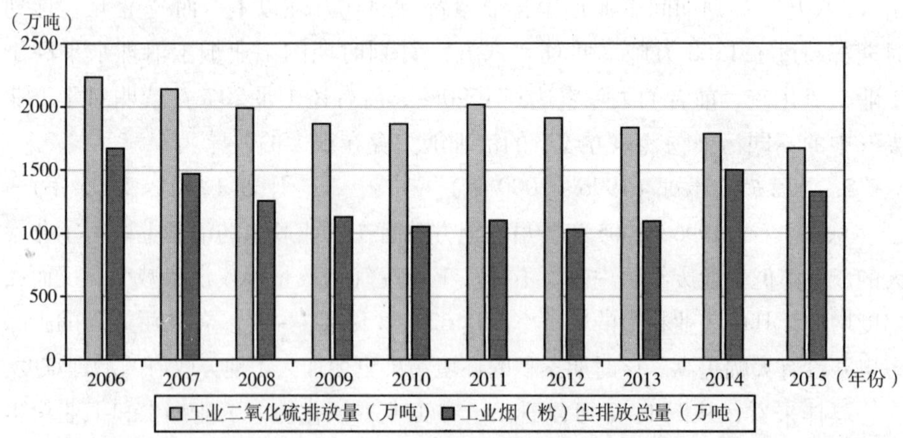

图 1－8 “十一五”和“十二五”期间全国各地工业废气排放量

资料来源：2007～2016 年《中国环境统计年鉴》。

① 根据 2007～2011 年《中国环境统计年鉴》计算得到。

（二）工业废气治理状况的区域差异

以 2011～2015 年各省份的工业废气治理设施处理能力为例，分东部、中部、西部三个地区分析。从表 1－10 和图 1－9 可以看出，工业废气治理设施处理能力分布在 200～190000 万立方米/时，区域差异比较明显。说明近年来，我国地方政府在工业废气上的治理能力有较大区别。

表 1－10　　2011～2015 年全国各地工业废气治理设施处理能力　单位：万立方米/时

地区	2011 年	2012 年	2013 年	2014 年	2015 年
北京	10947	10901	10729	12027	12752
天津	23588	22382	21118	20050	19085
河北	174476	182217	179690	169969	181189
辽宁	86842	86497	78778	98288	123883
上海	30581	32703	29883	33941	35471
江苏	105172	99232	104344	109031	114055
浙江	68986	159773	57354	62893	67908
福建	35301	85065	35192	38345	39819
山东	153377	116317	120289	132032	137540
广东	94094	78241	80528	82411	93504
海南	2517	3003	3743	3618	4197
东部平均	71443. 73	79666. 45	65604. 36	69327. 7	75400. 27
黑龙江	42441	37098	28800	32854	38524
吉林	22888	31065	24027	25132	25083
山西	85627	62972	97187	87132	89937
安徽	44419	40258	37496	43086	49889
江西	27281	26452	27464	31452	33006
河南	77041	76908	67321	69590	77580
湖北	78940	93354	36296	38927	59074
湖南	34635	34007	30196	38375	39197
中部平均	51659	50264. 25	43598. 38	45818. 5	51536. 25
内蒙古	73690	77655	73372	99709	109913
广西	49948	38313	37486	34239	32684
重庆	22710	19990	23084	23704	25966

续表

地区	2011 年	2012 年	2013 年	2014 年	2015 年
四川	54666	50885	48879	46770	44001
贵州	26147	22084	14965	19337	44463
云南	31440	32704	36227	40984	38940
西藏	283	348	352	420	438
陕西	28079	30906	34907	35307	41347
甘肃	18935	39977	23726	28930	27894
青海	6670	7772	7414	8267	9646
宁夏	21111	17215	18600	19496	18148
新疆	35760	33060	45664	47603	53538
西部平均	30786. 58	30909. 08	30389. 67	33730. 5	37248. 17
全国	50599. 74	53204. 96	46293. 90	49481. 26	54473. 26

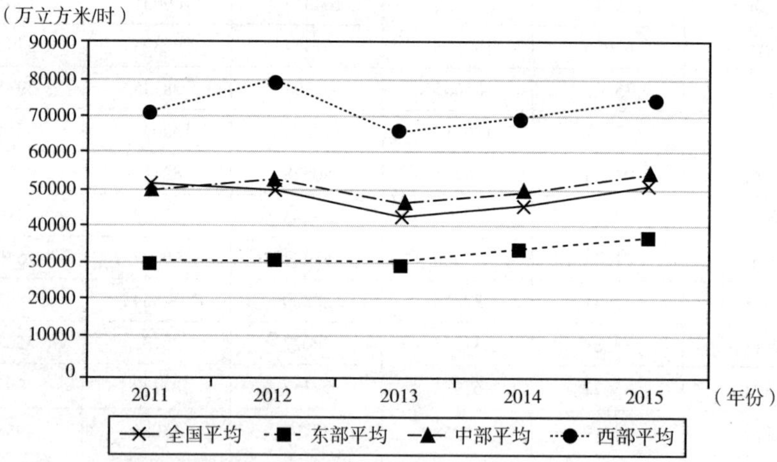

图 1－9　2011～2015 年东、中、西地区工业废气治理设施处理能力

资料来源：由 2012～2016 年《中国环境统计年鉴》的相关数据整理而来。

具体来看，东部地区的工业废气治理水平一直是最高的，每年工业废气治理设施处理能力的平均值一直在 60000 万立方米/时～80000 万立方米/时。东部地区各省份在工业废气的治理上也存在较大差异，河北、江苏、山东的工业废气治理设施处理能力均在 100000 万立方米/时以上，海南则不足 5000 万立方米/时。

中部地区的工业废气治理水平占据第二位，且最接近全国水平，年平均值在43000~52000万立方米/时。其中山西、河南较高，多在70000万立方米/时以上，吉林、江西则不足35000万立方米/时。

西部地区的工业废气治理水平远低于东部地区，年平均值在30000万立方米/时。各省之间的差异更加明显，内蒙古的工业废气治理设施处理能力在75000万立方米/时，达到东部的平均水平；而西藏却不足500万立方米/时。

三、工业固体废弃物治理情况

从表1-11可以看出，工业固体废物产生量呈上升趋势，而工业固体废物排放量虽有增有减，但总体呈下降趋势，工业固体废物综合利用率一直呈上升趋势。

表1-11　1986~2015年全国各地工业固体废物排放量及治理情况

时期	年份	工业固体废物产生量（亿吨）	工业固体废物排放量（亿吨）	工业固体废物综合利用率（%）
“七五”计划	1986	5.54	1.33	26.2
	1987	5.33	0.86	24.4
	1988	5.53	0.85	25.6
	1989	5.72	0.52	26.2
	1990	5.78	0.48	29.3
“八五”计划	1991	5.88	0.34	36.6
	1992	6.19	0.26	39.6
	1993	6.17	0.22	38.7
	1994	6.20	0.19	40.1
	1995	6.45	0.22	42.9
“九五”计划	1996	6.59	0.17	43.0
	1997	10.58	1.84	45.6
	1998	8.01	0.70	48.3
	1999	7.84	0.39	51.2
	2000	8.16	0.32	45.9

续表

时期	年份	工业固体废物产生量（亿吨）	工业固体废物排放量（亿吨）	工业固体废物综合利用率（%）
“十五”计划	2001	8.87	0.29	52.1
	2002	9.45	0.26	52.0
	2003	10.04	0.19	54.8
	2004	12.00	0.18	55.7
	2005	13.44	0.17	60.2
“十一五”规划	2006	15.15	0.13	59.6
	2007	17.60	0.12	62.1
	2008	19.01	0.08	64.3
	2009	20.39	0.07	67.0
	2010	24.09	0.05	66.7
“十二五”规划	2011	32.62	0.04	59.9
	2012	33.25	0.01	60.9
	2013	33.09	0.01	62.2
	2014	32.93	0.005	62.1
	2015	33.11	0.005	60.2

资料来源：1987～2016年《中国环境统计年鉴》。

（一）工业固体废弃物治理状况的时序变化

1. “七五”计划（1986～1990年）和“八五”计划（1991～1995年）

从图1-10可以看出，1986～1995年，我国工业固体废弃物产生量逐渐上升，但是排放量却呈下降趋势，工业固体废物综合利用率也呈上升趋势，这与固体废弃物治理技术提高是分不开的。

具体来看，从表1-11可以看出，“七五”计划期间，我国工业固体废物排放量从1986年的1.33亿吨下降到1990年的0.48亿吨，下降了约63.91%。工业固体废物综合利用率比较平稳，上升幅度不大。“八五”计划期间，我国工业固体废物综合利用率提高幅度较大，从1991年的36.6%提高到1995年的42.9%，增幅达6.3%。然而在这一时期，工业固体废物综合利用率最高也只有42.9%，不足50%，并且由于固体废物产生量与累积堆存量持续增长，如果地方政府不引起重视，加大治理的力度，势必加重环境质量的恶化。

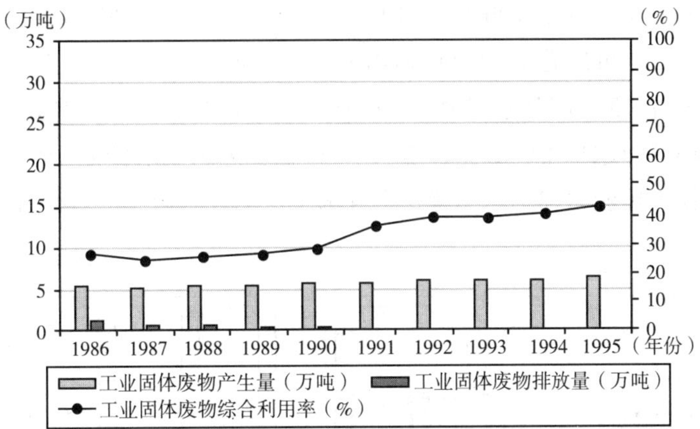

图 1－10 “七五”和“八五”期间全国各地工业固体废物排放量及治理

资料来源：1987～1996 年《中国环境统计年鉴》。

2. “九五”计划（1996～2000 年）和“十五”计划（2001～2005 年）

虽然“九五”计划和“十五”计划开始将环境保护列为重点，但相比工业废水，地方政府在工业固体废物上的治理并没有很好的成效。从图 1－11 可以看出，1996～2000 年，工业固体废物产生量呈增长趋势，2005 年达到 13.44 亿吨，是 1996 年的近两倍。工业固体废弃物排放量先增加后减少，但一直高于 1996 年的水平。工业固体废物综合利用率虽然有小幅度上升，但一直在 40%～60%，综合利用水平不高。

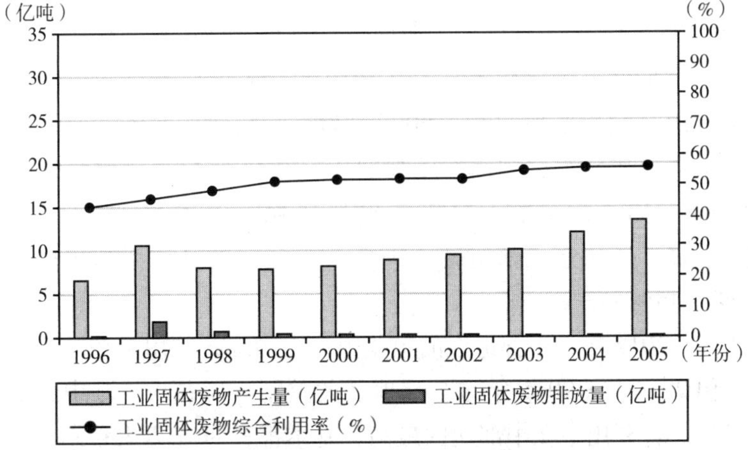

图 1－11 “九五”和“十五”期间全国各地工业固体废物排放量及治理

资料来源：1997～2006 年《中国环境统计年鉴》。

3. “十一五”规划（2006～2010年）和“十二五”规划（2011～2015年）

从图1－12可以看出，2006～2015年，工业固体废物产生量依然一直增加，2006年是15.15亿吨，2015年达到33.11亿吨，增长率高达118.55%。这带来了环境问题积累的隐患，加大了环境污染治理的难度。地方政府的工业固体废物治理能力则基本保持在中等水平，综合利用率约为60%。

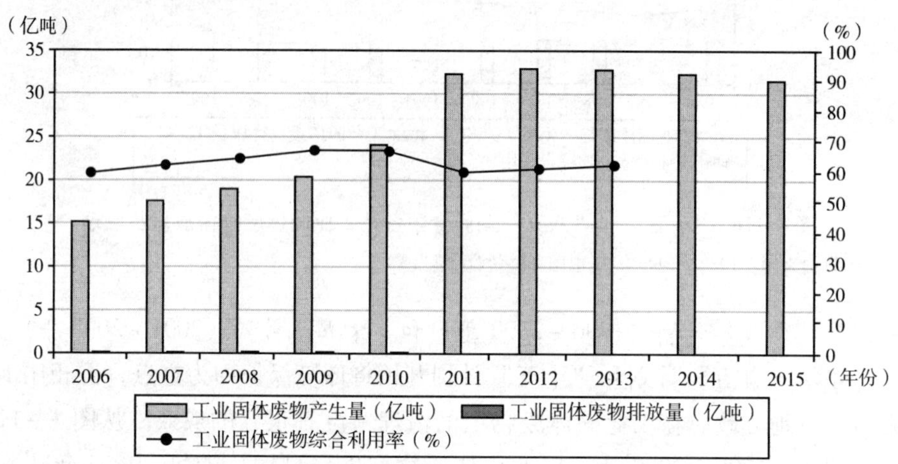

图1－12 “十一五”和“十二五”期间全国各地工业固体废物排放量及治理

资料来源：2007～2016年《中国环境统计年鉴》。

（二）工业固体废弃物治理状况的区域差异

以2011～2015年各省份的工业固体废物综合利用率为例，分东部、中部、西部三个地区分析。从表1－12和图1－13可以看出，东部地区的工业固体废物综合利用率平均值在60%～70%。东部地区各省份的差异比较明显，工业固体废物综合利用率较高的省份在90%以上，而利用率较低的还不到50%。如天津最高，每年几乎都达到了100%；上海、江苏多在96%左右；浙江、山东也都超过了90%。而辽宁的利用率则相对较低，大致在30%～45%。

五年间，2012年，中部地区的工业固体废物综合利用率在三个地区中排名第一，但2014年、2015年与东部地区的差距再度拉大。其中，安徽的工业固体废物综合利用率在中部地区最高，基本都在80%以上；湖北、河南大多超过70%。江西的综合利用能力则相对较弱，利用率不足60%。

西部地区的工业固体废物综合利用率远低于东部水平，并且低于全国水平，年平均值约为55%。其中，重庆的工业固体废物综合利用率比较高，基本都在80%以上，超过东部平均水平；而西藏则不足5%。

表1－12　2011～2015年全国各地工业固体废物综合利用率　单位：%

地区	2011年	2012年	2013年	2014年	2015年
北京	66.52	78.99	86.59	87.66	83.38
天津	99.83	99.78	99.37	99.37	98.58
河北	41.70	38.09	42.40	43.47	56.26
辽宁	38.02	43.48	43.88	37.39	30.92
上海	96.56	97.32	97.13	97.51	96.15
江苏	95.44	91.37	96.74	96.82	95.38
浙江	92.04	91.53	95.14	94.74	95.03
福建	68.49	89.21	88.39	88.48	76.35
山东	93.68	93.08	94.29	95.73	92.48
广东	87.52	87.14	84.98	86.37	90.98
海南	47.74	61.66	65.30	53.20	63.51
东部平均	67.38	66.47	70.09	80.07	79.71
黑龙江	68.79	73.59	68.02	64.46	57.48
吉林	58.95	67.60	80.85	70.35	55.45
山西	57.40	69.70	64.92	65.17	55.41
安徽	81.64	85.39	87.64	87.22	90.08
江西	55.44	54.53	55.83	56.57	57.08
河南	75.23	76.05	76.62	77.40	77.82
湖北	79.08	75.38	75.74	76.68	67.78
湖南	66.91	63.92	64.19	63.60	65.72
中部平均	66.79	71.06	70.02	71.12	65.85
内蒙古	58.09	45.10	49.72	57.18	46.14
广西	57.70	67.42	70.67	62.93	62.98
重庆	78.36	82.47	85.23	86.31	85.71
四川	47.32	45.89	41.27	43.42	44.71
贵州	52.84	61.76	50.77	58.33	60.79
云南	50.35	49.49	52.46	49.83	51.02
西藏	2.66	1.64	1.38	2.09	3.00
陕西	59.93	61.29	63.52	62.93	65.61

续表

地区	2011 年	2012 年	2013 年	2014 年	2015 年
甘肃	51.23	53.86	55.87	50.25	52.87
青海	56.46	55.53	54.92	56.34	48.74
宁夏	61.24	69.03	73.18	79.26	62.13
新疆	54.38	51.56	51.86	55.64	56.90
西部平均	55.05	53.44	54.27	55.35	53.38
全国	60.48	61.53	62.84	67.96	66.01

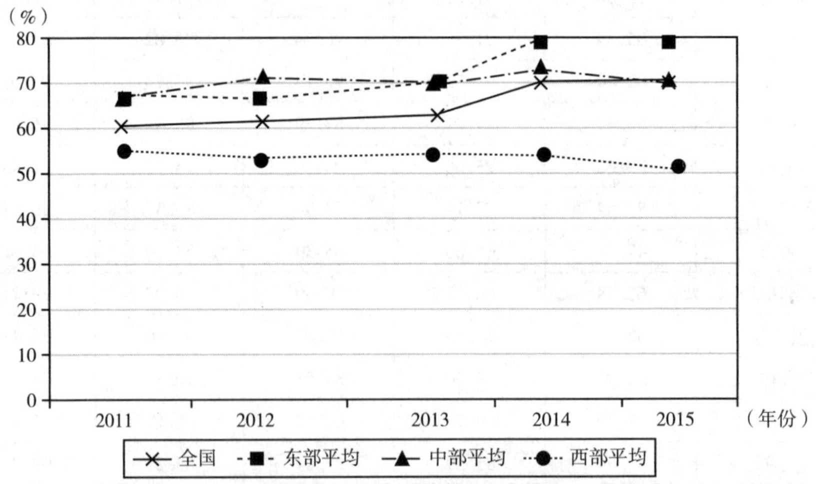

图 1-13　2011~2015 年东、中、西地区全国各地工业固体废物综合利用率

资料来源：由 2012~2016 年《中国环境统计年鉴》的相关数据整理而来，通过年鉴中“工业固体废物综合利用率指工业固体废物综合利用量占固体废物产生量的百分率”计算得到。

第三节　地方政府环境治理中存在的问题

一、环境事权划分尚待明晰

合理划分政府的环境治理事权，是政府履行其环境治理责任的基础。十八届三中全会的《决定》，也明确提出“建立事权和支出责任相适应的制度”。一般来说，中央政府与地方政府间主要以所提供的公共产品性质为依据，来进行事权划分。地方性公共产品主要由地方政府提供，而全国范围的公共品，则由中央政府提供。

由于环境是一种具有较强外部性的公共产品，环境保护事权划分长期以来未能妥善解决。目前我国政府环境事权的划分依据主要是《决定》和《中华人民共和国环境保护法》（以下称《环保法》）中的相关规定，条例较少也比较粗略，导致政府的环境事权未能合理界定。并且，环境保护事权划分存在部门执法交叉、多头管理、权责不对等的问题，政府在环境治理领域的缺位、越位、错位现象时有发生。

（一）政府与市场的环境事权划分

理清政府与市场的关系，明确各自在环境治理中的责任，能够最大限度地发挥政府与市场的作用。然而我国政府与市场的环境事权并不明晰，主要存在以下问题。

1. 环境事权过多地由政府承担

关于经济和环境事权在政府与市场之间的划分，我国的普遍认识是“经济发展靠市场，环境保护靠政府”①。这也使得我国环境事权过多地由政府承担，不管是宏观政策制定，还是微观环境监督。虽然政府能够弥补市场失灵带来的效率损失，在环境治理领域具有不可替代的作用。但由于政府和市场的运行方式和作用机制不同，在环境治理方面各具特色，完全依靠政府来保护环境是不可取的。在环境治理问题上，政府应该发挥引导作用，并非完全替代市场。因此，应该理顺政府与市场的关系，改变政府大包大揽的做法。在市场机制能够解决的领域，政府部门就应退出来，发挥好自身的引导监管作用。

2. 地方政府保护主义倾向明显

在政府与市场的关系中，地方政府在财政竞争的压力下，往往对本地企业的排污行为放松监管，出现“有法不依、执法不严、监管不力”的现象。如许多污染企业虽然购置了污染治理设备，却尽量少用甚至闲置不用，而地方政府为了追求本地区利益，也会默许这种对环境治理政策的规避行为，充当企业的“保护伞”。地方保护主义给区域环境治理带来了负面的影响。

---

① 禄元堂：《环境保护事权与支出责任划分研究》，《中国人口·资源与环境》，2014 年第 S3 期。

（二）中央政府与地方政府的环境事权划分

1. 法律体系中未对环境保护事权做出明确的划分

2015年开始实施的新《环保法》明确规定了政府间的环境事权划分，指出“地方各级人民政府应当对本行政区域的环境质量负责”① “国务院环境保护主管部门，对全国环境保护工作实施统一监督管理；县级以上地方人民政府环境保护主管部门，对本行政区域环境保护工作实施统一监督管理”②。但是，由于对各级政府的环境事权和支出责任仍然没有具体的划分，多头管理、事权交叉的现象时有发生。如一些由地方政府负责、具有地方公共物品属性或者跨区域外溢范围小的环境事权，本应交由本地区地方政府负责。但由于环境事权界定模糊，导致出现地方政府的推诿现象，进而无法进行治理或者只能由中央政府进行最终裁决。

2. 环境保护事权与财力不匹配

1994年分税制改革以来，我国中央和地方两级政府间的财力与事权不匹配问题一直没有解决。中央政府与地方政府的财权相对稳定，但由于环境事权划分不清晰，在具体工作中往往形成事权和支出责任下移的局面，导致地方财力无力承担。

以节能环保支出预算科目为例，从表1－13可以看出，地方节能环保支出的金额远大于中央，2007年，地方节能环保支出金额为中央的27.79倍，2013年达到33.26倍。说明在我国，环境事权与支出责任大都由地方政府承担，并且有加大的趋势。这种政府间职能的错位，使得地方财政运行的负担日益加大，阻碍了环境保护工作的推进。另外，环境保护事权与财力的不匹配，还容易强化地方政府的保护主义倾向，使其为拓宽收入来源渠道，充当污染企业的保护伞。

表1－13　　中央与地方节能环保支出金额

年份	2007	2008	2009	2010	2011	2012	2013
中央财政环境保护支出（亿元）	34.59	66.21	37.91	69.48	74.19	63.65	100.26
地方财政节能保护支出（亿元）	961.24	1385.15	1896.13	2372.5	2566.79	2899.81	3334.89

资料来源：2007～2014年《中国统计年鉴》。

---

① 《中华人民共和国环境保护法》（2014年修订，2015年1月1日起实施），第一章第六条。

② 同上，第一章第十条。

（三）地方政府之间的环境事权划分

1. 环境事权划分原则尚待优化

由于环境污染的负外部性，污染往往跨区域存在。而《环保法》明确规定，我国地方政府环境管理事权采用的是属地原则，地方政府对本辖区内的环境质量负责。这种情况下，地方政府往往重视辖区内部的环境治理，而忽视辖区边界的环境保护、环境监察，导致污染企业在辖区边界大量聚集。

而在解决跨界污染的问题时，环境管理的属地原则容易造成地方保护主义的干预，导致跨界治理比较被动。这种现象在流域环境治理和大气污染环境治理中尤为严重。环境保护外溢性问题难以解决，给环境治理带来了障碍。

2. 环境保护事权与财力不匹配

环境保护事权与财力不匹配的问题，在地方政府之间同样存在。地方政府之间财权分配呈现多种形式，有的省份地方政府间采用的是严格的分税制，直至县级财政。而一些省份财政管理体制采用的是多种管理体制混合，严格的分税制到市级财政，而县乡级财政采用的是“省直管县”“乡财县管”等的方式。不同形式的财政管理体制，导致省以下地方政府的环境保护事权划分，在短期内难于采用统一的标准。

地方政府财权与事权不匹配的现象也影响了地方政府对环保事务的态度。部分政府在经济增长与环境保护之间，更倾向于发展经济，允许污染严重的项目落地。此外，由于地方政府环境监察人员有限、经费有限，往往重视项目落地时环境标准的审批，而忽视企业生产经营后环境污染的持续监察。

二、地方政府的环境“竞次”行为严重

我国地方政府间的“竞次”行为，主要是招商引资恶性竞争。自 20 世纪 80 年代以来，外商直接投资（FDI）开始在世界范围内发展。FDI 是母国优化资源配置的重要途径，同时对东道国来说，FDI 具有经济、技术等多方面的溢出效应，能促进东道国的经济增长。

虽然我国利用 FDI 起步较晚，但增长势头迅猛，逐渐发展成最大的吸收国之一。从图 1 - 14 可以看出，进入 20 世纪 90 年代，我国外商直接投资总量迅速增加。21 世纪以来，伴随着加入 WTO 的历史契机，FDI 更是持续高速增长。实际利用 FDI 金额从 1990 年的 34.87 亿美元，增加到 2014 年的

1195.62 亿美元。虽然 FDI 对经济增长有明显的促进作用，但地方政府为吸引资本而进行的财政竞争，带来了许多环境问题，其中引资政策和投资结构的扭曲更是加剧了环境污染。

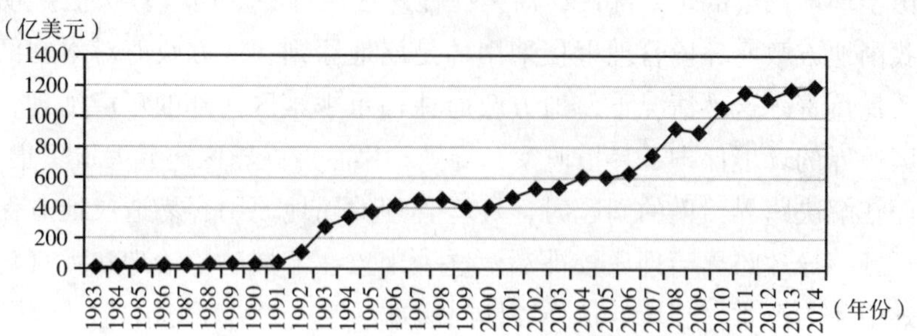

图 1-14　1983～2014 年我国外商直接投资利用额

资料来源：国家统计局网站。

（一）引资政策的扭曲

地方政府往往会采取一系列扭曲性的措施来吸引 FDI 落户，不可避免地出现“趋劣竞争”现象①。

1. 降低环境标准，放松环境管制

长期以来，我国将 GDP 作为经济发展的主要考核指标，在这样的压力下，地方政府竞争优势往往通过降低环境标准、放松环境监管等方式体现出来。企业的排污成本因国外严格的环保标准和全面的监管制度居高不下。相反，国内部分地方政府急功近利，反而将放松环境管制化为自身优势，抛出廉价的排污成本作为吸引外部投资的橄榄枝，其结果是引来了成为污染大户的企业。2008 年的一项调查显示，接受双重标准待遇的跨国公司约占 78.6%②。

高污染企业往往能带来经济的快速增长，直接关闭这些企业会影响到地方政府的财政收入。因此，尽管国内也制定和实施了环境规制，但地方政府往往表面服从，实则放松环境管制。例如，将环保执法权让渡给工业园，造

---

① 崔亚飞、刘小川：《中国省级税收竞争与环境污染——基于 1998～2006 年面板数据的分析》，《财经研究》，2010 年第 4 期。

② 绿色和平组织：《跨国公司对污染信息公开存在双重标准》，http：//cnv. people. com. cn/GB/1072/7171515. html。

成执法缺位；凭借“绿卡”之类的手段，扰乱环保部门的正常执法等。特别在经济发展水平较为落后的地区，这种现象更为普遍。

此外，地方政府通过放松环境规制力度招商引资，容易引发周边地区的效仿，出现区域性的连锁竞争，致使全国整体环境监管政策逐底竞争[①]，其结果是全国环境质量的恶化。

2. 增加优惠措施

一是推出各种税收优惠政策。虽然中央政府视外商直接投资的不同情况，制定了“两年三减半”等一系列的税收优惠政策。然而，在 FDI 竞争中地方政府为追逐地区差异的优势，盲目运用政策工具，竞相采取项目审批、土地优惠、税收优惠、财政补贴等优惠政策来吸引外资。擅自让外资企业享受打破中央政策底线的税收政策，从而产生了我国外资企业实际税率低下的问题。

由图 1－15 可以看出，从 1999 年开始，我国外商直接投资企业的实际平均税率水平持续下降，虽然 2005 年开始向上回升，但相比 1999 年的税率均值水平依然有所下降。这种以税收竞争为根本的吸引外资政策，不但造成了低效率的税收问题，而且成为大批高污染的外资企业流入我国的导火索，给生态环境埋下了隐患。

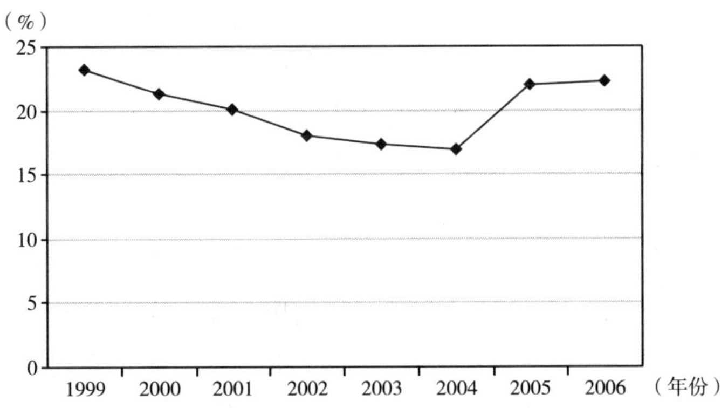

图 1－15　1999～2006 年我国外资企业实际平均税率

资料来源：杨晓丽、许垒：《中国式分权下地方政府 FDI 税收竞争的策略性及其经济增长效应》，《经济评论》，2011 年第 3 期。

---

① 李猛：《中国环境破坏事件频发的成因与对策——基于区域间环境竞争的视角》，《财贸经济》，2009 年第 9 期。

二是实施土地优惠政策。低价出让土地成为地方政府普遍采用的招商引资方式，许多地方政府甚至采取“零地价”的方式，来吸引能够带来 GDP 大幅增长的制造业企业。在具体操作细节上，表现为对企业的税收返还、配套费返还、奖励等。企业先通过“招拍挂”方式，原价取得土地使用权，之后政府再返还土地价差。[①]

这种名为“招拍挂”、实为“零地价”的现象在实际操作过程中屡见不鲜。如黑龙江省宁安市的招商引资优惠政策表明，投资者到该市市区办生产加工型企业，可免缴土地使用费。宁夏银川市某工业园区负责人则表示，除提高硬、软件服务外，更多的只能推出土地、税收等优惠政策吸引投资者[②]。

可见，以土地优惠政策争取更多的投资，在各地招商系统中已是公开的秘密。为解决变相减免土地出让带来的弊端，2014 年 6 月，国土资源部还专门发布《节约集约利用土地规定》，禁止变相减免土地出让价款的行为。

（二）投资结构的扭曲

20 世纪 90 年代以来，我国产业结构以传统工业为主，工业尤其是制造业，是经济增长的主导。为了发展经济，在地方政府的引导下，外商直接投资大量涌入第二产业。因此，从引资的产业分布特征来看，FDI 主要集中在资源密集型的第二产业[③]，且多是一些污染密集型产业，由此带来了大量的工业污染，给我国环境造成了较大的破坏。

图 1 – 16 可见，2005 ~ 2015 年，投向第二产业的 FDI 金额占比，年均为 50. 93% ，2005 年甚至达到 74. 09% 。不仅如此，2005 年污染密集型外商占外商投资总数也高达 84. 19%[④]。近年来，第二产业 FDI 金额占比呈逐年下降趋势，这也反映了我国产业结构转型升级的加快和环境保护意识的提高。截至 2015 年底，FDI 金额主要集中于第二产业和第三产业，分别为 34. 53% 和 64. 26% 。从具体行业分布来看，FDI 金额分布于制造业的比例依然是最大

① 贺丽娜：《国土部：地方招商可先租后让严禁以土地换项目》，新华网，2014 年 6 月 10 日，http：//news. xinhuanet. com/chanye/2014 – 06 – 10/c_1111060153. htm。

② 邱小敏：《各地招商引资“撞线”行为愈演愈烈》，新华网，2009 年 10 月 23 日，http：//news. xinhuanet. com/fortune/2009 – 10/23/content_12304136. htm。

③ 划分标准为《国家统计局关于印发三次产业划分规定的通知》。

④ 《全球化背景下的中国环境与世界环境》，中国环境与发展国际合作委员会报告。

的，达到31.32%。其余三名依次是房地产业（22.96%）、租赁和商务服务业（11.85%）、批发和零售业（9.52%）[①]。

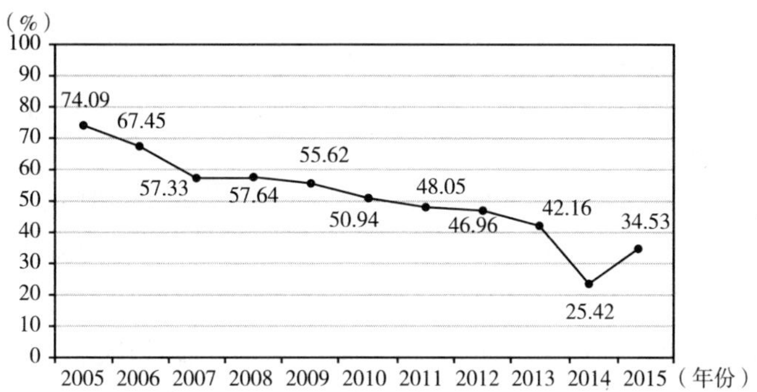

图1－16　2005～2015年第二产业FDI金额占FDI总金额的比重

资料来源：2006～2016年《中国统计年鉴》。

关于产业结构与环境污染的关系，一般认为，从农业主导型向工业主导型经济转变时，污染会加剧。由于污染排放主要来自工业生产，FDI集中于第二产业的现象，加剧了工业化给生态环境带来的负面影响，增加了地方环境治理的负担。

三、环境治理手段有待完善

从我国环境治理的发展历程来看，我国具体的治理手段已经由最初的命令控制手段，发展到行政手段与经济手段并行，形成了命令控制手段、经济手段、公众参与机制等多种手段相结合的环境管理体系。我国目前的环境治理手段，还存在以下问题。

（一）过多地倚重命令控制型手段

在计划经济年代，我国的环境治理手段比较单一，普遍采用命令控制型手段，直到现在依然运用广泛。但是，环境问题是复杂多变的，不能只依赖于政府的行政干预。只有综合运用多种手段，依靠社会各界的广泛参与，同时发挥政府与市场机制的作用，才能取得实效。

① 根据2006～2016年《中国统计年鉴》计算得到。

长期以来，我国倾向于行政干预手段，经济手段应用不够。过多地依赖命令控制手段，使得本可以由市场解决的环境问题全由政府承担，并只有污染足够严重才会引起政府的重视，导致政府的治理效果不佳。

（二）环境税费体系有待完善

1. 环境税缺位，现有税种作用有限

一是能带来丰厚税收收入的，往往是对环境破坏大的项目，滋生地方保护主义倾向。目前我国税收体系是以生产型增值税为主体的流转税体系，从图1－17可以看出，1995～2015年，增值税占总税收的比重一直较大，一般在25%以上。因此，地方政府的税收来源，主要是流转税，另外还有企业所得税。而短期内能创造高额利润，带来丰厚税收收入的，一般是重工业项目，但恰恰是重工业对环境的破坏较大。地方政府为弥补财政收入不足，常常对作为纳税大户的重工业排污企业采取保护措施，给地方环境治理工作带来了压力。

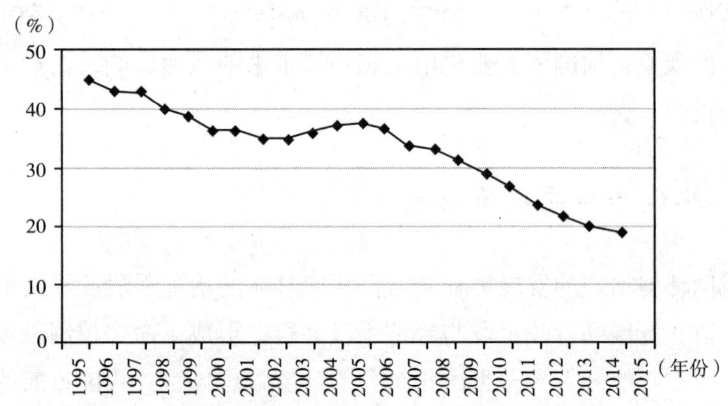

图1－17　1995～2010年增值税占税收收入的比重

资料来源：1996～2016年《中国统计年鉴》。

二是我国《环境保护税法》于2016年12月通过，并于2018年起开征，目前还没有形成独立的环境税。现有的环保性财税措施分布较零散，只有资源税等与环境税的意义较为接近；其他相关税种只在部分征收对象和条款上体现了环保理念，本身并不是为治理环境污染而设置，如增值税、企业所得税等。

三是涉及环境的税收有待规范。就资源税来说，其征收的目的是调节极差收入，而不是保护环境，绿色化程度远远不够。且征收范围有限，没有将森林、草原、土地等具有生态价值的资源纳入其中。再如消费税，我国汽油柴油的税率偏低，对汽油消费与相应废气的抑制作用有限。

2. 原有排污费制度的治污效果不佳

一是排污费征收范围仍需扩大。我国目前征收排污费的范围主要包含五大类：水体、大气、固体废物、噪声、放射性废物等污染，尚未涵盖全部排污行为。如居民生活污水和生活垃圾等排放并未进行收费；对航空器、船舶、机动车等造成的流动污染源也并未纳入征收范围。实际上，上述污染物对环境造成的危害有时甚至高于收费物质，尤其是流动污染源，随着经济发展，机动车数量逐年成倍增加，亟须进行治理，如不将这些污染源陆续纳入征收范围，则无法遵从“污染者付费”原则。另外，我国主要对工业征收，忽略了对第三产业等其他行业的征收。

二是我国收费标准偏低，如王金南等在用 CPI 衡量通货膨胀率的基础上，计算《中国排污收费制度设计及其实施研究》项目的排污费标准在 2013 年的价格，得到的收费标准均为现行标准的近两倍①。收费标准低，使得排污者宁愿缴纳排污费也不愿减排，甚至成为地方使用的优惠措施和招商筹码，对污染减排作用有限。

三是排污费的使用不规范。排污费应该专款专用，但由于资金的监督管理工作存在较大的难度，在实践中，时常出现挤占、挪用排污费的问题，例如，将排污费转为加班费、职工福利、奖金补贴等费用发放。这使得原本应该由地方财政承担的费用从排污费中列支，不利于地方环保部门工作的开展，导致环保专项资金的使用效率低下。以河南省为例，2008 年，全省的排污费收入为 16. 85 亿元，支出 14. 13 亿元；其中 9. 11 亿元支出被安排在整治重点污染源，约占全部支出的64. 5%。审计结果中存在的问题有：约有 1. 99 亿元的排污费并未根据有关法律条文相应征收，有高达 1. 37 亿元的费用被挤占或另作他用。②

（三）排污权交易制度有待规范

一是政府需加强对排污权交易的监督和管理。一方面，尽管我国针对排

---

① 王金南、龙凤、葛察忠、高树婷：《排污费标准调整与排污收费制度改革方向》，《环境保护》，2014 年第 19 期。

② 冯芸：《河南 2008 年度审计公报出炉排污费 1. 37 亿被挪用》，《河南日报》，2009 年 7 月 28 日。

污权交易制度出台了一系列实施细则、管理办法等，但在实施中仍然存在一些漏洞。如对于污染方超过许可范围的排放，没有详尽的处罚规定。另一方面，在各自为政的环境监测体制下，政府间难以就环境监测数据进行有效的交流，阻碍了政府对排污权交易的监管。

二是激励机制和服务尚不完善，排污企业面临着排污收费与购买排污权的重复收费现象，容易产生抵触情绪。另外，目前还缺乏相应的激励机制来调动具备条件的企业的积极性，进而推动排污权交易的开展。

三是交易过程中存在地方保护主义。企业为了追求利润最大化，往往会与地方政府官员建立关系，而地方政府本身也为了追求经济增长，或是为了达到中央政府制定的政绩目标，选择企业利润最大化的环境政策工具，对企业的环境污染行为视而不见。更重要的是，初始排污权由管理部门分配，一旦权力参与其中，如何避免权力寻租就成了一个问题。

四、公众参与力度有待提高

2015 年 2 月 28 日，柴静的《穹顶之下》在网上一石激起千层浪，破亿次的网络播放量说明了雾霾现象已引起了全社会的极大关注，更激发出了公众的环保意识的觉醒，环境治理不仅是政府的工作，更需要社会公众的共同参与。

自 1996 年以来，我国环境群体性事件以每年 29% 的增速增长[①]。“十二五”期间，环境信访达到 300 多万件。[②] 由生态问题引发的群体性事件，已经成为新时期公众参与环保行为的新方式。影响较大的有四川什邡事件、宁波镇海事件和云南昆明事件等环境群体性事件。这种现象多是由于：虽然公众作为与环境相关的最大利益相关人，其知情权、参与权、发言权等却未得到充分保障，公众参与环节存在严重的“走过场”和弄虚作假问题。因此不管在广度还是深度方面，我国公众参与环境治理都存在一些问题。

（一）公众参与存在“有环保意识，缺环保行为”的问题

近年来，政府逐步加大环保宣传工作力度，公众参与意识显著增强，如何将有意识转化为有行动是我们需要进一步解决的难题。

---

① 《让更多环境纠纷在法庭解决》，《新京报》，2012 年 10 月 28 日。

② 根据 2011 ~ 2015 年《中国环境年鉴》整理得来。

2015 年的一项调查显示，只有 26% 的公众表示会“经常采取环保节能行为”，而高达 30% 的公众表示从来没有参加过。[①] 这反映出政府在对公众参与活动的宣传工作中存在许多问题，有些地方宣传形式单一，过于教条化；仅注重宣传活动的规模并没有注重宣传的实际效果；缺乏对实际情况的结合，灵活采取多样实践配合宣传，导致环保工作仅停留在接触环保理念，养成环保意识的层面，公众却尚未自主参与到环保行动中去。

（二）公众参与制度有待完善

公众参与意识是公众参与环境保护的前提，建立健全法律制度中的公众参与制度则是公众参与的保障。符合国情的公众参与制度才有利于维护公众的环境权益、促进环境民主。

目前我国的环保公众参与制度有待完善，特别是环境信息公开机制不完善、环境信息公开渠道不畅通和监督不完善。如一些县级环境保护部门尚未建立信息发布机制，或者已经建立起的，又缺乏可操作性；部分环境保护行政负责部门欠缺信息公开的基本意识，不履行职责；外部监督力度有限，建立责任追究制度的单位实施效果不够理想等。政府推动信息公开的政策与倡导不符，直接影响到公众对此类信息的获取，不利于公众参与环境保护与污染监督。

（三）民间环保组织在环境治理中的参与作用有限

与发达国家的环保组织相比，我国民间环保组织数量众多，但缺乏组织，不够规范，相关人员的素质参差不齐，急需加强其正规化和专业化程度。一方面，部分组织的资金来源主要是依靠政府的资助，“鱼缸养鱼”的扶持方法不利于民间组织保留主体意识，反映群众诉求。因此，仅靠政府补贴势必不是可持续发展的方式。另一方面，自发成立的民间组织存在缺乏自身建设能力，组织机构层级划分不清，管理层欠缺成熟的领导力，基层人员缺少专业培训等问题。这些都使得民间环保组织在环境治理中的作用有限。

本章小结

本章主要探讨了三方面的问题。一是不同财政体制下的环境治理状况。

---

① 赵贝佳：《环保：心动更要行动》，《人民日报》，2015 年 9 月 19 日。

不同的财政体制伴随的不仅仅是中国财政分权的演变，还影响到地方政府的环境治理行为，导致环境污染的积累。不管是统收统支财政体制、财政包干制还是分税制，都在一定程度上削弱了地方政府的环境治理效果，影响了环境质量。

二是不同污染物的治理状况。从地方政府环境治理的时序变化来看，在工业废水、工业废气、工业固体废弃物的治理上，地方政府的治理能力都呈逐年上升趋势。其中工业废水治理能力的提升更为明显，以工业废水达标率为例，目前已经达到了较高的水平。从地方政府环境治理的区域差异来看，东部、中部、西部地区的地方政府在工业固体废物上的治理能力相当，且效果都不算差。对于工业废水和工业废气，地方政府的治理能力有较大的区域差异，并且基本上是东部地区远高于其他地区。

三是地方政府环境治理中存在的问题。首先是环境事权划分尚待明晰，政府的环境事权未能合理界定，导致政府在环境治理领域的缺位、越位、错位现象时有发生。其次是地方政府“竞次”行为严重，主要表现为招商引资恶性竞争，引资政策和投资结构的扭曲加重了环境污染。再次是环境治理手段有待完善，应该改变目前过多倚重命令控制手段的局面，并进一步规范环境经济手段。最后是公众参与渠道缺失，主要是公众参与存在“有环保意识，缺环保行为”的问题、公众参与制度有待完善、民间环保组织在环境治理中的参与作用有限等。

第二章　地方政府环境治理的驱动机制

在中国，环境问题带有深刻的体制烙印。要提高我国的环境治理水平，必须充分考虑到地方政府的行为取向和激励机制。2015 年，我国在“十三五”规划中明确提出，要加大环境治理的力度，以提高环境质量为核心，实行最严格的环境保护制度。本章将探讨在现行经济体制中，上级监管、同级竞争和公众参与等三重驱动因素对地方政府环境治理行为的影响，以谋求改善地方政府环境治理激励的有效途径。

第一节　上级监管与地方政府环境治理

上级监管对地方政府环境治理具有直接的推动作用。在中央层面，一方面通过颁布环保法律，对地方政府环境保护职责做出法定限制。法制手段具有强制性，能显著提高地方政府环境治理的规范化程度。另一方面，通过行政手段，对地方政府节能减排等各项环保目标做出具体限定，以有效引导地方政府积极开展环境治理。

环境库兹涅茨曲线的相关研究认为，上级监管能有效推动地方政府进行环境治理。该理论假说[①]指出，经济增长与环境质量之间呈现倒 U 形曲线。EKC 的存在，一定程度上是因为政府实行环境治理政策。而在诸多环境治理政策中，政府环境规制政策，通常被认为是决定 EKC 形态的重要因素。当政府有较强监管能力时，减排效果往往更为明显。

由于中国政府在地方经济发展中处于主导地位，环境治理也属于地方政

---

① Grossman, G. M. , Krueger, A. B. Environmental impacts of a North American Free Trade Agreement. National Bureau of Economic Research Working Paper 3914, NBER, Cambridge MA. , 1991.

府主控。[①] 因此，为强化减排效果，上级政府需要加强对地方政府的环境监管，以推动地方政府有效改善环境质量。

一、我国地方政府环境治理中的上级监管

为激励地方政府开展节能减排，中央政府出台各项措施，明确地方政府环境责任，以有效监管地方政府环境治理行为。由于环境治理等法律，往往是在国家层面制定的，对各地方政府均有强制性的约束力。因此，本节将各项环保法律，也视为对地方政府的监管措施，一并讨论。

（一）出台环保法律，明确地方政府环境责任

十八届四中全会以来，我国加速环保法制建设，接连出台新《环保法》《大气污染防治法》等一系列环保法律，以真正落实地方政府的环境法律责任，规范地方政府环境治理工作。

1.《中华人民共和国环境保护法》

2014 年 4 月 24 日，《环保法修订案》在十二届全国人大常委会第八次会议上予以通过，这是二十五年来我国环境“基本法”的首次修订。2015 年 1 月 1 日起，新《环保法》开始施行。

新《环保法》规定了相关部门环境治理责任界定、环境工作展开和考核评价等方面的内容。为加强环境监管，除了出台环境规划、环境标准、环评、环境监测等环境政策之外，该法还推出了限期达标、按期达标制度。重点区域、流域的环境质量未达标时，相关地方政府应制定限期达标规划，并积极采取措施，实现按期达到环境质量标准。县级以上的人民政府，应把环保目标的完成情况，纳入政府官员考核评价的范围，并公开考核结果。环保工作不力的地方政府，会受到区域限批。

2.《中华人民共和国大气污染防治法》

2015 年 8 月 29 日，第十二届全国人民代表大会常务委员会通过了新修订的《中华人民共和国大气污染防治法》，并从 2016 年 1 月 1 日起开始施行。

《大气污染防治法》对地方政府制定大气环境标准、编制大气环境质量

① 郎友兴、葛维萍：《影响环境治理的地方性因素调查》，《中国人口·资源与环境》，2009 年第 3 期。

限期达标规划、公开环境信息、进行大气污染防治监管、重点区域大气污染联合防治等方面均作出了明确且详细的规定。该法明确指出，地方各级政府应对本行政区域的大气环境质量负责，依据国务院下达的总量控制目标，采取措施控制和减少大气污染排放。同时，环境治理落实情况应当向社会公开，发挥社会公众监督力量，注重企业和公众等的意见和建议。此外，上级政府应考核下级大气环境质量改善目标、大气污染防治重点任务的完成情况，并公开考核结果。

（二）实行行政政策，约束地方政府环境行为

为有效改善地方环境质量，中央政府推出并实行了“双控区”政策、节能减排问责制、“主体功能区”战略等一系列的行政政策，从宏观角度对地方政府环境治理工作提出了多方面的要求。

1. “双控区”政策

1995 年 8 月，新修订的《中华人民共和国大气污染防治法》，在全国人大常委会上予以通过。该法明确要求，在全国划定酸雨控制区和二氧化硫污染控制区，以求在双控区内，强化对这两种污染的控制。一般来说，划定酸雨控制区的基本条件为，降雨 pH 值≤4.5；划定二氧化硫污染控制区的基本条件为，近三年来环境空气二氧化硫年平均浓度超过国家二级标准。

《国务院关于环境保护若干问题的决定》和《国家环境保护“九五”计划和 2010 年远景目标》，提出了“双控区”分阶段的控制目标，即到 2000 年实现对酸雨和二氧化硫污染加剧的抑制，到 2010 年使酸雨和二氧化硫污染状况明显好转。到 2010 年，“两控区”应实现：“双控区”内，二氧化硫的排放量控制在 2000 年的水平之内，所有城市的环境空气二氧化硫浓度，均符合国家环境质量标准；酸雨控制区内，降水 pH≤4.5 的地区范围明显缩小。

2. 节能减排问责制

《国民经济和社会发展第十一个五年规划纲要》提出，“十一五”期间，要实现减少约 20% 的单位国内生产总值能耗、10% 的主要污染物排放总量的目标。为实现此目标，2007 年国家发展和改革委员会会同有关部门制定的《节能减排综合性工作方案》，进一步明确了实现节能减排的目标和总体要求，提出建立政府节能减排问责制和“一票否决”制，将节能减排指标完成情况纳入各地经济社会发展综合评价体系。

《节能减排“十二五”规划》，则对各地方政府提出了更为严格的节能减

排要求。该规划提出，“十二五”期间，全国万元国内生产总值能耗，要比2010年下降16%（比2005年下降32%），全国化学需氧量和二氧化硫的排放，要比2010年减少8%，全国氨氮和氮氧化物的排放，要比2010年减少10%。

实行严格的节能减排问责制，有助于纠正错误的政绩观。在我国，一些地方领导片面地追求GDP增长，而忽略环境保护，有的甚至为了发展经济而污染环境。然而，实践证明，这种做法是极其短视的，往往会加剧生态环境的恶化。实行“问责制”，实质是把节能减排列为官员考核评价的硬性指标；实行“一票否决制”，是让全民参与到节能减排工作中，而地方政府在这一全民行动中，发挥着领导的作用。

3. “主体功能区”战略

根据各区域的资源环境承载能力、现有开发密度和发展潜力等的不同，可以将特定区域划分为不同类型的主体功能区。国家“十一五”规划提出，把国土空间划分为四类主体功能区，即优化开发区、重点开发区、限制开发区和禁止开发区。

2011年6月8日，国务院下发《国务院关于印发全国主体功能区规划的通知》，明确提出构建高效、协调、可持续的国土空间开发格局的战略目标。该通知指出，要根据各地区自然条件适宜性和资源环境承载能力，区分主体功能定位，确定开发的主体内容和发展的主要任务，同时要控制开发强度、调整空间结构、提供生态产品。其中，优化开发区域应率先转变经济发展方式，优化经济结构，向资源利用效率更高、能耗更低的产业结构调整；重点开发区域，应在优化结构、提高效益、降低消耗、保护环境的基础上，推动经济实现可持续发展；国家禁止开发区域，应依法实行强制性的保护，严格控制对自然生态与文化自然遗产的人为干扰，严禁各类违背主体功能定位的开发活动，引导人口逐步有序转移，实现污染物“零排放”，提高环境质量。①

二、我国节能减排问责制的实施状况

我国出台的一系列环保法律和行政法规，对地方政府治理环境起到了重

① 王君婷：《我国主体功能区规划的现实背景与目标导向》，《全球化》，2013年第11期。

要的推动作用。本部分以节能减排问责制为例，论证其实施对各地方政府行为及地方环境质量的影响。

2007 年以来，我国节能减排问责制对各地方政府的要求日益提高。一方面，中央出台了一系列的指导文件及节能减排工作安排，对地方政府的节能减排工作，提出更严格、明确的要求。另一方面，奖惩措施也逐渐完善：公开通报问题突出的地区和企业，责令限期整改或处罚；书面警告减排进度较慢的地方政府，并约谈当地主要领导干部；组成督查组，对重点地区开展节能减排的专项督查；强化行政问责，表扬和奖励节能减排工作完成好的领导和企业，追究未达标的政府主要领导、企业主要负责人的责任，予以处分，甚至撤职。

实施节能减排问责制的同年——2007 年，各地方政府在省级一般预算支出中新增“节能环保支出”，且其支出规模稳步增长，见表 2－1。

表 2－1　　2007～2013 年节能环保预算支出　　单位：万元

地区	2007 年	2008 年	2009 年	2010 年	2011 年	2012 年	2013 年
北京	295827	354688	540459	608541	945100	1135400	1381700
天津	59143	109789	133551	270990	322400	384900	484400
河北	437978	763556	1041989	1151556	1054800	1279300	1718600
山西	449696	642863	706122	823735	821800	881700	981600
内蒙古	617283	796815	978972	1079897	1175500	1315900	1321100
辽宁	307290	481798	557077	774426	742000	932700	1085900
吉林	304523	456067	494809	715473	1024200	1138500	1268300
黑龙江	443402	485105	590693	889983	922700	1048600	1157500
上海	200373	250758	339565	473051	516200	551800	564300
江苏	483065	951795	1476025	1398948	1703700	1938300	2291800
浙江	313847	465183	554210	820725	781100	777000	981400
安徽	376495	547367	592653	647203	819600	955200	1084200
福建	97019	140264	338250	397865	379500	486000	586000
江西	138809	318377	431419	491411	437600	669100	741700
山东	339445	586002	761698	1129334	1139500	1544200	2128100
河南	609191	758510	929762	963782	956000	1094500	1119200
湖北	280528	409194	741536	963058	1011100	956300	1097200
湖南	298387	417066	736307	908200	852600	1094300	1286700

续表

地区	2007 年	2008 年	2009 年	2010 年	2011 年	2012 年	2013 年
广东	267100	470878	1007979	2391606	2326200	2354400	3077800
广西	141009	279740	499221	639887	539000	600100	642300
海南	53236	68058	185107	148874	239700	212300	231800
重庆	386191	529297	500481	690101	1008100	1286900	1145500
四川	711630	791451	1144732	1129947	1158000	1359400	1599500
贵州	272324	404391	553084	543197	554500	657300	664400
云南	313816	584582	821579	864060	958600	1011200	1052900
陕西	487457	587158	795011	828806	961300	941400	1097700
甘肃	336010	468469	531503	683070	849900	720000	698200
青海	189848	195484	289845	361484	417600	439900	667800
宁夏	127629	175067	225874	307857	352300	353700	329300
新疆	226175	304671	364226	510155	536700	641200	689900

资料来源：各省省级一般公共预算支出表。

严格的节能减排问责制，有力地推进了各地政府节能减排的进程。各地方政府创新治理举措，强化节能减排实施效果。例如，河北、山西等地，先后出台《减少污染物排放条例》，把节能减排纳入法制轨道；山东、广西、贵州等地，加强对下级政府的生态考核，对未完成年度目标的政府领导，予以行政记过或撤职处理；广东、北京、上海等地通过财政补贴、以奖代补等方式，激励企业节能减排，淘汰落后产能；甘肃、新疆、青海等地，在财力不足的情况下，挤出资金支持节能减排项目建设。总之，在节能减排问责的压力下，地方政府通过加大环境投入和建设力度、强化环境监管等方式，提高了节能减排水平。

“十一五”“十二五”期间，我国节能减排工作取得显著成效。如表 2-2、表 2-3 所示，“十一五”期间，全国的化学需氧量和二氧化硫排放量，分别由“十五”后三年上升 3.5%、32.3%，转为下降 12.45%、14.29%，超额完成《“十一五”规划纲要》确定的 10% 的减排目标。2014 年，我国的化学需氧量排放量、氨氮排放量、二氧化硫排放量、氮氧化物排放量，与 2010 年相比，分别下降了 10.08%、9.8%、12.94% 和 8.60%。其中，化学需氧量和二氧化硫减排，已提前完成“十二五”任务，氨氮化物和氮氧化物减排，也超过了序时进度。

表 2-2　　　“十一五”时期全国主要污染物总量减排考核情况

地区	化学需氧量				二氧化硫			
	2005 年	2010 年			2005 年	2010 年		
	排放量（万吨）	排放量（万吨）	削减目标（%）	实际削减率（%）	排放量（万吨）	排放量（万吨）	削减目标（%）	实际削减率（%）
北京	11.6	9.2	-14.70	-20.67	19.1	11.51	-20.40	-39.73
天津	14.6	13.2	-9.60	-9.61	26.5	23.52	-9.40	-11.26
河北	66.07	54.62	-15.10	-17.34	149.6	123.38	-15.00	-17.53
山西	38.7	33.31	-13.20	-13.93	151.6	124.92	-14.00	-17.60
内蒙古	29.73	27.51	-6.70	-7.46	145.6	139.41	-3.80	-4.25
辽宁	64.44	54.16	-12.90	-15.95	119.7	102.22	-12.00	-14.60
吉林	40.7	35.21	-10.30	-13.48	38.2	35.63	-4.70	-6.72
黑龙江	50.37	44.44	-10.30	-11.77	50.8	49.02	-2.00	-3.51
上海	30.4	21.98	-14.80	-27.71	51.3	35.81	-25.90	-30.20
江苏	96.62	78.8	-15.10	-18.44	137.3	105.05	-18.00	-23.49
浙江	59.47	48.68	-15.10	-18.15	86.04	67.83	-15.00	-21.16
安徽	44.37	41.11	-6.50	-7.36	57.1	53.26	-4.00	-6.72
福建	39.4	37.26	-4.80	-5.44	46.1	40.94	-8.00	-11.20
江西	45.73	43.11	-5.00	-5.73	61.3	55.71	-7.00	-9.13
山东	77.03	62.05	-14.90	-19.44	200.3	153.78	-20.00	-23.22
河南	72.08	61.97	-10.80	-14.02	162.45	133.87	-14.00	-17.59
湖北	61.6	57.24	-5.00	-7.08	71.7	63.25	-7.80	-11.78
湖南	89.45	79.9	-10.10	-10.68	91.9	80.13	-9.00	-12.81
广东	105.81	85.83	-15.00	-18.88	129.4	105.05	-15.00	-18.81
广西	106.98	93.69	-12.10	-12.43	102.3	90.38	-9.90	-11.66
海南	9.5	9.23	0.00	-2.84	2.2	2.84	100.00	29.12
重庆	26.9	23.45	-11.20	-12.82	83.7	71.94	-11.90	-14.05
四川	78.32	74.07	-5.00	-5.43	129.9	113.1	-11.90	-12.93
贵州	22.56	20.78	-7.10	-7.89	135.8	114.89	-15.00	-15.39
云南	28.47	26.83	-4.90	-5.76	52.2	50.07	-4.00	-4.08
西藏	1.4	2.89	114.00	106.43	0.2	0.29	1000.0	45.00

续表

地区	化学需氧量				二氧化硫			
	2005年排放量（万吨）	2010年			2005年排放量（万吨）	2010年		
		排放量（万吨）	削减目标（%）	实际削减率（%）		排放量（万吨）	削减目标（%）	实际削减率（%）
陕西	35.04	30.77	-10.00	-12.18	92.2	77.86	-12.00	-15.55
甘肃	18.23	16.76	-7.70	-8.05	56.3	55.18	0.00	-1.99
青海	7.2	8.31	18.00	15.40	12.4	14.34	17.70	15.61
宁夏	14.27	12.17	-14.70	-14.72	34.3	31.08	-9.30	-9.38
新疆	25.67	28.07	10.00	9.35	50.24	56.94	13.90	13.34
兵团	1.43	1.53	10.00	6.74	1.66	1.91	15.10	15.09
全国	1414.2	1238.1	-10.00	-12.45	2549.4	2185.1	-10.00	-14.29

资料来源：《环境保护部公布2010年度及“十一五”全国主要污染物总量减排考核结果“十一五”主要污染物总量减排任务全面完成》，http：//www.zhb.gov.cn/gkml/hbb/qt/201108/t20110829_216607.htm，中华人民共和国环境保护部，2011-08-29。

从区域视角来看，各地区污染排放的水平也有所降低。如图2-1、图2-2、图2-3所示，东、中、西部地区的工业二氧化硫排放量、工业粉尘排放量、工业废水排放量等指标，基本呈下降趋势。特别是2012年，节能减排问责制将环保指标纳入政绩考核后，各地方政府环境治理力度加大，节能减排进程加快，各地区污染排放量有所下降。

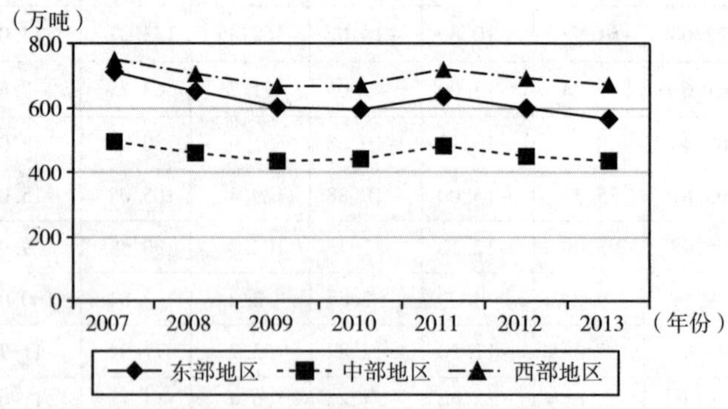

图2-1　2007~2013年我国东中西部工业SO_2排放量

但是，各省、自治区和直辖市的节能减排实施和目标考核情况，有所差异。如表2-2、表2-3所示，整体来看，沿海省（市）节能减排的完成状况，

表 2－3 **2014 年全国主要污染物总量减排考核情况**

地区	化学需氧量			氨氮			二氧化硫			氮氧化物			考核
	2010 年排放量（万吨）	2014 年排放量（万吨）	较 2010 年增减（%）	2010 年排放量（万吨）	2014 年排放量（万吨）	较 2010 年增减（%）	2010 年排放量（万吨）	2014 年排放量（万吨）	较 2010 年增减（%）	2010 年排放量（万吨）	2014 年排放量（万吨）	较 2010 年增减（%）	等级
北京	20.03	16.88	－15.73	2.2	1.90	－13.64	10.44	7.89	－24.43	19.77	15.10	－23.62	超额完成
天津	23.84	21.43	－10.11	2.79	2.45	－12.19	23.81	20.92	－12.14	34.02	28.23	－17.02	完成
河北	142.2	126.85	－10.79	11.61	10.27	－11.54	143.78	118.99	－17.24	171.29	151.24	－11.71	超额完成
山西	50.73	44.13	－13.01	5.94	5.37	－9.60	143.81	120.82	－15.99	124.15	106.99	－13.82	完成
内蒙古	92.13	84.77	－7.99	5.45	4.93	－9.54	139.74	131.24	－6.08	131.41	125.83	－4.25	完成
辽宁	137.34	121.70	－11.39	11.25	10.01	－11.02	117.2	99.46	－15.14	102.02	90.20	－11.59	完成
吉林	83.43	74.30	－10.94	5.87	5.31	－9.54	41.69	37.23	－10.70	58.24	54.92	－5.70	完成
黑龙江	161.17	142.39	－11.65	9.45	8.49	－10.16	51.34	47.22	－8.02	75.27	73.05	－2.95	完成
上海	26.56	22.44	－15.51	5.21	4.46	－14.40	25.51	18.81	－26.26	44.27	33.26	－24.87	超额完成
江苏	128.02	110.00	－14.08	16.12	14.25	－11.60	108.55	90.47	－16.66	147.19	123.26	－16.26	超额完成
浙江	84.19	72.54	－13.84	11.85	10.32	－12.91	68.36	57.41	－16.02	85.33	68.79	－19.38	超额完成
安徽	97.33	88.56	－9.01	11.2	10.05	－10.27	53.82	49.30	－8.40	90.92	80.73	－11.21	完成
福建	69.58	62.98	－9.49	9.72	8.93	－8.13	39.33	35.59	－9.51	44.75	41.17	－8.00	完成
江西	77.71	72.01	－7.33	9.45	8.60	－8.99	59.43	53.44	－10.08	58.22	54.01	－7.23	完成
山东	201.63	178.04	－11.70	17.64	15.50	－12.13	188.11	159.02	－15.46	174	159.33	－8.43	完成
河南	148.24	131.87	－11.04	15.58	13.90	－10.78	144.03	119.82	－16.81	158.97	142.20	－10.55	完成
湖北	112.38	103.31	－8.07	13.29	12.04	－9.41	69.45	58.38	－15.94	63.13	58.03	－8.08	完成

续表

地区	化学需氧量			氨氮			二氧化硫			氮氧化物			考核
	2010年排放量（万吨）	2014年排放量（万吨）	较2010年增减（%）	2010年排放量（万吨）	2014年排放量（万吨）	较2010年增减（%）	2010年排放量（万吨）	2014年排放量（万吨）	较2010年增减（%）	2010年排放量（万吨）	2014年排放量（万吨）	较2010年增减（%）	等级
湖南	134.14	122.90	-8.38	16.95	15.44	-8.91	70.96	62.38	-12.09	60.43	55.28	-8.52	完成
广东	193.26	167.06	-13.56	23.52	20.82	-11.48	83.91	73.01	-12.99	132.34	112.21	-15.21	完成
广西	80.73	74.40	-7.84	8.45	7.93	-6.15	57.22	46.66	-18.46	45.11	44.24	-1.93	完成
海南	20.41	19.60	-3.97	2.29	2.29	0.00	3.11	3.26	4.82	8.03	9.50	18.31	完成
重庆	42.61	38.64	-9.32	5.59	5.13	-8.23	60.87	52.69	-13.44	38.22	35.51	-7.09	完成
四川	132.44	121.63	-8.16	14.56	13.48	-7.42	92.7	79.64	-14.09	62.04	58.54	-5.64	完成
贵州	34.83	32.67	-6.20	4.03	3.80	-5.71	116.18	92.58	-20.31	49.29	49.11	-0.37	完成
云南	56.36	53.38	-5.29	6.00	5.65	-5.83	70.38	63.67	-9.53	51.98	49.89	-4.02	完成
西藏	2.75	2.79	1.45	0.331	0.34	2.72	0.42	0.42	0.00	3.83	4.83	26.11	完成
陕西	56.98	50.49	-11.39	6.44	5.82	-9.63	94.77	78.10	-17.59	76.58	70.58	-7.83	完成
甘肃	40.24	37.32	-7.26	4.33	3.81	-12.01	62.24	57.56	-7.52	42.04	41.84	-0.48	完成
青海	10.45	10.50	0.48	0.962	0.98	1.87	15.7	15.43	-1.72	11.57	13.45	16.25	基本完成
宁夏	24.01	21.98	-8.45	1.82	1.66	-8.79	38.29	37.71	-1.51	41.76	40.40	-3.26	完成
新疆	56.86	57.21	0.62	4.06	4.07	0.25	63.14	68.39	8.31	58.82	71.36	21.32	基本完成
兵团	9.46	9.81	3.70	0.51	0.52	1.96	9.59	16.91	76.33	8.77	14.92	70.13	
全国	2551.7	2294.6	-10.08	264.4	238.5	-9.80	2267.8	1974.4	-12.94	2273.6	2078.0	-8.60	

资料来源：《环境保护部发布2014年度全国主要污染物总量减排考核公告》，http：//www.cenews.com.cn/sylm/hbbxwfb/201507/t20150722_795335.htm，中国环境网，2015-07-22。

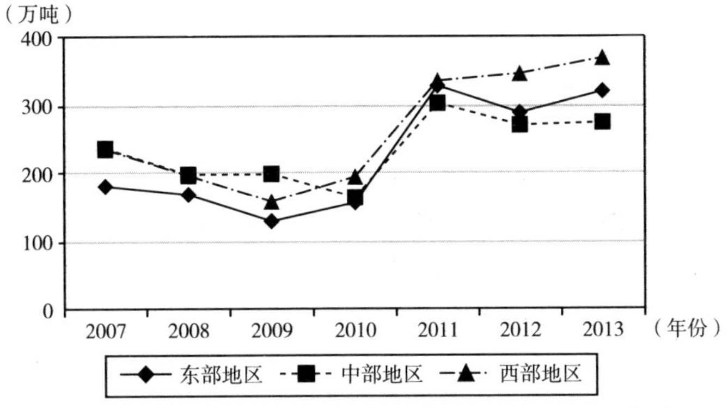

图 2－2　2007～2013 年我国东中西部工业粉尘排放量

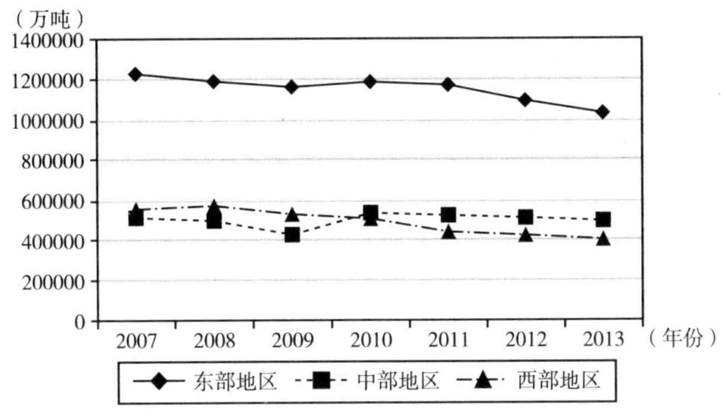

图 2－3　2007～2013 年我国工业废水排放量

资料来源：各省 2007～2013 年环境统计公报整理得来。

好于内陆省（市）。分析沿海省份和内陆省份的差异，可发现：凭借良好的地理优势，沿海省（市）的经济和科技发展较为迅速，经济和科技水平较发达，从而有力地推进了节能减排工作的展开。而内陆省份，经济起步较晚，经济发展主要依赖传统产业和能源，经济和科技实力相对薄弱，因此，节能减排阻力较大，难以有力地加速节能减排工作的进程。

为更好地推进国家节能减排的工作，建议实行节能减排考核问责制时，应因地制宜，加大各地考核指标的差距。尽管国家在制定各省节能减排目标时，已经考虑了地区差异，但区分力度仍不够大。今后，应提高对北京、江苏等经济基础较好、节能减排技术更为成熟的省（市）的节能减排要求，加强其在节能减排工作上的紧迫感。而对新疆、青海等经济欠发达省份，则适当降低节能减排的要求，加大节能减排资金和技术的支持力度。

第二节　同级财政竞争与地方政府环境治理

经济分权与垂直的政治治理体制紧密结合，构成中国式分权的核心内涵。[①] 在此背景下，可从分权体制下地方政府激励机制和府际非合作性博弈这两方面，解释环境质量。

一、分权体制下地方政府的行为激励

分权体制对地方政府的激励，深刻地影响了其行为选择，进而影响到生态环境。因此，要分析财政分权对生态环境的影响，必须要研究地方政府的行为。

（一）政治上的晋升激励

近十年来，官员晋升锦标赛的政治激励，成为解释中国经济增长的主流观点之一。不少学者认为，中央政府的职务晋升激励机制，能促使地方政府采取有利于地方经济发展的政策。[②] 地方官员晋升与地方经济绩效之间，呈现显著正相关的关系。同时，随着 GDP 增长率的提高，省级官员的升迁率也有所上升。在分权体制下，地方政府受到激励，为了政绩而竞争 GDP，地方政府之间便形成了“自上而下的标尺竞争”。[③]

然而，近年来也有学者开始对这一理论提出质疑。陶然等从逻辑分析和实证检验两方面对晋升锦标赛理论进行反思，认为政治上的晋升激励无法合理解读中国经济的高速增长。[④] 陶然认为，中国的干部选拔与经济增长之间的关系并不明确，与官员晋升锦标赛理论较吻合的综合目标责任制考核，也不过在分税制后才得以普遍推行；即便存在晋升锦标赛机制，那么地方政府官员也存在扭曲经济增长数据的激励，无法反映经济增长的真实情况；最后，

---

① 傅勇：《中国式分权与地方政府行为：探索转变发展模式的制度性框架》，复旦大学出版社 2010 年版，第 33 页。

② Blanchard, Olivier, Andrei Shleifer. Federalism with and without Political Centralization: China versus Russia. NBER Working Paper, 2000, 7616.

③ 张宴、龚六堂：《分税制改革、财政分权与经济增长》，《经济学》（季刊），2005 年第 4 期。

④ 陶然等：《经济增长能带来政治晋升吗？——对晋升锦标竞赛理论的逻辑挑战与省级实证评估》，《管理世界》，2010 年第 12 期。

中国并不存在一个从中央到省、省到地市、地市到县乡的层层放大的，将政治提拔和经济增长直接挂钩的考核机制。陶然的观点是对传统政治晋升激励理论的重大挑战，值得进一步探讨。

本书的分析仍然基于主流理论，即政治晋升激励带来的“官员晋升锦标赛”，引发地方政府为追求经济增长而竞争。中国是一个单一制的国家，中央政府的权力较大。同时，各级政府间存在着信息不对称问题。出于对地方政府监管成本的考虑，GDP 被上级政府纳为政治考核的核心指标。在此背景下，为了追求政治晋升，地方政府保护环境的动力相对弱化，片面地追求经济增长。

（二）分权体制下的经济激励

垂直的政治治理体制和分权的经济体制，使得地方政府的相对独立利益得以强化、经济权利得以扩大，这赋予了地方政府强大的行为动力。① 中国特殊的 M 形经济结构，可以为地方政府提供有效的信息，引导地方政府行为。因此，中央政府常以实行激励措施的方式，向地方政府传达一定的政策意图。例如，为了传递经济增长更快、财政收入更高的地方政府可获取更多的增量返还的信息，中央政府通常会在评估各地经济增长绩效后，通过转移支付等手段激励地方政府。

具体而言，财政承包制使地方政府获得大多数额外增长收入的支配权利；分税制改革使地方政府更为独立，从而对其产生了更强的财政激励。为实现自身利益的最大化，作为“理性经济人”的地方政府将着力推进经济发展，争创财政收入。

总之，为了发展经济，获得政治上的晋升，地方政府必将开展竞争。这就带来以下问题：第一，想方设法扩张资源，放松环境管制，积极吸引外资，以发展经济；第二，不注重结合本地实际，盲目大力发展重工业，以推动 GDP 增长；第三，只着眼于短期利益，削减短期内效用不显著的公共品支出，缺乏环保动力。

二、影响环境质量的地方政府行为分析

由于环境的公共品属性，单纯市场化手段不能有效提供环境商品，因此，

---

① 杨钟馗、廖尝君、杨俊：《分权模式下地方政府赶超对环境质量的影响——基于中国省际面板数据的实证分析》，《山西财经大学学报》，2012 年第 3 期。

需要政府干预来解决其外部性。但是，在政治晋升与经济发展的双重激励下，我国地方政府往往会不顾甚至牺牲地方环境，盲目追求 GDP 增长。

（一）招商引资的环境“竞次”行为

改革开放以来，由于我国户籍制度限制了人口流动，金融体制也制约了内资的流动，与国内资本相比，外商直接投资具有经济、技术等多方面的溢出效应，因此，地方政府竞相争取以外商直接投资为主的外来资本。[①]

然而，各地方政府为在 FDI 竞争中取得优势地位，实施了一系列带有扭曲性的措施。通常包括放松环境管制、推出各项优惠政策等。

一方面，放松环境管制。为推动本地区的经济发展，地方政府往往放松对本地环境的监管，以增强对外来资本的吸引力。例如，部分地方政府让工业园行使环保执法权，导致执法缺位，使高排放外资企业找到“保护园”。部分地方政府急功近利，不顾引资项目质量，甚至通过设置廉价的排污成本等，来降低投资企业的生产成本，争取外来资金，使得一大批高污染企业找到“避难所”。

而且，某个地区放松环境监管吸引外资，容易引起周边地区的效仿，出现区域性的连锁竞争，致使全国整体环境监管政策“向底线赛跑”[②]。

另一方面，推出各项优惠政策。为了在 FDI 竞争中取得地区差异的优势，地方政府盲目运用政策工具，竞相采取项目审批、土地优惠、税收优惠、财政补贴等一系列的优惠政策来吸引外资。以土地优惠为例，低价出让土地成为地方政府普遍采用的方式。例如，为了吸引外资，江苏省苏州市将土地开发成本由每亩 20 万元，压低至每亩 15 万元。不仅如此，由于地方政府间的恶性竞争，浙江省杭州市、宁波市等周边地区，也竞相效仿，纷纷压低地价，价格低至每亩 5 万元。为吸引能推动 GDP 高增长的制造业企业，许多地方政府甚至会对其实行“零地价”。

（二）外商直接投资结构的扭曲

财政分权体制的激励效应还带来了我国外商直接投资结构的扭曲。通过各

---

① 陈刚：《FDI 竞争、环境规制与污染避难所——对中国式分权的反思》，《世界经济研究》，2009 年第 6 期。

② 李猛：《中国环境破坏事件频发的成因与对策——基于区域间环境竞争的视角》，《财贸经济》，2009 年第 9 期。

地的积极引资，FDI 大量涌入制造业，特别是污染密集型产业。据统计，分税制以来，直到 2010 年，我国外商直接投资主要集中在第二产业，且比重一直保持在 50% 以上。① 截至 2008 年底，FDI 主要投入于第二产业，且分布于制造业的比例为 60.84%。而 FDI 占第三产业的比重，仅为 32%②（见图2－4）。

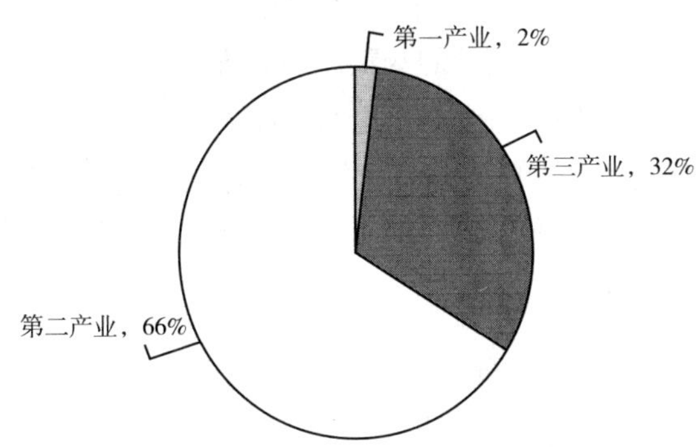

图 2－4 FDI 在中国的产业分布（2008 年）

资料来源：根据商务统计数据绘制。

地方政府为吸引外商直接投资而展开的竞争，有力地推动了我国经济的增长。在我国，大规模招商引资的省市，经济增长幅度较大。然而，地区间为此展开的恶性竞争，却忽略了对资源的有效利用，导致生态环境质量的恶化。由表 2－4 可以看出，近年来，我国环境污染事件频繁发生，环境保护和治理任重而道远。

表 2－4 2002～2010 年我国的特大和重大环境污染事件 单位：件

污染事件	2003 年	2004 年	2005 年	2006 年	2007 年	2008 年	2009 年	2010 年
安全生产事故	11	17	25	78	39	57	63	69
企业运输泄露	3	28	26	36	28	25	52	28
企业违法排污	3	20	19	22	14	23	23	17
其他事件	0	2	5	25	29	30	33	42
总计	17	67	75	161	110	135	171	156

资料来源：历年《中国环境状况公报》。

① 1995～2015 年《中国统计年鉴》。

② 转引自陆亚琴：《外商直接投资的环境效应及其管理——基于我国工业废气排放指标的分析》，经济科学社会出版社 2011 年版，第 53～54 页。

（三）环境治理中的府际非合作博弈

要治理环境污染，环保投入必不可少。根据发达国家的经验，环保支出要达到GDP的1%～1.5%，才能有效地控制污染；环保支出至少要达到GDP的3%，才能明显地改善环境的质量（世界银行，1997）。然而，在财政分权体制下，受政治晋升和经济激励的双重压力，理性的地方政府官员在任期内，往往会"重增长，轻环保"，削减治理环境的财政支出。

由表2－5可以看出，2002～2014年，我国的环保支出占GDP的比重虽有所增长，但仍不超过1%。显然，这个比例无法达到有效控制环境污染的水平，环保支出仍是不足的。

表2－5　我国历年环境保护支出状况　单位：%

年份	中央环保支出占中央一般公共预算支出的比重	地方环保支出占地方一般公共预算支出的比重	环保总支出占国家一般公共预算支出的比重	环保总支出占GDP的比重
2002	0	0.51	0.36	0.07
2003	0	0.52	0.36	0.07
2004	0	0.45	0.33	0.06
2005	0	0.53	0.39	0.07
2006	0	0.53	0.40	0.07
2007	0.30	2.51	2.00	0.37
2008	0.50	2.81	2.32	0.46
2009	0.25	3.11	2.53	0.57
2010	0.43	3.21	2.72	0.61
2011	0.45	2.77	2.42	0.56
2012	0.34	2.71	2.35	0.57
2013	0.49	2.79	2.45	0.58
2014	1.53	2.69	2.51	0.60

资料来源：根据历年《中国统计年鉴》整理计算而得。

那么，我国为何缺乏环保的动力？接下来，本章将从环境治理中的府际非合作博弈进行考量。

由于污染物的扩散性，以及生态环境的一体化，环境治理具有外部性。而作为理性经济人，地方政府在区域环境治理中，为了追求自身利益最大化，倾向于通过“搭便车”的方式，来分享其他地方政府环境治理带来的收益。因此，地方政府在跨区域环境治理过程中，往往采取非合作的竞争策略。

例如，由于存在府际非合作博弈，跨界河流的治理难度非常大，广东省内广佛跨界治理便是其中一例。2015 年 8 月，广佛跨界河流，被广东省政府列为水污染的重点整治对象，工程共计 111 项，总投资达 130.16 亿元。按照原计划，2016 年年底前，广佛跨界 16 条河涌的水质，应基本消除劣Ⅴ类。

然而，河流整治的进度并不理想。2016 年 4 月，已划定地表水环境功能区的 10 个河段中，仍有 8 段未消除劣Ⅴ类，白云—花都李溪坝断面、白云河口断面的年均水质，甚至进一步下降，分别降至Ⅴ类和劣Ⅴ类。截至 4 月底，广佛跨界河流的累计完成率仅为 52.7%。111 项工程中，已完工 30 项，还有 79 项在建，2 项处于前期工作阶段。[①] 广州市水务局局长表示：年底前完成省内目标，可能性并不大。

工程整治进度滞后，除了因为污染源数量大、种类多，具备一定的隐蔽性之外，政府部门间推诿扯皮，落实不到位也是重要的因素。目前，广州市河长制尚未完善，对职责划分和考核问责等没有明确规定。各区、镇河长的责任界定不明晰，相应的考核和问责便无从下手，从而使环境治理工作难见成效。

同时，在跨界河流水污染治理中，上游的环境行为直接影响着下游的水质和环境治理成本，导致上下游地方政府水污染治理的成本收益不平衡。尽管上下游地方政府间的利益相连，合作治理会增加整体的利益，但是，由于缺乏利益协调机制及信息不对称，地方政府易出现环境治理失灵的现象。

可见，由于信息不对称以及地方政府“搭便车”现象，理性的地方政府在有限次的博弈中，都会选择非合作的不治理策略，以防自己短期利益受损，最终陷入污染治理的“囚徒困境”，导致环境治理失灵，地方环境恶化。

通过以上分析，可以发现：地方政府为吸引 FDI，放松环境标准和监管，将加剧环境的破坏和污染，而这种行为，正是政治晋升和经济激励双重影响的结果。同时，在此双重激励下，地方政府在环境治理中进行府际非合作博弈，导致环保动力不足与区域环境质量的恶化。基于上述理论分析，本书提出以下假说：财政分权影响了环境质量；而通过地方政府 FDI 竞争行为，财

---

① 徐艳：《广佛跨界河涌整治滞后“存在推诿扯皮现象”》，南方都市报，GA02，2016 年 5 月 25 日。

政分权加重了环境质量的恶化。

第三节 公众参与和地方政府环境治理

来自社会的公众参与压力，在一定程度上可以敦促地方政府进行环境治理。日益增强的公民环保意识和环保诉求，使得公众参与逐渐成为地方政府环境治理的积极影响因素。

一、环境治理中的公众参与方式

作为生态环境的最终消费者、管理者和被管理者，公众在环境治理中的地位和作用非常重要。在环境治理的过程中，各方为自己的利益发生博弈。公众通过听证、信访、举报、诉讼等各种方式参与其中，表达个人或群体偏好，监督政企环境行为。这实际上创造了一种有效的政民沟通机制，有助于推动经济、社会与环境的协调发展，实现社会福利最大化。

同时，在公众参与环境治理中，环保非政府组织能有效地弥补政府工作的不足。[①] 环保非政府组织通过进行环保知识宣传和教育，强化民众环保意识，鼓励民众参与环境决策、监督政府行为，在政府和民众之间搭建起了有效的沟通桥梁。[②]

从实践来看，民众和环保非政府组织的参与可分为事前、事中和事后参与。在西方，随着法律制度的不断完善，公民的环境权得以具体化和制度化，在环境治理中，公众普遍实现了事前、事中和事后的全过程参与。其中，事前参与包括立法参与和决策参与。

公众直接参与环境立法和公共决策，主要通过环境信息公开、环境听证、共识会议、公民陪审团、焦点小组会议、公民咨询委员会、全民公决、民意调查、环境影响评价等途径。通过实行完善、透明的环境信息公开制度，西方公众能获得较为全面且详尽的环境信息。而对公众意愿表达的方式，各国有不同的形式和规定。例如，在美国，政府确定环境政策前，要听取公民咨

---

① 叶林顺：《环保非政府组织的作用和定位》，《环境科学与技术》，2006 年第 1 期。

② 董莉：《国际环境非政府组织在环境治理中的作用》，《知识经济》，2011 年第 1 期。

询委员会的意见和建议，其中，公民咨询委员会成员由市民、专家和利益团体组成。此外，政府出台环境法律和行政法规时，须举行公众听证会，听取公众意见。以《森林保护条例》为例，美国召开了600多次听证会，收到公众1600多条反馈。①

同时，公众通过舆论监督、网络参与、环境诉讼、环境仲裁等途径，能有效地监督和约束政府的环境治理行为。其中，环境诉讼，已成为西方公众参与环境治理的重要方式。按照相关法律法规，公民可以对企业不依法履行环保义务、污染和破坏环境的行为，或政府主管机关没有依法尽职的行为，提起环境公益诉讼。在美国、日本等许多发达国家，民众和环保非政府组织已经提起了大量的环境诉讼，其效果往往比建议、申诉、游行示威等更为有力。

二、我国公众参与环境治理的发展历程

我国的环境问题最初表现为农业环境的破坏，致使出现土壤侵蚀、水土流失等现象。新中国成立后，我国大力发展经济，环境污染问题却也日益突出。1973年8月，第一次全国环境保护会议在京召开，由此开启了我国的环保事业。公众参与环境治理的发展历程，可分为三个阶段。

（一）起步阶段（1949～1978年）

新中国成立初期，我国提出了由落后的农业国向先进的工业国转变，以及重工业优先发展的经济发展战略，以尽快摆脱“一穷二白”的局面。“一五”和“二五”期间，我国片面发展钢铁工业等重工业，使自然环境承受了极大的压力，环境污染严重。

在此阶段，我国尚未形成健全的环保制度体系。一方面，我国处于工业化发展的初期，经济发展水平较低，缺乏环境保护的意识；另一方面，在重工业优先发展的战略导向下，我国走上了“先污染，后治理”的道路。在此阶段，公众主要开展行政命令下的群众运动。

（二）发展阶段（1978～1992年）

改革开放以来，为大力发展经济，地方政府以FDI为中心的引资竞争愈

---

① 卓光俊：《我国环境保护中的公众参与制度研究》，重庆大学博士论文，2012年。

发激烈，发展重工业的热情依然高涨，环境污染日益严重。

在此阶段，中央开始重视环保问题，自20世纪70年代起开启了我国的环保事业。通过健全环保制度和开展重点地区污染治理，我国环境治理法制化水平不断提高。1978年，宪法首次明确规定，“国家保护环境和自然资源，防止污染和公害”，为我国的环保事业打下坚实的基础。

然而，该阶段的环境治理仍以经济手段和行政手段为主，公众参与为辅。公众的主要参与途径只是初步得以确立。值得注意的是，这一时期，各种类型的环保团体开始出现，不同规模、不同行业的环保社团和群众组织也开始活跃起来，推出了形式多样的环保活动。

（三）深化阶段（1992年至今）

1994年3月，政府批准成立中国第一个群众性民间环保团体——“自然之友”（friends of nature）。此后，民间环保组织逐步发展壮大，真正拉开了公众参与环境治理的序幕。

随着经济发展和社会进步，公众参与环境治理，逐步得到中央和地方各级政府的高度重视。国务院环境保护委员会主任宋健在1996年第四次全国环境保护会议上，指出：“各政府要保护公众参与的积极性，提供参与的机会；要充分发挥各群众组织在环境保护活动中的作用”。[①] 1996年8月颁布的《关于环境保护若干问题的决定》，进一步明确指出：“建立公众参与机制，发挥社会团体的作用，鼓励公众参与环境保护的工作，检举和揭发各种违反环境保护法律法规的行为”。

1992年以来，我国环境立法进程不断加速。《环境保护行政处罚办法》《环境影响评价法》《环境保护行政许可听证暂行办法》《环境影响评价公众参与暂行办法》《环境信息公开办法（试行）》等与公众参与环境治理有关的法律法规相继颁布实施。

三、我国公众参与环境治理的现状

近年来，我国公众参与环境治理取得了重大突破，主要表现在：一是公

---

① 国家环保局：《第四次全国环境保护会议文件》，中国环境科学出版社1996年版，第46～48页。

民环境治理的参与程度逐步加强；二是公众参与对环境治理的促进作用逐步加强。公众参与程度的提高，有力打造了“政府－公众”互动型环境治理新局面。

（一）公众环境治理的参与程度逐步提高

物质生活水平的提高，使得公众不止满足于解决最基础的温饱问题。公众开始对生存质量的优化提出了更高的要求，在民生所向的教育、医疗、环保等领域，都出现了公众的呼吁之声。公众开始形成新的环境价值观，一方面，NGO 组织的出现，使得公众参与的组织性更强；另一方面，互联网的兴起，网络监督使得公众参与的程度更高。

近年来，公众参与环境治理的意识不断增强。自 1996 年以来，我国环境群体性事件以每年 29% 的增速增长。“十二五”期间，环境信访达到 300 多万件。[①] 由生态问题引发的群体性事件，已经成为新时期公众参与环保行为的新方式。

公众通过新媒体参与环境治理，已成为大势所趋。近年来，环保部网站访问量整体呈上升趋势，如图 2－5。网站月均访问人次由 2008 年的 105 万，提高至 2015 年的 660 万。2008～2015 年，网站被访问页面数也从 1500 万页，提高到 5400 万页。

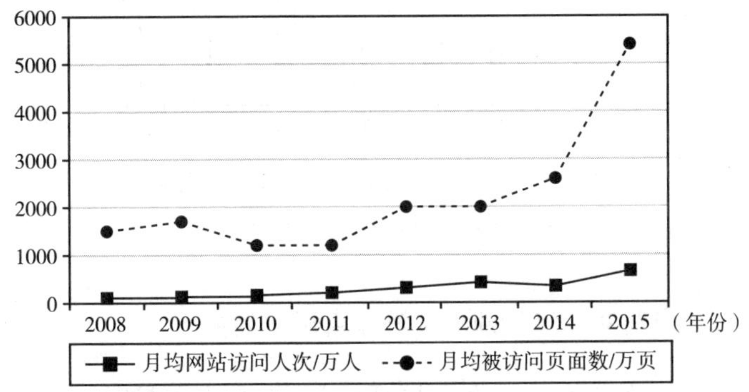

图 2－5　环境保护部网站 2008～2015 年月均访问人次及被访问页面数

资料来源：《环境保护部政府信息公开工作 2008～2015 年度报告》。

根据目前公布的百度搜索指数来看，公众对环境污染关注程度较高，

① 根据《中国环境年鉴》整理得来。

2011~2016年，我国公众关于“环境污染”的百度搜索指数日均值为918次，见图2-6。

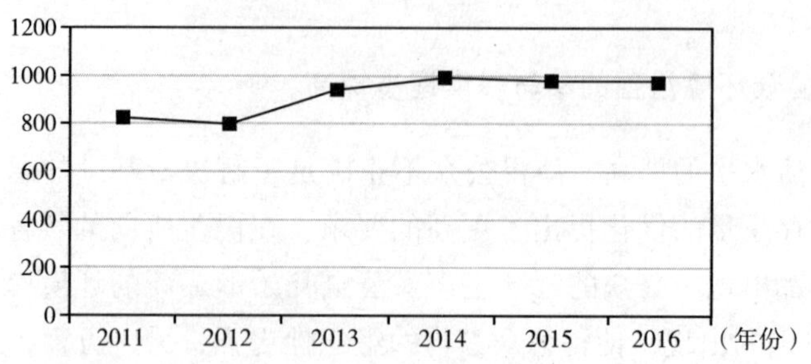

图2-6 2011~2016年“环境污染”百度搜索指数

此外，环境保护部受理的信息公开申请数量也基本保持上升趋势，见图2-7。2013年环保部受理的信息公开申请数激增，可能与年初严重的雾霾污染有关。这些都说明越来越多的公众参与到环境治理中，公众环境治理的参与程度不断加强。

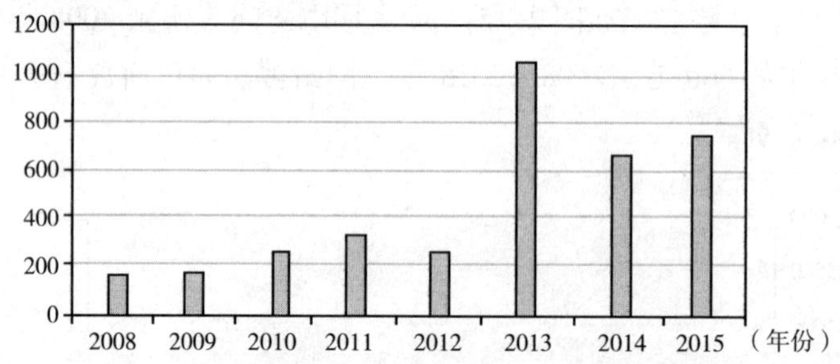

图2-7 环境保护部受理的信息公开申请数量

资料来源：《环境保护部政府信息公开工作2008~2015年度报告》。

（二）公众参与对环境治理的促进作用逐步加强

随着参与程度的提高，公众参与对地方政府环境治理产生了明显的促进作用。

《中华人民共和国政府信息公开条例》以及《环境信息公开办法（试行）》于2008年5月1日开始施行，要求全国所有省市自治区每年必须进行一次环境信息公开。在此要求下，国家环境保护部以及各省环境保护厅积极推进政府信息公开，纷纷发布《政府信息公开工作年度报告》。环境信息的公开，使得公众更加了解政府环保方面的治理情况。在信息透明化的基础上，公众也更愿意，更有能力参与到政府环境治理中。

根据《环境保护部政府信息公开工作2008～2015年度报告》，2008～2015年环境保护部主动公开的政府公文数，也基本呈上升趋势，见图2－8。这说明公众参与环境治理的地位日益重要，政府主动进行环境治理也成为大势所趋。

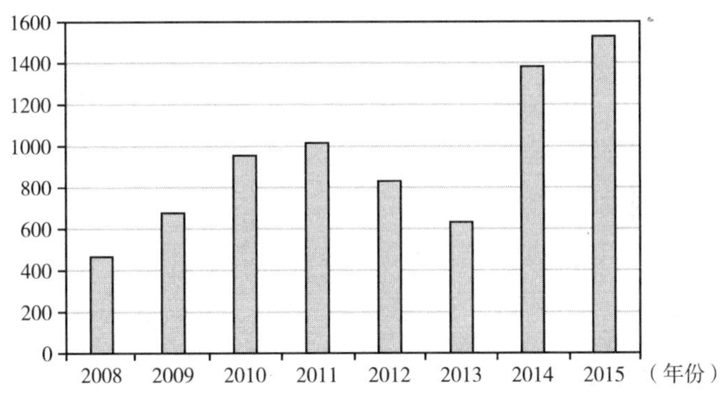

图2－8　2008～2015年环境保护部主动公开政府公文情况

在公众对环保信息披露需求逐渐加大的情况下，各地方政府也积极披露环保信息，实现环保信息公开。各省政府网站纷纷设立环境信息公开专栏，截至2016年12月31日，全国31个省、直辖市及自治区中，共有22个省、直辖市、自治区设立了环境信息公开专栏，使得公众参与地方政府环境治理渠道得到了有效的拓展，实现了良好的政民互动，见表2－6。

同时，在公众压力因素的推动下，各地方政府对于环境污染治理的关注度①也得到了有效的提升。如图2－9所示，无论是从全国看，还是分区域看，地方政府官网关于环境污染的政策文件、新闻报道等文件数都基本呈上升趋势。可见，公众参与的压力对地方政府进行环境治理起到了推动作用。

---

① 环境治理政府关注度（government concern index，GCI）主要是度量地方政府对环境问题的关注程度（郑思齐，2012）。通过在各地方政府官方网站上搜索“环境污染”相关的法律法规、政府文件等信息，将信息数量作为反映地方政府环境关注度指标，该指标越大，地方政府越倾向于进行环境治理。

表2－6　　　　　各地方政府官方网站设立环境信息公开专栏情况

地区	省份	政府官网是否设立环境信息公开专栏	地区	省份	政府官网是否设立环境信息公开专栏
东部地区	北京	是	西部地区	内蒙古	否
东部地区	天津	是	西部地区	广西	否
东部地区	河北	是	西部地区	重庆	是
东部地区	上海	是	西部地区	四川	是
东部地区	江苏	是	西部地区	贵州	是
东部地区	浙江	是	西部地区	云南	是
东部地区	福建	否	西部地区	西藏	否
东部地区	山东	是	西部地区	陕西	是
东部地区	广东	是	西部地区	甘肃	是
东部地区	海南	是	西部地区	青海	否
中部地区	山西	是	西部地区	宁夏	否
中部地区	安徽	是	西部地区	新疆	否
中部地区	江西	否	东北地区	辽宁	是
中部地区	河南	否	东北地区	吉林	是
中部地区	湖北	是	东北地区	黑龙江	是
中部地区	湖南	是	东北地区		

资料来源：各省政府官方网站。

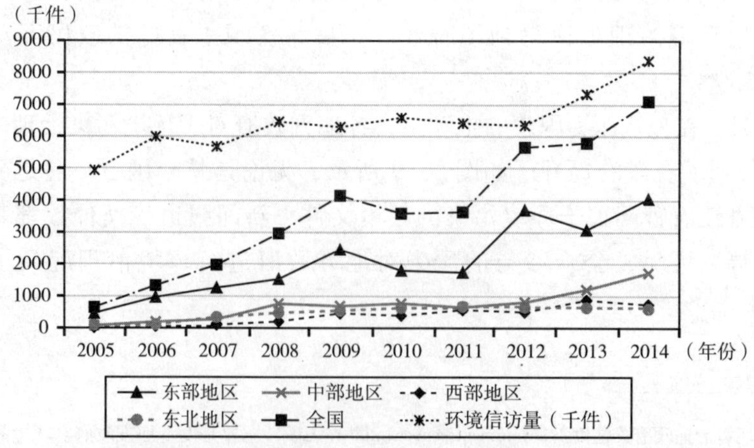

图2－9　2005～2014年环境信访量与区域政府环境关注度情况

资料来源：各省政府官方网站及历年《中国环境年鉴》。

四、我国公众参与环境治理存在的问题

随着环保理念的深入人心和公众权利意识的觉醒，我国民众对环境保护的关注度日益提高，参与环境治理的积极性也大大增强。由于经济的高速发展，生态环境与经济增长的矛盾日益突出。由生态问题引发的群体性事件，已经成为新时期公众参与环保行为的新方式。

专栏2－1　我国多地民众反对PX项目事件回顾

2012年，我国成为世界最大的PX消费国，对PX的需求不断增长，但国内PX项目的建设却十分缓慢。由于在PX项目推进过程中，政府信息披露不充分，缺乏与公众的沟通交流，许多民众不知其“低毒”属性，闻PX色变，坚决抵触PX项目。从2007年至今，我国已发生过7次与之相关的较大的环境群体性事件。

1. 厦门市反对PX项目事件

2007年，福建省厦门市计划在当地海沧区兴建PX化工厂，但出于影响身体健康的担忧，厦门民众强烈抵制建设该项目。6月1日至2日，厦门市民集体“散步”到厦门市政府门前，表达对PX项目的反对意见。通过开展网络公众投票、市民座谈会等收集和听取民众意见后，福建省政府于12月16日，针对厦门PX项目问题召开专项会议，决定迁建PX项目。最终，该PX项目落户漳州市古雷港开发区。

2. 成都市反对PX项目事件

2008年5月4日，约200位成都市民参加了市区的游行活动，时长约2小时，以此表达反对彭州石化项目的心愿。游行的过程中，所有人全程戴着口罩，默不作声。遭到民众的强烈反对后，2013年4月，成都市委市政府承诺，在正式验收前，不允许企业生产，验收过程向社会公开。由于警方的维稳行动，随后的民间抗议活动未能顺利开展。

3. 大连市反对PX项目事件

2010年下半年，辽宁省大连市中石油输油管线接连爆炸、PX项目毒气泄漏等一系列环境事故，引发市民的强烈不满和抗议。8月14日，12000多名大连市民自发组织到市政府集会，随后展开游行，要求搬迁福佳大化PX项目。游行人员制作了许多反PX的文化衫，并在游行过程中多次唱起了国

歌。最终，该事件促使大连市委市政府作出该 PX 项目立即停产、尽快搬迁的决定。

4. 宁波市反对 PX 项目事件

2012 年 10 月 22 日，宁波镇海湾塘等村约 200 百名村民到区政府上访，抗议 PX 项目的建设用地太靠近村民居住地，并围堵了城区一交通路口。此后，抗议活动逐渐蔓延至宁波市中心的天一广场和宁波市政府。与群众沟通协商后，该市政府宣布，不再建设 PX 项目，并停止推进整个炼化一体化项目，再作科学论证。

5. 昆明市反对 PX 项目事件

2013 年 5 月 4 日，昆明市许多民众戴着印有黑色 PX、红色叉的口罩，上街抗议，坚决抵制安宁市草铺工业园区的 1000 万吨炼油项目。面对昆明市公民的抗议，市长李文荣承诺："大多数群众说不上，市人民政府就决定不上。"

6. 茂名市反对 PX 项目事件

2014 年 3 月 30 日，针对拟建的 PX 项目，广东省茂名市几千至上万不等的市民，连续游行示威了几天。4 月 1 日，为声援茂名的反 PX 活动，300 多位市民在广州中山纪念堂附近，展开了游行。两天后，又有 20 多位市民在深圳，展开了游行示威活动。

7. 2014 年网络 PX 词条保卫战

2014 年 3 月 30 日，在茂名市反 PX 游行的背景下，以清华大学化工系学生为主力的学院派，在百度百科也进行了一场长达 5 天的 PX 词条保卫战，宣扬 PX 低毒。5 天内，不断有复旦等高校化学专业学生加入，完善细节、留言支援"低毒"阵地。PX 词条被反复修改，总计高达 73 次。

资料来源："这些年，有关 PX 项目的那些争议"，财经网，http://politics.caijing.com.cn/20150407/3856060.shtml，2015 年 4 月 7 日。

由专栏 2-1 我国多地民众反对 PX 项目事件可以看出，尽管我国公众参与环境治理取得了很大的进步，但仍存在许多问题。

（一）公众环境知识不足

虽然公众对环境越来越关注，但大部分民众的环境知识不足，对环境问题了解不深。根据 2015 年中国科协数据，我国仅有 6.20% 的民众，具备基本科学素养。[①] 而在拟建 PX 项目的厦门、大连、昆明、成都和茂名这五大城市中，据调查[②]，仅 50.4% 的受访者表示了解或比较了解 PX 项目。公众了解 PX 项目的渠道，则主要是网络和网友评价，以及电视、报纸等媒体报道。这也容易使得公众对 PX 项目的认知产生偏差，造成误解和抵触情绪。由此可见，公众权利意识虽有所加强，但环保教育和知识普及工作仍任重而道远。

（二）公众参与实践受限

在环境治理的过程中，我国公众参与多发生在政府环境政策、规划制定或开发建设项目完成之后，参与渠道单一，实践受限。案例中，拟建 PX 项目的厦门等地政府，前期并没有公开有关信息，也没有及时提供公开的听证会等有效的公众参与渠道，导致公众的意见很少被重视。公众参与的程序不够规范，公众参与所需的环境信息不透明。地方政府也缺乏相关的配套政策，引导居民合理参与环境治理。公众环境信访问题若得不到合理和满意的解决，大多会转化为环境群体性事件。

（三）NGO 发挥作用有限

我国民间环保组织数量众多，但缺乏组织，不够规范，在环境治理中发挥作用有限。我国 NGO 并没有严谨的法律法规来保护，相关人员的素质参差不齐，专业知识和技能相对不足，难以应对环境群众性事件，无法充分发挥其应有的作用。例如，厦门反对 PX 项目事件中，参与组织“散步”活动的厦门大学教授，可被视为社会组织力量，引导民众理性表达意见和建议，没有发生任何冲突。而大连、宁波等地的 PX 抗议活动中，民众缺乏理性引导，导致政府与民众无法有效沟通协商，给社会造成了巨大影响。

结合上述案例，政府今后应当通过制定加大环保财政支出等激励性财税政策，提高公众参与力度，引导公众有序参与环境治理。同时，进一步加大环境信息公开的力度，拓宽公众参与的有效渠道，加强与公众的交流与沟通，从而提高公众参与环境治理的水平。

---

① 《中国科协发布第九次中国公民科学素质调查结果》，http：//education.news.cn/2015－09/19/c_128247007_2.htm，新华网，2015 年 9 月 19 日。

② 王盼盼：《PX 项目公众态度：全民反对 PX 项目是错觉》，《世界环境》，2014 年第 4 期。

第四节 地方政府环境治理驱动因素的实证分析

一、变量选取

（一）被解释变量

本地处置后排放量（*dpo*）是经济系统物质流（*EW-MFA*）中的一个指标，核算期内消耗的物质，通过系统边界返回自然环境中的废弃物和排放物。① 经济系统物质流核算方法最早于1995年由Wernick. G和Aushel提出，随后Matthews等（2000）运用并分析了五国的输出流。目前，EW-MFA框架广泛运用于欧盟国家的环境核算中，是研究循环经济的科学方法。

一个地区的政府环境治理行为与该地区环境污染排放水平密不可分。通常来说，地方政府越多进行环境治理，该地区的环境污染排放量越低，即负相关关系。为排除各地区GDP的影响，本书选取单位GDP污染排放强度（*dpop*），即本地处置后排放量（*dpo*）/地区GDP，作为衡量污染排放强度的指标，同时也为被解释变量。本地处置后排放量的核算方法，如式（2-1）所示：

$$dpo = \text{工业二氧化硫排放量} + \text{工业烟(粉)尘排放量} + \text{工业废水排放量} + \text{工业固体废弃物产生量} \quad (2-1)$$

被解释变量单位GDP污染排放强度，如式（2-2）所示：

$$\text{单位 GDP 污染排放强度} = dpo/\text{地区 GDP} \quad (2-2)$$

（二）解释变量

1. 节能减排问责制的实施（*jnjp*）

政府环境监管政策及手段的实施，是上级层面的激励。本书以“节能减排问责制”的实施为例，选取节能减排问责制（*jnjp*）研究环境监管对地方政府环境治理的激励效果。选取节能减排问责制度实施年度2007年，作为虚

① 王亚菲：《城市化对资源消耗和污染排放的影响分析》，《城市发展研究》，2011年第3期。

拟变量，检验政策实施前后，政府环境治理行为取向有无改变。2007 年制度实施前，虚拟变量取值为 0；2007 年制度实施后，变量取值为 1。

同时，假设节能减排问责制的实施（*jnjp*）与单位 GDP 污染排放强度（*dpop*），呈负相关关系，即环境监管对地方政府环境治理存在激励作用。

2. 外商直接投资水平（*fdi*）

财政竞争压力，是同级层面的激励。对于财政竞争的衡量，主要根据张军等（2007）以及郑磊（2008）所构建的指标，即各省人均外商直接投资额（*rjfdi*）和各省外商直接投资占全国当年外商直接投资的比重（*fdi*）来衡量。一般来说，一个省的人均外商直接投资额以及外商直接投资水平越高，说明该省的竞争强度越大。

同时，假设外商直接投资水平（*fdi*）、人均外商直接投资额（*rjfdi*）与单位 GDP 污染排放强度（*dpop*），呈负相关关系，即财政竞争对地方政府环境治理存在激励作用。

3. 环境信访量（*xf*）

公众对环境治理的参与程度，是社会层面的激励。为了更好地反映公众对环境治理的参与程度。选取环境信访量（*xf*），即各省环境保护行政主管部门受到的环境信访量，并控制人口规模，来衡量公众参与对地方政府环境治理的激励效果。

假设环境信访量（*xf*）与单位 GDP 污染排放强度（*dpop*），呈负相关关系，即公众参与对地方政府环境治理存在激励作用。

（三）控制变量

除了以上三个变量可以影响地方政府环境治理行为外，还存在其他影响地方政府环境治理的因素，一并归为控制变量。

地区的经济发展水平不同，地方政府的环境治理支出水平也会存在差异，将地区经济发展水平用地区人均 GDP（*rjgdp*）表示。通常，一个地区的经济发展水平越高，该地区地方政府越倾向于进行环境治理。

不同产业的污染物排放程度不同，对环境质量影响程度也就不同。我国污染排放主要由工业企业造成。因此，用工业产值增加额占 GDP 的比重来表示产业结构（*str*）指标，研究工业产值的变化所引起的环境污染治理成效。

城镇化水平（*urb*）会影响当地的污染物排放量以及污染治理水平。选取城市人口占地区总人口的比重作为城市化水平指标，构建城镇化水平指标，用来分析城镇人口的变化与环境治理成效的关系。

综上所述，地方政府环境治理激励机制的指标体系如表 2－7 所示。

表 2－7　　地方政府环境治理激励机制指标体系

	变量名	符号	公式
被解释变量	单位 GDP 污染排放强度	*dpop*	*dpop* = *dpo*/地区 GDP；本地处置后排放量（*dpo*）= 工业 SO_2 排放量 + 工业烟（粉）尘排放量 + 工业废水排放量 + 工业固体废弃物产生量
解释变量	节能减排问责制的实施	*jnjp*	*jnjp* =（0：2007 年前；1：2007 年后）
	实际利用外商直接投资水平	*fdi*	*fdi* = 各省实际利用外商直接投资/全国当年的实际利用外商直接投资
	人均实际利用外商直接投资额	*rjfdi*	*rjfdi* = 各省实际利用外商直接投资/各省人口
	环境信访量	*xf*	*xf* = 环境保护部受到的环境信访量/各省人口
控制变量	人均 GDP	*rjgdp*	*rjgdp* = 各省 GDP/各省人口
	产业结构	*str*	*str* = 各省工业增加值/各省 GDP
	城镇化水平	*urb*	*urb* = 各省城市人口/各省总人口

二、数据来源及描述性统计

本章使用的数据主要来自《中国统计年鉴》《中国环境统计年鉴》《中国环境年鉴》、各省《环境状况公报》、各地方政府官网，以及国家统计局网站。考虑数据的可得性，选择除西藏外 30 个省市的 2005～2014 年的样本数据进行分析。各变量数据描述性统计结果，如表 2－8 所示。

表 2－8　　各变量数据描述性统计结果

变量	符号	数量	均值	标准差	最小值	最大值	单位
单位 GDP 污染排放强度	*dpop*	300	7.61	5.49	0.48	37.48	吨/万元
节能减排问责制的实施	*jnjp*	300	0.8	0.4	0	1	
外商直接投资水平	*fdi*	300	5.93	6.76	0.03	32.01	%

续表

变量	符号	数量	均值	标准差	最小值	最大值	单位
人均外商直接投资额	*rjfdi*	300	143.98	188.02	0.79	1243.69	美元/人
环境信访量	*xf*	266	5.75	4.69	0.05	20.22	件/万人
人均 GDP	*rjgdp*	300	3.29	2.02	0.54	10.37	万元/人
产业结构	*str*	300	41.20	7.63	14.69	53.04	%
城镇化水平	*urb*	300	51.21	14.2	26.86	89.61	%

三、模型设定

利用全国30个省份2005～2014年的省级面板数据，对地方政府环境治理的激励机制进行实证分析。面板数据模型的表达式（2－3）为：

$$dpop_{it}=\beta_0+\beta_1 jnjp_{it}+\beta_2 fdi_{it}+\beta_3 xf_{it}+\beta_4 rjgdp_{it}+\beta_5 str_{it}+\beta_6 urb_{it}+\mu_{it} \tag{2-3}$$

被解释变量 $dpop_{it}$ 代表各省份不同年份的每万元 GDP 所引起的污染排放强度。解释变量 $jnjp_{it}$ 代表虚拟变量节能减排问责制的实施，fdi_{it} 代表各省份不同时期的财政竞争程度，xf_{it} 代表各省份不同时期环境信访量；控制变量 $rjgdp_{it}$ 代表各省份不同时期人均 GDP，str_{it} 代表各省份不同时期产业结构，urb_{it} 代表各省份不同时期城镇化水平。其中 $i=1, 2, \cdots, N$ 表示个体成员，$t=1, 2, \cdots, T$ 表示时间跨度。

为避免不同变量的绝对值对模型估计可能造成偏差，对模型中除虚拟变量外的所有变量均进行对数处理，见式（2－4）。

$$\ln dpop_{it}=\beta_0+\beta_1 jnjp_{it}+\beta_2 \ln fdi_{it}+\beta_3 \ln xf_{it}+\beta_4 \ln rjgdp_{it}+\beta_5 \ln str_{it}+\beta_6 \ln urb_{it}+\mu_{it} \tag{2-4}$$

四、实证分析与结果检验

运用 Stata13.1 软件，对数据进行回归分析与处理。分别进行 F 检验、Hausman 检验，选择确定采用双向固定效应模型，重点考察了节能减排问责制的实施、财政竞争、环境信访量对地方政府环境治理的激励效果。

（一）面板单位根检验

由于模型原数据部分省份存在缺失，且是非平衡面板数据，所以用 Fisher-ADF 检验进行面板单位根检验。

如表 2－9，检验结果表示，各变量均为平稳序列，可以信赖回归分析的结果。

表 2－9　　各变量平稳性检验结果

变量	fisher 检验（ADF 检验统计值）	P 值	结论
ln*dpop*	96.7299	0.0019	平稳
jnjp	109.4164	0.0001	平稳
ln*fdi*	101.0395	0.0007	平稳
ln*rjfdi*	172.7747	0.0000	平稳
ln*xf*	146.7348	0.0000	平稳
ln*rjgdp*	86.9246	0.0131	平稳
ln*str*	212.3846	0.0000	平稳
ln*urb*	161.1741	0.0000	平稳

注：括号里的数值为统计变量相应的概率值 P，$P<0.01$、$P<0.05$、$P<0.1$ 分别代表在 1%、5% 及 10% 的水平下，拒绝存在单位根的原假设。

（二）实证结果分析

由表 2－10 可知，对于模型 2，F 检验结果显示 F 值为 31.93，P 值为 0.0000，拒绝原假设，说明模型存在个体效应，所以要继续验证采用固定效应模型还是随机效应模型。进一步进行 Hausman 检验，检验结果为 Prob > chi2 = 0.0000，表示拒绝原假设，支持固定效应模型。此外，由于环境污染强度有时间变化趋势，因此采取双向固定效应模型，模型回归结果如下：

表 2－10　　模型回归结果

变量名	变量符号	ln*dpop*
“节能减排问责制”虚拟变量	*Jnjp*	−0.1416* (−1.77)
外商直接投资水平	ln*fdi*	−0.0798** (−2.41)

续表

变量名	变量符号	lndpop
环境信访量	lnxf	-0.0664** (-2.55)
人均 GDP	lnrjgdp	-0.7512*** (-3.28)
产业结构	lnstr	0.1852 (0.81)
城镇化水平	lnurb	0.9003* (1.98)
截距项	_cons	3.4801*** (7.32)
时间固定效应		YES
个体固定效应		YES
样本量		266
R-sq		0.8539
省份数量		30

注：*** 表示在 1% 的水平上显著，** 表示在 5% 的水平上显著，* 表示在 10% 的水平上显著。

根据模型 2 的回归结果，得出以下结论：

其一，环境监管对地方政府环境治理的激励作用最为明显。从具体的回归结果可见，节能减排问责制实施后，单位 GDP 本地处置后排放强度减少 0.1416%。这说明，节能减排问责制的实施，有效减少了污染排放，提高了环境质量。且就系数大小而言，相较于另外两个激励因素，环境监管的作用最为显著。所以，相对于同级和社会两种层面的激励，上级政府对于地方政府环境治理的影响作用最大。

其二，财政竞争对地方政府环境治理正向的激励作用显著。结果显示，实际利用外商直接投资水平与单位 GDP 本地处置后排放强度呈负相关关系，并且系数在 5% 的水平上显著：实际利用外商直接投资水平每提高 1%，单位 GDP 本地处置后排放强度减少 0.0798%。这说明，FDI 的引入在一定程度上避免了环境污染进一步恶化。这可能是出于以下两方面的原因：一是产业结构的升级推动了财政竞争的升级，分权体制下，政府将环境保护纳入干部考核指标体系，且这一指标所占权重越来越大，政府间竞争不再以 GDP 考核为导向，在发展经济的同时，地方政府会越来越重视生态环境的保护；二是外商投资结构的变化和技术水平的提高，近年来，外商投资倾向于使用先进的生产技术，投资手段和投资结构逐步优化升级，降低单位产出的资源消耗量和污染排放量。同时，外商直接投资也从以制造业为主的投资结构，逐步转变成以第三产业为主的投资结构，环境友好型社会得到进一步加强。

其三，公众参与在激励地方政府环境治理方面效果显著。回归结果显示，环境信访量与单位 GDP 本地处置后排放强度呈负相关关系，并且系数在 5% 的水平上显著：环境信访量每提高 1%，单位 GDP 本地处置后排放强度减少 0.0664%。这说明公众参与程度的提高，积极推进了地方政府实施环境治理。今后，随着公众环保意识的提高、环境信息公开制度的建设以及互联网技术的发展，公众在环境治理发挥的作用将日益加强。

此外，对于所选取的控制变量，本地处置后排放强度随着人均 GDP 每增加 1% 而减少 0.7512%，且系数在 1% 的水平上显著。说明经济发展水平，能有效激励地方政府进行环境治理。随着经济发展水平的提高，地方政府有更多的资金投入本区域环境治理，提高辖区环境治理水平。城镇化水平每增加 1%，本地处置后排放强度提高 0.9003%，且系数在 10% 的水平上显著。说明随着城镇化水平的提高，资源消耗和污染物的排放也会有所增加。

（三）稳健性检验结果及分析

采用各省的人均 *fdi* 来进行稳健性检验，结果见表 2-11。可以看出，节能减排问责制、政府竞争以及环境信访量等核心解释变量的回归系数与之前的回归系数相比，没有发生本质变化，且其他变量的含义同前，说明实证模型通过了稳健性检验，回归分析结果具有一定的可信赖性。

表 2-11　　实证模型的稳健性检验结果

变量名	实证模型 ln*dpop*	变量名	检验模型 ln*dpop*
jnjp	-0.1416* (-1.77)	*jnjp*	-0.4666* (-1.98)
ln*fdi*	-0.0798** (-2.41)	ln*fdi*	-0.0750** (-2.25)
ln*xf*	-0.0664** (-2.55)	ln*xf*	-0.0672** (-2.58)

续表

变量名	实证模型 ln*dpop*	变量名	检验模型 ln*dpop*
ln*rjgdp*	-0.7512*** (-3.28)	ln*rjgdp*	-0.7350*** (-3.22)
ln*str*	0.1852 (0.81)	ln*str*	0.1857 (0.81)
ln*urb*	0.9003* (1.98)	ln*urb*	0.9118* (1.99)
_cons	3.4801*** (7.32)	_cons	4.0674*** (7.65)
时间固定效应	YES	时间固定效应	YES
个体固定效应	YES	个体固定效应	YES

注：*** 表示在 1% 的水平上显著，** 表示在 5% 的水平上显著，* 表示在 10% 的水平上显著。

五、政策建议

促进地方政府环境治理，可以从上级政府、同级政府、社会公众三个角度切入，以充分调动地方政府环境治理的积极性，激励地方政府加大环境治理力度，从而优化环境质量。

第一，健全环保政绩考核制度。上级政府的环保政绩考核，是激励地方进行环境治理的关键因素。因而要继续加大环境治理的“顶层设计”，提升环境指标在地方政绩考核体系中的权重，落实生态环境一票否决制，使环保政绩成为官员提拔的“关键票”。在此基础上，建立环保责任追究制度，明晰领导干部在生态环境领域的责任红线，实现有权必有责、用权受监督、违规要追究。按照《党政领导干部生态环境损害责任追究办法(试行)》的要求，坚持环保工作“党政同责”“一岗双责”。并实行行政首长负责制，追究主管领导、直接负责人的失职、渎职以及不作为责任，且实行终身追究。

第二，构建规范有序的财政竞争机制。过去 GDP 导向的考核机制虽然激发了地方政府发展经济的热情，但也造成了地方在环保工作上的疏忽。对此，应纠正“唯 GDP 论”，建立绿色 GDP 核算体系。2017 年 10 月，我国发布了首份绿色 GDP 绩效评估报告，是该领域内的重大突破。今后，应加强各部门间的合作研究，不断细化和完善绿色 GDP 核算，编制科学的核算体系，并强化绿色 GDP 考核结果的应用，将其作为地方领导干部选拔任用的重要依据。此外，《中国绿色 GDP 绩效评估报告》指出，多数省份的经济贡献仍来自原有发展方式。因此，应按照中央的部署，进一步推动产业结构优化升级，实现更多依靠创新驱动、发挥先发优势的引领型发展。

第三，有序引导公众参与环境治理。伴随着公众参与环境保护程度的加深以及互联网的高速发展，需要进一步扩大环保信息公开的广度和深度，加强环境信息公开平台建设，丰富环保信息公开的载体，来持续稳步推进环境信息公开制度建设。同时，进一步完善决策过程中的公众参与制度建设，提高公众参与环境决策的有效性。此外，还应加强环境宣传教育，逐步形成政府主导、部门联动、公众参与的环保新格局。

本章小结

本章分析了地方政府环境治理的多重驱动因素。来自上级政府的环境监管、来自同级政府的财政竞争压力，以及来自社会层面的公众参与，均会对地方政府环境治理产生影响。

首先，本章以上级环境监管因素为视角，介绍了我国部分重要的环保法律和行政政策，即新《环保法》和《大气污染防治法》的出台，“双控区”政策、节能减排问责制以及“主体功能区”战略的实施。同时，以节能减排问责制为例，通过描述性分析，指出节能减排问责制实施后，我国地方政府环境治理行为更为积极，环境质量有所改善。

其次，本章基于政治激励与经济激励的理论基础，重点分析了分权体制下地方政府行为的动力，以及地方政府环境治理中的府际非合作博弈现象。

再其次，本章介绍了我国公众参与环境治理的发展历程、现状以及存在的问题。近年来，我国公民环境治理的参与程度逐步加强，公众参与对环境治理的促进作用逐步加强。但是，我国公众参与环境治理仍存在环境知识不足、实践受限、NGO 所发挥的作用也十分有限等问题。

最后，本章运用 2005 ~2014 年我国 30 个省份的省级面板数据，探讨了各种激励因素对地方政府环境治理的影响。实证结果显示：节能减排问责制、政府竞争和公众参与均能有效减少污染排放，对地方政府的环境治理行为都具有明显的激励作用，其中，节能减排问责制的激励作用最为明显。因此，我国应从健全地方政府环保政绩考核制度、构建良性财政竞争机制，同时推动公众参与环境治理三个方面，完善地方政府环境治理的激励机制，以优化环境质量。

第三章　地方政府环境治理手段及影响因素

环境治理手段，又称为环境政策工具，是为解决环境问题、达成一定环境政策目标而制定的政策手段。根据其作用机制的不同，环境治理手段可分为两类：一类是命令控制型的环境治理手段，另一类是经济激励型的环境治理手段。前者主要是运用政府的行政权力和司法权力，通过颁布一定的限定标准，如污染物排放标准、排污许可证、环境技术标准等，直接对污染者的环境行为施加影响的工具手段。后者则是运用市场机制，通过经济刺激来影响污染者的环境行为。

经济激励的治理方式，则可进一步分为“庇古思路”和“科斯思路”两种政策思路，庇古思路强调政府的干预，主张通过征税或补贴的方法，使外部效应内部化；科斯思路则强调市场的作用，主张设置清晰的环境产权，运用产权交易，通过市场机制来解决环境资源在生产和消费中的外部性问题。

随着我国面临的环境问题日益突出，地方政府在环境治理过程中，也形成了相应的环境治理政策体系，主要包括命令控制型的政府直接管制手段、环境保护支出手段、环境税费手段和排污权交易手段。本章主要对我国现行环境治理手段进行梳理和比较，分析其实施过程中存在的问题，并探讨不同手段环境绩效的影响因素，为地方政府环境治理手段的优化提供相应的参考依据。

第一节　命令控制型环境治理手段

一、我国现行命令控制型手段及其实施效果

政府干预是治理环境问题的重要手段。这种干预可以通过直接管制的方

式进行，也就是命令控制型的环境治理手段。在我国的环境保护政策领域中，命令控制型的环境治理手段占据重要地位。我国现行的命令控制型手段根据作用时间，可分为事前、事中、事后三类，具体见表3-1。

表3-1　　我国命令控制型环境治理手段的分类

命令控制型环境治理手段	事前控制	环境规划
		环境影响评价制度
		“三同时”制度
	事中控制	污染物排放总量控制制度
	事后控制	污染物限期治理制度
		环境行政处罚

（一）“事前控制”的命令控制型手段

1. 环境规划

环境规划是政府根据环境保护相关法律法规制定的环境保护计划，是我国一项重要的环境保护制度。环境规划必须以现有的制度框架为基准制定，体现了一定的政策属性和管理属性，因此其发展历程也随我国环境保护制度的变迁而变化。

环境规划的真正发展始于“七五”期间，环境调查、评价和预测工作在全国广泛开展，环境规划在此期间得到了很大的发展。而在“九五”和“十五”期间，经济建设、城乡建设和环境规划同步进行，成为主要指导方针，环境规划步入新的阶段。“十一五”期间，环境保护成为落实科学发展观的重要内容。而在“十二五”期间，科学、惠民、环境责任制等原则方针的提出，体现了环境规划“环境保护与发展并重”的战略思想，环境规划发展进入深化阶段。

在环境规划的发展进程中，逐步强调从源头解决问题，以及加强环境保护基础能力的建设。但目前仍存在一些问题，一是缺乏专门的法律法规支持；二是规划编制与实施的衔接不足，规划目标与任务细化不够；三是执行力度仍需进一步加强；四是重污染防治、轻生态保护。

2015年1月1日正式施行的新《环境保护法》对环境规划也提出了新的要求。这部法律进一步明确了环境规划的纲领性地位，并提出应强化生态环境底线思维，注重加强与其他规划的融合，明确落实环境规划的责任，以更好地发挥环境规划在环境治理中的作用。

2. 环境影响评价制度与“三同时”制度

环境影响评价制度与“三同时”制度均是预防性的命令控制型手段，两者都以新建项目为管制对象。区别在于：前者作用于项目决策阶段，后者作用于项目实施阶段。可以说，“三同时”制度是对环境影响评价制度的一个延续。

环境影响评价制度和“三同时”制度作为命令控制型的环境治理手段，其实施状况主要取决于行政部门的执法能力。就环评制度而言，在“十五”期间，全国共办理建设项目1350938个，“十一五”期间共开工建设1552756个项目，增加约15%。“十二五”期间，截至2014年末，共审查规划环境影响评价文件932247个，审批建设项目环保投资总额为39240.88亿元[①]。如图3-1所示，2001~2011年，我国环评制度的执行率一直保持在97%以上。

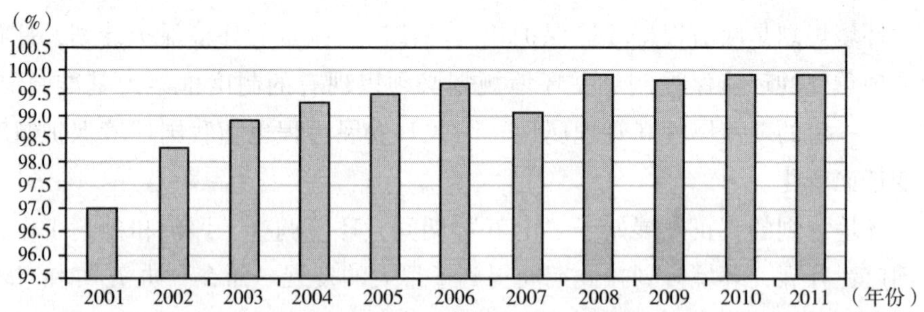

图3-1 2001~2011年环境影响评价制度执行率

注：由于《全国环境统计公报》对环评执行率的数据只更新到2011年，因此，本书只选取了截至2011年的数据。

资料来源：《全国环境统计公报》（2001~2011）。

通过对我国十几年来“三同时”制度的执行情况分析可得，我国实际执行的“三同时”项目总体呈现上升趋势，除2009年以外，“三同时”项目环保投资额逐年上升，2014年较2001年增加了将近10倍。从执行率来看，2001~2014年，我国“三同时”执行率均在92%以上，在2009年稍有下降，其余时间变化较为平稳（如图3-2所示）。

① 《全国环境统计公报》（2001~2014）。

表 3-2　　2001~2014 年"三同时"制度执行情况

年份	应执行"三同时"项目数（个）	实际执行"三同时"项目数（个）	"三同时"执行率（%）	"三同时"环保投资额（亿元）
2001	37000	36020	97.4	336.4
2002	53287	51882	97.4	389.7
2003	63904	63191	98.9	333.5
2004	79456	78907	99.3	460.5
2005	71472	70793	99.0	640.1
2006	81988	81480	99.4	767.2
2007	—	94774	97.0	1467.8
2008	—	94412	98.0	2146.7
2009	—	79391	92.9	1570.7
2010	—	—	98.0	2033.4
2011	—	—	97.9	2112.4
2012	—	—	97.3	2690.4
2013	—	—	96.7	2964.5
2014	—	—	96.7	3113.9

注：由于《全国环境统计公报》中，"三同时"项目数的应执行和实际执行数分别只更新到 2006 年和 2009 年，因此本书只选取了已有的数据。

资料来源：《全国环境统计公报》（2001~2014）。

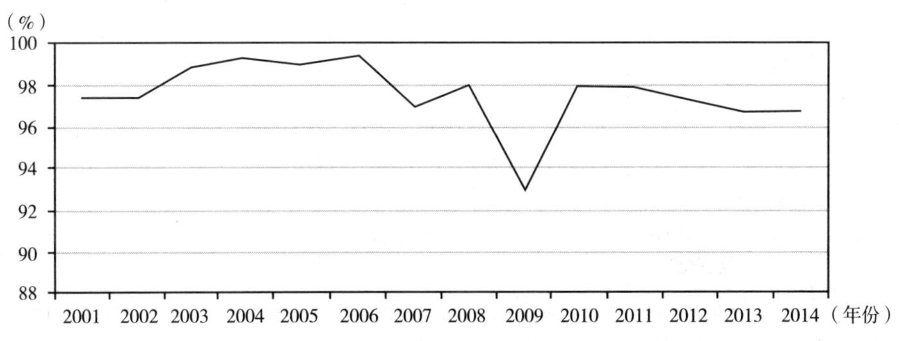

图 3-2　2001~2014 年"三同时"项目执行率

资料来源：《全国环境统计公报》（2001~2014）。

从上述分析可以看出，环境影响评价制度和"三同时"制度在政策制定和实施过程中，均对我国建设项目的污染防治起到了一定的促进作用。

（二）“事中控制”的命令控制型手段

污染物总量控制是指以环境能容纳的最大污染量为基准，将区域内的污染物排放量限制在一定的范围内，以达到一定的环境标准。自“九五”以来，我国的污染物总量控制制度在短期内起到了一定污染控制作用，但整体看并不明显。如表3-3所示，“九五”期间的实际减排幅度远远高于目标减幅，但在“十五”期间又产生了回弹。综合1996～2015年的二氧化硫和化学需氧量的排放总量来看，污染物总量控制目标的实现状况不尽如人意。

表3-3　我国污染物总量控制制度实施效果　单位：万吨

期间	控制对象	二氧化硫				化学需氧量			
		统计总量	目标总量	目标减幅	实际减幅	统计总量	目标总量	目标减幅	实际减幅
“九五”	12种，包括粉尘、二氧化硫、化学需氧量、石油类、汞、镉、六价铬、铅、砷、氰化物、工业固体废物	2370	2460	-3.8%	15.8%	2233	2200	1.5%	35.3%
“十五”	6种，包括二氧化硫、烟尘、工业粉尘、化学需氧量、氨氮、工业固体废物	1995	1800	10%	-37.5%	1445	1300	10%	-2.1%
“十一五”	2种，包括二氧化硫、化学需氧量	2549	2294	10%	11%	1414	1273	10%	-80.5%
“十二五”	4种，包括化学需氧量、二氧化硫、氨氮、氮氧化物	2268	2086	8%	—	2552	2348	8%	—

资料来源：《“九五”期间全国主要污染物排放总量控制计划》《国家环境保护“十五”计划》《国务院关于“十一五”期间全国主要污染物排放总量控制计划的批复》《国家环境保护“十二五”规划》。

由上可知，我国污染物总量控制制度在实施过程中存在一些问题。其一，控制对象较少且缺乏一定的弹性。自“九五”以来，控制对象由12种减少到以二氧化硫、化学需氧量为主的4种污染物，未能完整地反映我国环境污染现状，对于日益严重的土壤污染等不能起到有效的控制作用。其二，污染物统计总量的波动较大，未呈现出逐年递减的态势，各五年计划的污染物总量确定之间没有足够的承继关联。其三，污染物目标总量的波动较大。由于目标总量与统计总量之间存在着较大的联系，也体现出了目标总量控制的不科学之处。

（三）“事后控制”的命令控制型手段

1. 污染物限期治理制度

限期治理作为环境污染末端治理的重要手段，正式确立于1989年颁布实施的《环境保护法》。2012年和2013年颁布的《环境保护法修正案》（草案）均对限期治理制度作了大幅的修改，包括进一步明晰了限期治理的适用条件、拓展了适用对象、明确了行政监管机关的权力以及污染者的限期治理计划。2015年实施的新《环境保护法》进一步加强了对限期治理的要求，明确对超过污染物排放标准和重点污染物排放总量控制指标的企业，可实行限制生产、停产整治、责令停业、关闭等措施。

自1989年正式确立以来，污染物限期治理制度在我国环境治理的实践中不断取得新的进展。首先，各地方政府均颁布了一定的政策法规，对其具体实施加以规范。其次，限期治理在全国各地推广迅速，且成效显著，在控制环境污染和推进产业结构升级方面起到了一定的积极作用。如图3-3所示，1996~2008年，我国每年完成的限期治理项目数基本在25000项左右，限期治理项目投资额除2001年有下降外，基本处于连年增长的趋势[①]。

自2015年新《环境保护法》实施以来，多地加强了环境治理的强度，如陕西省2015年共责令限期整改或限期治理企业1393家[②]，长三角、珠三角、京津冀等区域的多个重点行业已基本完成了1387个企业限期治理工程[③]。

2. 环境行政处罚

环境行政处罚作为环境治理的最后一环，旨在对违反环保行政法规的企

---

① 2009年及以后数据存在缺失，因此只选择到2008年的数据。

② 中华人民共和国环境保护部，《陕西发布2015年污染物总量减排核定结果》，http://www.mep.gov.cn/zhxx/gzdt/201604/t20160414_335184.htm。

③ 中华人民共和国环境保护部，《以改善环境质量为核心全力打好补齐环保短板攻坚战》，http://www.mep.gov.cn/gkml/hbb/qt/201601/t20160114_326153.htm。

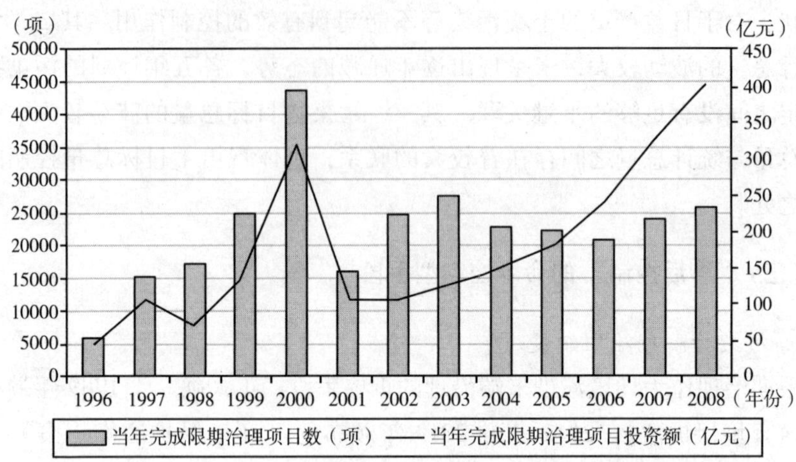

图 3-3　1996~2008 年全国限期治理实施概况

注：由于《全国环境统计公报》中关于污染物限期治理的数据只更新到 2008 年，因此，本书只选取了截至 2008 年的数据。

资料来源：《全国环境统计公报》（1996~2008）。

业或个体进行处罚，以规范其环境行为。2015 年起实施的《环境保护主管部门实施按日连续处罚办法》[①] 提出，县级以上环境保护主管部门可对受到罚款处罚、被责令改正、拒不改正的企业事业单位和其他生产经营者实施按日连续处罚，进一步加大了处罚力度。

环境行政处罚的执法主体，主要包括各环境行政主管部门和环境监察机构。截至 2014 年底，全国共有环保系统机构 14694 个，其中国家级机构 45 个，省级机构 402 个，地市级环保机构 2314 个，县级环保机构 8965 个，乡镇环保机构 2968 个。各级环保行政机构 3180 个，各级环境监察机构 2943 个，各级环境监测机构 2775 个[②]。

从环境行政处罚的具体实施情况来看，如图 3-4 所示，1997~2014 年，全国范围内发生的环境行政处罚案件数，整体呈现上升趋势。这一方面说明环境违法案件数量的增加，另一方面也反映了我国环境行政处罚的力度不断加强。

但环境行政处罚在实施过程中仍存在一些问题。一是法律责任与违法后

---

① 《环境保护主管部门实施按日连续处罚办法》（2014 年 12 月 15 日审议通过，自 2015 年 1 月 1 日起施行），第二章第五条。

② 2004 年《环境统计年报》。

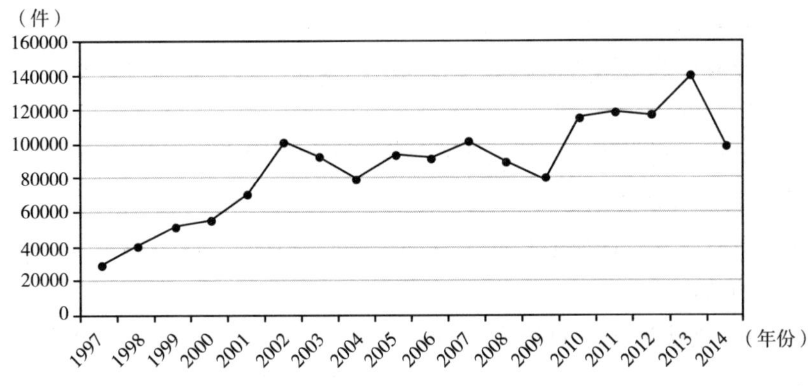

图 3－4　1997～2014 年我国环境行政处罚案件趋势

资料来源：《全国环境统计公报》（1997～2014）。

果不相称，企业违法成本低，因而造成了企业“明知故犯”的现象。二是执法部门权力较小，环境行政不作为，环境执法缺少强制力。三是存在严重的地方保护主义，基于改革开放以来 GDP 导向的政绩考核观，地方政府为拉动经济增长，往往对高污染企业采取一定的行政庇护。四是缺乏专门的监督机构，公众参与意识不强，导致环境执法的问责力度不够。

二、命令控制型手段下的地方政府职责

（一）地方政府环境立法

1. 环境污染防治法体系中的地方政府职责

（1）我国环境污染防治法体系的构成。在我国，环境污染防治法体系主要由以下几方面构成：

第一，宪法中的有关规定。例如，《宪法》第 26 条规定，国家应保护和改善生活和生态环境，防治污染和其他公害。

第二，环境基本法中的相关规定。即《中华人民共和国环境保护法》中的相关规定。例如，《环境保护法》第 4 章防治污染与其他公害中，对环境保护计划、排污单位申报登记、污染危害处理、突发性事件处理等问题，作出了较为明确的规定，从而为环境污染防治单位立法提供了依据。

第三，环境污染防治单位的立法，即环境单行法。我国的环境单行法主要由噪声污染防治、大气污染防治、固体废弃物污染防治、水污染防治等方面的法律、行政法规、部门规章，以及环境标准法组成。

第四，其他部门法中的有关规定。在我国，民法、刑法、行政法以及其他部门法中对环境污染防治做出的直接或间接的规定，也属于环境污染防治体系的组成部分。

我国的环境污染防治法体系明确规定了中央和地方政府的环境治理职责。

（2）大气污染防治法中的地方政府职责。我国对大气污染防治实行的是，人民政府领导、政府各行政主管部门按职权划分、统一监督管理与部门分工负责相结合的体制。

《大气污染防治法》对地方政府的职责规定如下：对管辖区域内的大气环境质量负责，通过采取一定的措施，控制或逐步减少大气污染物的排放量；将大气污染防治工作纳入国民经济和社会发展规划；对大气污染防治实施统一监督管理；制定考核办法，考核本行政区域内改善目标和重点任务完成情况，并向社会公开；制定环境质量标准和污染物排放标准；公布大气环境质量标准、大气污染物排放标准。①

（3）水污染防治法的地方政府职责。我国对水污染防治实行统一管理、分工负责相结合的监督管理体制，统一监管机关为各级人民政府的环境保护行政主管部门。

《水污染防治法》对地方政府的职责规定如下：将控制指标分配到各排污的企事业单位，适当削减和控制其排污量；统筹安排本地区的城镇污水集中处理设施，规划建设配套管网，加强污水集中处理的监督管理；划定本地区的水域保护区，保障区域内水体质量等。②

（4）噪声污染防治法的地方政府职责。我国环境噪声污染防治实行的是，环境保护部门负责统一监督管理、其他有关部门按照各自职责分别实施监督管理的体制。

《环境噪声污染防治法》对地方政府的职责规定如下：各级地方政府的环境保护行政主管部门以及其他环境噪声防治工作的监督管理部门、机构，有权依据各自的职责，对辖区内排放环境噪声的单位进行现场检查。若发现该单位产生噪声污染，可按照国家的相关规定予以必要的整治措施，如征收超标排污费、限期治理等。但征收款项须上缴国库，任何单位和个

---

① 《中华人民共和国大气污染防治法》（2015 年修订，自 2016 年 1 月 1 日起施行），第 1 章第 3、4、5 条；第 2 章第 10 ~ 16 条。

② 《中华人民共和国水污染防治法》（2008 年 2 月修订，自 2008 年 6 月 1 日起施行），第 2 章；第 3 章第 18 条。

人无权截留。[①]

（5）固体废弃物污染防治法的地方政府职责。我国对固体废弃物污染环境防治实行的是，统一监督管理与分级、分部门监督管理相结合的体制。

《固体废物污染环境防治法》对中央和地方政府的职责做出相关规定，其中，地方政府的职责有：对辖区内的排污企事业单位进行现场检查和相应的环境影响评价，并对本行政区内的固体废物污染环境的治理工作实行统一监督，并依法享有行政处罚权，各部门的监督管理职责相互区分，更有利于对固体废物污染的防治。[②]

2. 地方环境立法的趋势

地方环境立法，是指地方所制定的环境法规和行政规章。自 20 世纪 90 年代以来，地方环境立法取得了显著进展。但 2015 年 1 月新《环境保护法》开始施行以后，对地方政府的环境保护责任提出了更加严格的要求，因此，地方环境法规和行政规章的制定也要与“新环保法”的要求相吻合。

（1）地方环保法规的制定应更加突出责任制。新环保法的一大重要改变，就是加强了地方政府对环境质量的责任。其一，制定了环境保护目标责任制和考核评价制度，要求县级以上各地方政府应当将环境保护目标完成情况，作为对相关负责人考核评价的重要依据。其二，明确了各级地方政府应当对本行政辖区内的环境质量负责，构建经济发展与环境保护的平衡关系。

因此，地方政府在制定当地的环保法规条例时，也应强化目标责任制和考核评价制度。就目前正在实施的地方环境法规来看，有较少的省份制定了这一规定。而在《海南省环境保护条例》（2012 年修正）中，就曾规定将环境保护目标纳入各级人民政府和主要负责人的考核内容，可以说具有一定的前瞻性。[③]

（2）地方环保法规的制定要应强调公民的参与。公众参与环境保护管理是环境保护与治理工作的重要一环。新环保法中，专门开设了信息公开与公众干预一章。在政府层面，规定各级地方政府的环境保护行政管理部门，应该依法公开环境信息、完善公众参与程序，为公众参与和监督提供渠道。在

---

① 《中华人民共和国环境噪声污染防治法》（1996 年修订，自 1997 年 3 月 1 日起实施），第 2 章第 6 条，第 2 章第 21 条，第 7 章第 49 条。

② 《中华人民共和国固体废物污染环境防治法》（2016 年第四次修订，自 1996 年 4 月 1 日起实施），第 1 章第 10 条，第 2 章第 15 条。

③ 《海南省环境保护条例》（2012 年修订，自 2012 年 10 月 1 日起实施），第 1 章第 6 条。

公众层面，扩大了环境诉讼的主体范围，规定满足一定条件[①]的社会组织，均能向人民法院提起诉讼。这一规定在一定程度上提高了公众保护环境的意识，有利于完善公众监督体制，减少环境违法行为的发生。

但在我国目前的地方环境法律法规中，缺乏对公众环境保护参与的有效立法保障，相应的社会调控机制也不能有效地发挥，从而导致了近几年环境群体性事件的频频发生。据社科院统计，2000 年 1 月 1 日至 2013 年 9 月 30 日，发生在中国境内、规模在百人以上的环境群体性事件达到 871 起，其中，2010 年、2011 年和 2012 年为高发期，占 14 年发生总数的 62.5%[②]。频发的群体性事件暴露了我国公众参与环境治理渠道的缺陷。因此，在后续地方环境法规的制定中，应更加强调公众参与的重要性，制定完善的信息公开和公民监督诉讼体系。

（3）地方环保法规的制定要建立区域联防机制。环境污染的跨区域性，使其治理需要区域间的相互配合。新环保法第 20 条明确规定：国家建立跨行政区域的重点区域、流域环境污染和生态破坏联合防治协调机制。[③]

在目前的地方环境法规中，仅有一部分省份提到了跨区域环境治理，且并未制定明确的责任分担机制。如《福建省环境保护条例》（2012 年修订）[④]提出，在处理跨区域的环境防治工作或环境污染纠纷时，应由其共同上一级环境保护行政主管部门会同各自所在地人民政府协商解决，协商不成的，由该环境保护行政主管部门报同级人民政府决定。但该条款只涉及了行政手段，并未规定明确的法律机制。另外，《江苏省环境保护条例》（1997 年修订）[⑤]将本辖区和相邻地区的环境质量要求作为各级地方政府制定污染物排放总量控制目标的依据，且规定污染物排放超标，给邻近地区造成损失的，应当向其支付补偿费。此处，对邻近地区的界定过于模糊，环境污染加剧程度无客观标准，补偿费支付主体不明确，因此，具体操作性并不高。

因此，在之后的地方环保法规的制定中，应建立完善准确的区域间环境治理制度，明确各地方政府的责任，以达到更好的环境治理效果。

---

① 此处条件主要包括三点：（1）依法在设区的市级以上人民政府民政部门登记；（2）专门从事环境保护公益活动连续五年以上；（3）信誉良好。

② 《2014 年中国法治发展报告》。

③ 《中华人民共和国环境保护法》（2014 年修订，2015 年 1 月 1 日起实施），第 2 章第 20 条。

④ 《福建省环境保护条例》（2012 年修订，2012 年 3 月 31 日起实施），第 3 章第 13 条。

⑤ 《江苏省环境保护条例》（1997 年修订，1997 年 7 月 31 日起实施），第 4 章第 32 条。

(4) 地方环保法规的制定要加大违法处罚力度。新《环境保护法》被称为史上“最严格”的环保法，其严格之处就在于企业违法成本的提高。新环保法规定了三类处罚措施。一是按日计罚，对于违法排放污染物的企事业单位和生产经营者，责令改正拒不改正的，可按原处罚数额按日连续处罚，且地方政府可根据实际需要，增加按日连续处罚违法行为的种类。二是责令停业、关闭，对于违法情节严重的排污单位，县级以上地方政府可责令其停业、关闭。三是行政拘留，对于未构成犯罪的环境违法行为，可对其直接负责人处以行政拘留。①

因此，地方政府在制定本地区的环保行政法规时，也应全力贯彻落实新环保法对企业环保违法行为的处罚标准，并可结合本地区的实际情形和需要，适当调整处罚的行为范围，以进一步加大企业违法成本，提高环境治理效果。

（二）地方政府环境管理能力

1. 地方政府管理机构的设置和定位

(1) 地方环境管理机构的设置。在我国，具体的地方环境管理机构主要包括由人民政府设立的环境保护行政主管部门和由其他部门设立的环境保护机构。

第一，地方各级政府。在地方环境管理中，地方各级政府对管辖区内的环境质量负责。环境行政主管部门对环境保护方面的行政事务向地方政府负责。因此，地方各级人民政府是所辖区域内管理环境质量的最高行政机关，负责本行政辖区环境质量的监管。②

第二，地方环境保护行政主管部门。地方各级政府环境保护的行政主管部门是指，省、市、县人民政府设立的环境保护厅、局、办。其主要负责本辖区内的具体环境保护工作，包括规划、审核、处理环境事故、公布当地环境质量等。

(2) 地方政府在环境治理中的角色定位。我国地域辽阔，区域间环境状况千差万别。因此，地方政府是环境保护中的主体。这包含两个方面的含义：一是地方政府在环保中的覆盖面应尽可能广，对本辖区内的环保工作，中央政府只需提供经费上和技术上的支持。二是应充分发挥地方政府在环保中的

---

① 《中华人民共和国环境保护法》(2014 年修订，2015 年 1 月 1 日起实施)，第 6 章第 59 条，第 60 条，第 63 条。

② 《中华人民共和国环境保护法》(2014 年修订，2015 年 1 月 1 日起施行) 第 1 章第 10 条。

主动性，建立调动地方政府环保积极性的体制。

但现阶段，我国地方政府在角色定位方面，仍存在很多不足。

第一，地方政府的财源不足，财力与事权不匹配。自分税制实施以来，地方财政收入比重显著下降。1993 年与 2014 年相比，中央公共财政收入分别为 957 亿元与 64493.45 亿元；地方公共财政收入分别为 3391 亿元与 75876.58 亿元。中央增长了 66 倍，地方仅增长了 21 倍①。在“吃饭财政”的条件下，地方政府必然以“挣钱”为首要目的，必要的财力保障是调动地方环保积极性的重要部分。

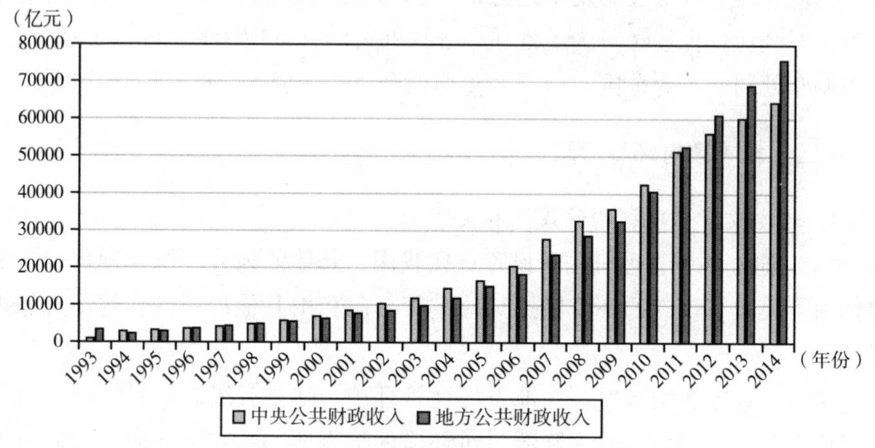

图 3-5　1993~2014 年中央与地方公共财政收入规模

资料来源：2015 年《中国统计年鉴》。

第二，地方政府的执政行为不规范，寻租现象泛滥。在环境保护工作的具体实施过程中，地方官员与企业相互勾结的现象，进一步加剧了本地的环境压力。地方环境污染惩治不足、环境治理的主体缺失使得寻租现象普遍存在。因此，中央政府应进一步完善法律法规，加大监管力度，尽力缩小地方政府寻租的空间。

第三，中央未能及时地从环境保护项目的具体实施中让渡权利，导致中央政府的监督不力。地方政府应该主要负责具体环保项目的实施，中央政府应该集中精力，对地方政府的环境治理行为进行监控，制定一定的激励约束制度，促进地方政府对环境治理的重视。

---

① 2015 年《中国统计年鉴》。

2. 地方政府在环境执行阶段的责任

（1）直接参与环境治理。在环境治理工作中，地方政府消除外部不经济的手段主要包括“实行处罚”和“完善制度”。在我国，从计划经济时期至今，已形成了比较系统的环境标准，包括环境立法、产权归划和环境补偿等。

“实行处罚”手段是以国家强制力为基础，落实环境治理政策制度的有力保障。各地都制定了相关的政策，对违反环境标准的污染行为进行惩处。2015 年最新实施的《环境保护法》规定在对环境违法单位进行行政处罚时，地方政府对环境违法行为的界定有一定的自由裁量权，明确地方政府在制定环境保护条例时，可根据其辖区内的实际情况制定，从而有效提高环境保护制度的执行力度和监管效力。①

（2）倡导企业和社会公众参与环境治理。企业和公众作为环境污染的主要利益相关者，应积极投入到地方的环境治理工作中。从国际经验来看，有多个国家都制定了相关的政策以促进企业和公众参与环境治理的积极性。如英国地方政府开展的“道德贸易计划”，通过制定公司责任指数，要求企业发布公司责任报告，以体现企业在环境方面所承担的责任。在德国，政府提供加强企业社会责任的绝大部分经费，并开展一系列加强企业社会责任的活动。美国、日本的地方政府也都采取了诸多措施，大力推动企业社会责任活动的开展。

由此看来，我国须制定相应的政策规划，加强企业的社会责任，促使企业转变传统的生产经营模式，进而减少污染物的排放，注重资源的循环利用。在这方面，自愿协议制度是企业社会责任感增强的最有力表现。所谓自愿协议，是企业自愿减少污染物排放或者进行设备改良，达到环境保护的目的。其路径包括：谈判达成的协议、自愿性的公共方案、企业协会或联盟承诺、双边承诺（得到政府认可）、企业之间的协议、第三方倡议等。

同时，应充分发挥社会公众对企业污染排放和政府环境治理工作的监督作用。因而，地方政府应推进环境保护宣传活动的进行，培养社会公众的环保意识，同时公开环境信息，为社会公众参与环境治理提供有利条件。

（3）加强环境治理的府际合作。由于环境问题有很强的外部性，无法完全按辖区界定其产权，因此地方政府之间需要积极加强府际间的环境治理合作，以达到共同污染防治的目的。在推进环境治理的府际合作时，可以考虑

① 《中华人民共和国环境保护法》（2014 年修订，2015 年 1 月 1 日起实施），第 6 章第 59 条。

设立统一的区域间环境治理机构，加强府际间环境治理的信息交流。另外，中央政府应及时对各地方政府的管理效率进行评估，促使地方政府提高环境治理水平。

第二节 环境保护财政支出手段

一、地方政府环境保护预算支出科目概况

2007 年，我国设立地方政府环境保护预算支出科目以来，节能环保支出科目取得了长足的发展。节能环保科目从“有渠无水”的尴尬状态，到基本能够保障环保机构支出，经历了一系列变革。了解节能环保科目的功能分类和节能环保科目的发展变化，有助于我们了解节能环保财政支出用途和我国环境保护政策现状。

（一）地方政府环境保护预算支出科目的发展

1. 设立阶段：“环境保护”类级别科目的设立

2007 年以前，我国政府财政支出预算中未单独设立环境保护科目。环境保护财政支出分散在“基本建设支出”“科技三项费用”“工业交通事业费”“行政管理费”“排污费支出”等科目中。2007 年，政府收支分类改革将环境保护作为类级科目，强调了环境保护在我国政府工作中的重要性。环境保护工作有了专门的财政资金保障。环境保护科目分设 10 款，下设共计 50 项。款级科目包括：环境保护管理事务、环境监测与监察、污染防治、自然生态保护、天然林保护、退耕还林、风沙荒漠治理、退牧还草、已垦草原退耕还草以及其他环境保护支出。①

2. 发展阶段：逐渐增添“款、项”级别科目

自环境保护科目设立后，财政部不断对其进行调整和完善。2008 年，财政部和中国人民银行修订政府收支分类科目时，新增 10 款“能源节约利用”，新增 12 款“可再生能源”，核算实现能源节约、再利用方面的财政支

---

① 中华人民共和国财政部，《财政部关于印发政府收支分类改革方案的通知》，http://yss.mof.gov.cn/zhengwuxinxi/zhengceguizhang/200805/t20080522_33690.html，2006 年 2 月 10 日。

出。新增11款“污染减排”，反映污染减排的财政支出。这一调整，将节能相关工作的财政支出纳入环保科目，将211类科目的功能范围从单纯的污染减排，增加到节能、减排、生态保护等多重功能。

2009年，在08款和11款下，分别新增设项科目“清洁生产专项支出”和“资源综合利用”，进一步扩大环境保护财政支出的核算范围。新增14款“能源管理事务”，下设“行政运行、一般行政管理、能源预测预警、能源战略规划与实施，能源科技装备、能源管理”等项级科目。至此，“环境保护”预算科目的款级别科目基本确定，环境保护预算科目核算内容得到细化。

此外，2007～2009年，我国地方公共预算财政支出决算表中，只公布了环境保护支出类级别总额，以及部分款级环保支出。2010年开始，财政部才完整公布了环境保护“类款项”三级支出。

3. 完善阶段：精简细化完善科目

2011年，政府收支分类改革通知中，正式将“环境保护”科目更名为“节能环保”科目。并且，在2011年，将“已垦草原退耕还草”“可再生能源”“资源综合利用”“其他节能环保支出”款级科目下设同名的项，使所有环保支出科目均成为“类、款、项”的科目结构，节能环保支出科目更加规范化。

2012年、2013年连续两年对政府收支分类改革，对“节能环保”科目进行了简化。删去2011年公共财政支出决算中为零的款。删去05款中的“职工分流安置”“职工培训”两项等。通过两年的精简，使环境保护支出科目针对性更强，科目更加规范，贴近实际工作。

2014年，政府收支分类改革中，首次将国有资本经营预算中环境保护的相关内容编报至节能环保科目下，如国有资本经营预算支出、国有经济结构调整支出、重点项目支出、产业升级与发展支出、境外投资及对外经济技术合作支出、困难职工补助支出和其他国有资本经营预算支出。与此同时，政府性基金预算中的可再生能源电价附加收入安排的支出、废气电器电子产品处理基金支出，添加至节能环保支出科目中作为60款和61款。下设风力发电补助、太阳能发电补助、生物质能发电补助。

（二）地方政府环境保护预算支出科目的设置

根据2015年政府收支分类改革目录，211类节能环保支出科目共设置17款70项，科目设置情况如表3－4所示。

表 3-4　　2015 年地方政府节能环保财政支出科目设置

科目编码	科目名称	科目编码	科目名称
211	节能环保支出	2110502	社会保险补助
21101	环境保护管理事务	2110503	政策性社会性支出补助
2110101	行政运行	2110506	天然林保护工程建设
2110102	一般行政管理事务	2110599	其他天然林保护支出
2110103	机关服务	21106	退耕还林
2110104	环境保护宣传	2110602	退耕现金
2110105	环境保护法规、规划及标准	2110603	退耕还林粮食折现补贴
2110106	环境国际合作及履约	2110604	退耕还林粮食费用补贴
2110107	环境保护行政许可	2110605	退耕还林工程建设
2110199	其他环境保护管理事务支出	2110699	其他退耕还林支出
21102	环境监测与监察	21107	风沙荒漠治理
2110203	建设项目环评审查与监督	2110704	京津风沙源治理工程建设
2110204	核与辐射安全监督	2110799	其他风沙荒漠治理支出
2110299	其他环境监测与监察支出	21108	退牧还草
21103	污染防治	2110804	退牧还草工程建设
2110301	大气	2110899	其他退牧还草支出
2110302	水体	21109	已垦草原退耕还草
2110303	噪声	2110901	已垦草原退耕还草
2110304	固体废弃物与化学品	21110	能源节约利用
2110305	放射源和放射性废物监管	2111001	能源节约利用
2110306	辐射	21111	污染减排
2110307	排污费安排的支出	2111101	环境监测与信息
2110399	其他污染防治支出	2111102	环境执法监察
21104	自然生态保护	2111103	减排专项支出
2110401	生态保护	2111104	清洁生产专项支出
2110402	农村环境保护	2111199	其他污染减排支出
2110403	自然保护区	21112	可再生能源
2110404	生物及物种资源保护	2111201	可再生能源
2110499	其他自然生态保护支出	21113	循环经济
21105	天然林保护	2111301	循环经济
2110501	森林管护	21114	能源管理事务

续表

科目编码	科目名称	科目编码	科目名称
2111401	行政运行	2111499	其他能源管理事务支出
2111402	一般行政管理事务	21160	可再生能源电价附加收入安排的支出
2111403	机关服务	2116001	风力发电补助
2111404	能源预测预警	2116002	太阳能发电补助
2111405	能源战略规划与实施	2116003	生物质能发电补助
2111406	能源科技装备	2116099	其他可再生能源电价附加收入安排的支出
2111407	能源行业管理	21161	废弃电器电子产品处理基金支出
2111408	能源管理	2116101	回收处理费用补贴
2111409	石油储备发展管理	2116102	信息系统建设
2111410	能源调查	2116103	基金征管经费
2111411	信息化建设	2116104	其他废弃电器电子产品处理基金支出
2111413	农村电网建设	21199	其他节能环保支出
2111450	事业运行	2119901	其他节能环保支出

资料来源：财政部、中国人民银行关于修订2015年部分政府收支分类的通知。

（三）地方政府环保支出的核算口径

1. 环保支出核算范围

根据联合国颁布的标准，环保支出核算与环保相关的一系列经济活动，包括主要目的是减少和消除环境压力的经济活动，以及增加自然资源使用效率的经济活动。[①] 这些环境保护活动主要有：环境空气和气候保护、废水处理、固体废弃物处理，土壤保护和恢复、地下水和地表水的保护和恢复、减少噪音和震动、生物多样性和自然景观的保护、放射性污染物的处理、环保科研和发展的支出，以及其他环保活动。

2. 地方政府环保支出核算范围

地方政府环境保护支出，反映的是地方政府每年在环境保护事务上所花费的支出。环保支出作为地方政府履行环境保护和管理自然资源资源的重要支撑，其主要内容包括环境行政支出、环境基础设施建设支出、自然资源保护支出、污染减排支出。国家统计局对政府环境保护支出的核算范围包括：

---

① UN, EC, FAO, IMF, OECD, WB (2012). System of Environmental-Economic Accounting. Central Framework. United Nations Publications.

环境保护事务支出、环境监测与监察支出、污染治理支出、自然生态保护支出，天然林保护工程支出、退耕还林支出、风沙荒漠支出、已垦草原退耕还草、能源节约利用、污染减排、可再生能源和综合利用等支出。①

二、地方政府环境保护支出规模和结构

（一）地方政府环境保护支出规模

1. 绝对规模

自节能环保科目设置以来，各地区节能环保科目支出呈上升趋势。2007～2013年，全国地方政府环境保护支出，从961.24亿元增加到3334.89亿元。②2008～2013年，全国地方环境保护公共预算支出的年增长率分别为44.22%、36.75%、25.15%、8.05%、12.76%和15.35%，变异系数为0.38。③从以上数据可以看出，各年环境保护支出增长速度较快，且增长速度差异较大。

分省来看，对除去西藏的全国30个省份，近年节能环保支出的增长速度逐一进行分析。分析发现，2008～2013年，环境保护支出增长最快的3个省份是：广东省、天津市和山东省。三个省市的环保支出近年来年均增长速度分别为：150.33%、102.72%、75.28%。④

2. 相对规模

地方政府环保支出的相对规模，可以从地方政府节能环保预算支出占地方政府财政支出总额的百分比，以及地方政府节能环保支出占地方GDP的比重这两个指标来考核。2007～2013年，我国地方政府节能环保支出的相对规模如表3－5所示。

由表3－5可以看出，地方政府节能环保支出占总财政支出比重和地方生产总值比重逐年上升。这反映我国地方政府对节能环保工作的重视程度逐年加大不过，根据国际经验，当一国的环境保护投资达到其GDP的1%～2%时，才能有效控制环境污染。⑤因此，我国的环境保护支出规模还应继续扩大。

---

① 国家统计局：《主要统计指标解释》，http：//www.stats.gov.cn/tjsj/ndsj/2011/html/zb08.htm。

② 2007～2013年全国地方政府公共预算决算表。

③ 根据2007～2013年全国地方政府公共预算决算表数据整理计算得出。

④ 根据2008～2013年中国统计年鉴整理计算得出。

⑤ Luo Deming, Economic Growth and Sustainable Development in China, Economic and Political Weekly, 1999, Vol. 34 (45), pp. 3213－3218.

表 3－5　　2007～2013 年我国地方政府节能环保支出相对规模

年份	节能环保支出（亿元）	总财政支出（亿元）	总 GDP（亿元）	占地方财政支出比重（%）	占地区生产总值比重（%）
2007	956.47	38063.92	281401.85	2.51	0.34
2008	1379.44	48867.84	334927.07	2.82	0.41
2009	1886.37	60573.99	366871.33	3.11	0.51
2010	2360.72	73333.38	438544.53	3.22	0.54
2011	2550.73	91975.59	522846.28	2.77	0.49
2012	2876.15	106283.02	577862.81	2.71	0.50
2013	3317.68	118726.04	631214.67	2.79	0.53

资料来源：根据 2008～2013 年《中国统计年鉴》整理计算得出。

（二）地方政府环境保护支出结构

地方政府节能环保支出，按照用途分类，可以分为环境保护管理事务、环境监测与检查、污染防治、自然生态保护、污染减排、能源利用与管理等方面。

环境保护管理事务财政拨款支出，主要用于环境保护部电子政务、档案资源开发利用、机关人员工资、津贴补贴、日常公用、环境保护法规制定、国际交流合作等方面。

环境监测与监察支出，主要用于环境保护部开展环境影响评价、区域和行业发展战略评价、核安全监督、辐射环境监测、核与辐射安全技术审评等支出。

污染防治（款）财政拨款支出，主要用于大气、水、噪音、固体废弃物与化学品等污染防治。

自然生态（款）财政拨款支出，主要用于农村环境保护、土壤环境保护，支出科目包括自然生态保护、天然林保护、退耕还林、风沙荒漠治理、退牧还草。

污染减排财政拨款支出，主要用于国建环境监测网络的建设与运营、生态多样性保护、全国重点地区环境与健康专项调查、国家生态功能区生态状况考核与评价等工作方面。

能源利用与管理类支出，包括能源节约利用、可再生能源、资源综合利用和能源管理事务。

2014 年，环境保护财政支出结构如表 3－6 所示。

表 3－6　　2014 年地方政府节能环保支出结构

项目	金额	比重（%）
环境保护管理事务	180.68	5.21
环境监测与检查	44.2	1.27
污染防治	1080.4	31.13
自然生态保护	308.19	8.88
天然林保护	151.11	4.35
退耕还林	286.45	8.25
风沙荒漠治理	40.11	1.16
退牧还草	16.75	0.48
能源节约利用	501.17	14.44
污染减排	291.65	8.40
可再生能源	140.93	4.06
资源综合利用	52.29	1.51
能源管理事务	59.97	1.73

资料来源：财政部《2014 年地方财政一般公共预算支出决算表》。

由表 3－6 可知，地方节能环保财政支出主要用于污染防治和能源节约利用两个方面，分别占地方节能环保支出的 31.13% 和 14.44%。其次是自然生态保护、污染减排和退耕还林。

三、地方政府环境保护支出的区域差异

（一）环境保护支出占地方财政支出的比重

2014 年，我国东、中、西部节能环保财政支出占地方财政支出的比重情况如图 3－6 所示。①

如图 3－6 所示，环境保护财政支出占地方政府一般预算支出的比重，在

① 与第一章的划分一致，东部包括北京、天津、河北、辽宁、上海、江苏、浙江、福建、山东、广东、海南 8 个省级行政区；中部包括黑龙江、吉林、山西、安徽、江西、河南、湖北、湖南 8 个省级行政区；西部包括四川、重庆、云南、贵州、西藏、陕西、甘肃、青海、宁夏、新疆、广西、内蒙古 12 个省级行政区。

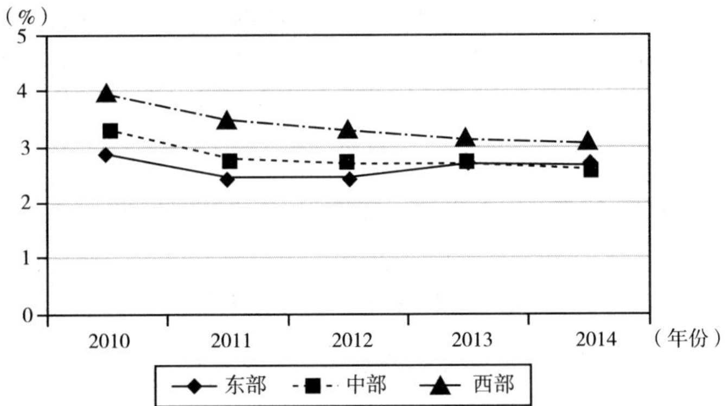

图 3－6　2010～2014 年东中西部环保财政支出占地方财政支出比重情况

资料来源：2011～2015 年《中国统计年鉴》。

东部地区最低，中部其次，西部最高。不过，中部地区和西部地区的这一比重，也呈现逐年下降的趋势。

（二）环境保护支出占地方生产总值的比重

此外，地方环保财政支出占当地 GDP 的比重，也是衡量地方政府环境保护财政支出相对规模的重要指标。图 3－7 反映地方政府环保财政支出占地区生产总值的比重。

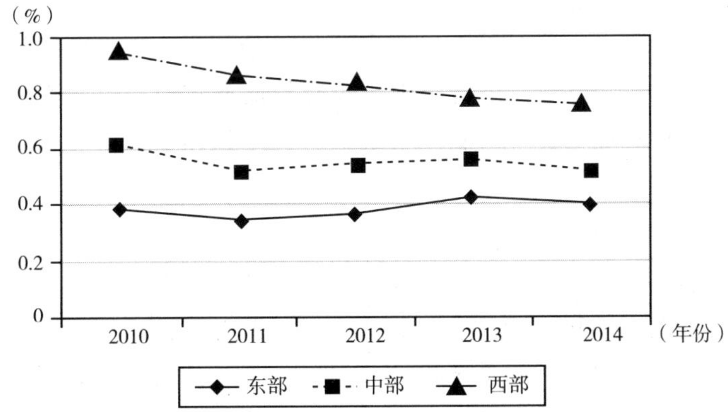

图 3－7　2010～2014 年地方环保财政支出占地区 GDP 的比重

资料来源：2011～2015 年《中国统计年鉴》。

如图 3－7 所示，尽管东部地区环境保护财政支出绝对值大于西部地区大于中部地区。但是，东部地区环境保护财政支出占地区生产总值的比重最低，中部地区其次，西部地区最高。此外，东中西部环境保护财政支出占地方生产总值的比重普遍偏低，均低于1%，且呈下降趋势，不利于我国环境质量的改善。

四、地方政府环境保护支出的预算管理现状

（一）地方政府间环境保护事权与支出责任的划分

明确界定各级地方政府间的责任范围，是有效处理政府间财政关系的前提。我国的环境保护事权划分，还存在部门执法交叉、多头管理、权责不对等等问题。具体表现在以下方面：

1. 环保事权划分原则有待优化

我国2015年1月1日，开始实施的新环境保护法中第6条明确指出，“地方各级人民政府，应当对本辖区的环境质量负责”。[①] 这一法律规定明确了我国地方政府环境管理事权采用的是属地原则。根据“属地原则”，地方政府只需对辖区内的环境质量负责，然而由于环境保护的正外部性，地方政府加大对辖区内部环境治理，而忽视辖区边界的环境保护、环境监察，导致污染企业在辖区边界大量聚集的现象。

2. 法律体系中未对环境保护事权做出明确的划分

现行的环境保护法中仅仅规定了企业与政府的事权划分，指出“企事业单位和其他生产经营者应当防治、减少环境污染和生态破坏，对所造成的损害依法承担责任”。[②]但是，没有对中央政府与地方政府，以及地方政府之间的环境保护事权和支出责任进行明确的划分，导致多头管理、事权交叉的现象时有发生。

3. 环境保护事权与财力不匹配

1994年分税制改革以来，我国中央政府与地方政府之间财力与事权不匹配问题，一直在不同程度上存在。地方政府之间财权分配也呈现多种形式。有的省份地方政府间采用的是严格的分税制，直至县级财政。而一些省份财政管理体制采用的是多种管理体制混合，严格的分税制到市级财政，而县乡级财政采用的是“省直管县”“乡财县管”等的方式。

不同形式的财政管理体制，导致省以下地方政府的环境保护事权划分，

---

①② 《中华人民共和国环境保护法》（2014年修订，自2015年1月1日起施行）第1章第6条。

短期内难于采用统一的标准。此外，由于地方政府环境监察人员有限、经费有限，往往重视项目落地时环境标准的审批，而忽视企业生产经营后环境污染的持续监察。

（二）地方政府间环境保护转移支付制度

地方政府间环境保护转移支付制度，起源于地方政府环境公共产品提供产生的正外部性。我国环境保护一般性转移支付主要是国家重点生态功能区的经济补偿，专项转移支付资金用途涉及节能减排、生态保护等多方面。

1. 中央对地方一般性转移支付

2011 年 7 月，我国颁布《生态功能区转移支付办法》选取影响财政收支的客观因素，核算国家重点生态功能区转移支付应补助数。国家重点生态功能区转移支付，主要用于国家重点生态功能区环境治理和基本公共服务的供给。2011 ~2014 年，中央对地方一般性转移支付中，重点生态功能区转移支付情况如图 3 －8 所示。

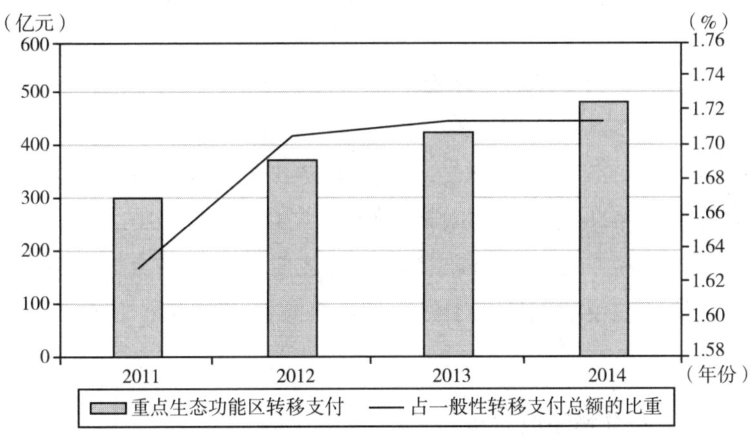

图 3 －8　2011 ~2014 年中央对地方环境保护一般性转移支付情况

资料来源：2011 ~2014 年《中央对地方税收返还和转移支付决算表》。

从图 3 －8 可以分析出，中央政府对地方政府的环境保护一般性转移支付规模逐年上升，环境保护转移支付比重在中央一般性转移支付比重中也呈上升的趋势。

2. 中央对地方专项转移支付

2015 年 2 月，财政部出台《关于改革和完善中央对地方转移支付制度的意见》。《意见》中指出，中央政府对地方政府一般性转移支付比重将提升至60%。但是，环境保护转移支付中大部分是专项转移支付，中央政府对专项转移支付的清理，将使环境保护转移支付比重大幅下降，使本来就捉襟见肘的环境保护财政投入变得更少。因此，需要在提高环境保护一般性转移支付的同时，清理环境保护专项转移支付，保留必需的专项转移支付项目。

截至2014年，中央对地方节能环保专项转移支付资金主要包括：江河湖泊治理与保护专项资金、节能专项资金、天然林保护工程补助经费、排污费支出、三峡库区移民专项资金、可再生能源发展专项资金、城镇污水处理设施配套管网专项资金等14项。其中，节能专项资金和基建支出在节能环保专项转移支付资金中占比最高，分别达到21.53%和18.74%[①]。由此可见，节能环保专项转移支付资金主要用于节能和环境基础设施建设方面。

第三节　环境税费手段

一、我国现行环境税费体系

2016年12月25日，第十二届全国人民代表大会常务委员会第二十五次会议通过了《中华人民共和国环境保护税法》，并于2018年1月1日开征，环保“费改税”正式拉开帷幕。在此之前，我国一直未设立独立的环保税，实行的环境税费制度属于融入型的环境税费体系，其框架如图3-9所示。

（一）融入型环境税收政策

在我国融入型的环境税收体制中，与环境保护和治理有关的税种有11个。但其设置目的并不是出于环境保护和治理的考虑，而是调节经济，增加财政收入，因而不能算是真正意义上的环境税。但就客观而言，这些税费还是在一定程度上促进了环境保护。其中城镇土地使用税、城市维护建设税[②]、

① 2014年中央对地方税收返还和转移支付决算表，财政部网站，http://yss.mof.gov.cn/2014czys/201507/t20150709_1269837.html。

② 不含铁道部门、各银行总行、各保险公司总公司集中交纳的部分。

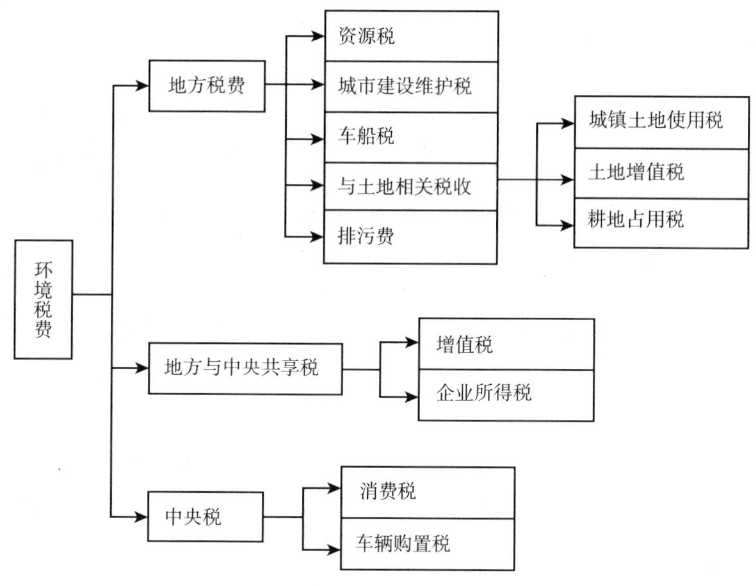

图3－9　融入型环境税费框架

耕地占用税、土地增值税、资源税①、车船税属于地方税收，消费税、车辆购置税、城市维护建设税（银行总行、保险公司总公司、铁道部门缴纳的部分）、海洋石油资源税属于中央税收。

1. 地方负责的具有环保意义的相关税种

（1）资源税。资源税的课税对象为各种应税自然资源，其课税目的是为了调节资源级差收入、体现国有资源的有偿使用，其特点是仅仅针对自然资源征收，实行差别税额从量征收（原油、天然气除外），且在采掘或生产地源泉控制征收。但由于资源税的征收一般只考虑资源种类的差异和开采情况的不同，征收范围较小，对于生态环境的补偿效应并不明显。

如图3－10，自2000年以来，煤炭生产量和消费量开始呈现出大幅增长的态势，均增长了将近2倍。与此同时，如图3－11所示，总体来看，资源税在地方税收收入中的占比较低，且在2011年资源税改革后才呈现出微弱的上升趋势。

（2）城市维护建设税。城市维护建设税为环境保护和治理提供了稳定的财政资金。如图3－12所示，城市维护建设税在地方税收收入中所占比例

① 不含海洋石油资源税。

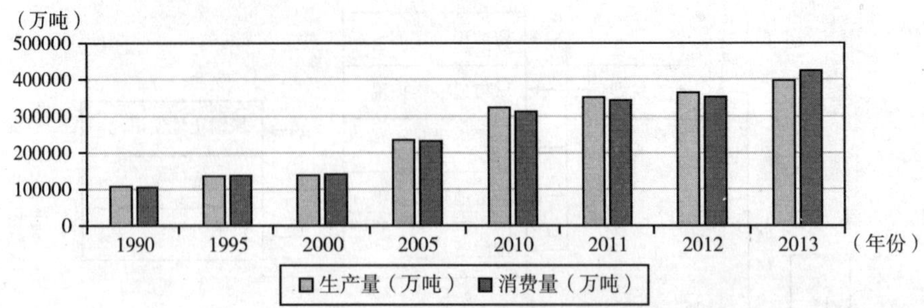

图 3-10　1990~2013 年我国煤炭的生产量和消费量

资料来源：2015 年《中国统计年鉴》。

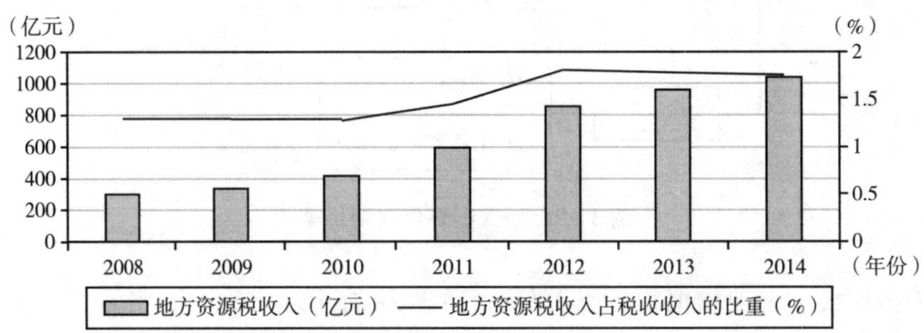

图 3-11　2008~2014 年资源税占地方税收收入的比重

资料来源：2009~2015 年《中国统计年鉴》。

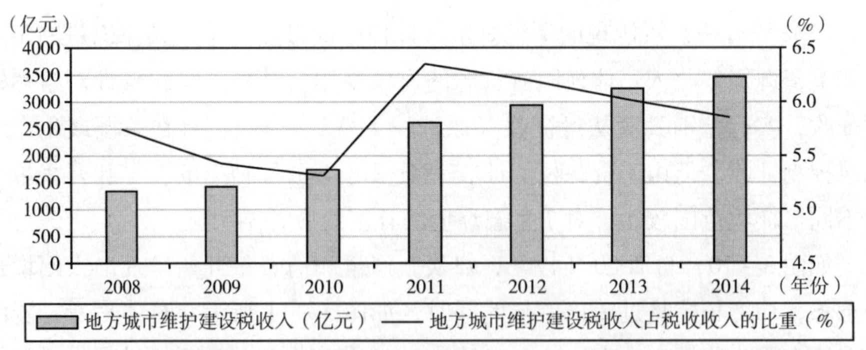

图 3-12　2008~2014 年城市维护建设税在地方税收收入中的比率

资料来源：2009~2015 年《中国统计年鉴》。

2008 年以来有所下降，到 2010 年后有所回升，并在 2012 年以后再次呈现下降趋势。

(3) 车船税。车船税的征收目的主要是为地方政府筹集财政资金、便于车船管理与合理配置和调节财富差异，而不是节约能源和保护环境。但在其具体适用原则里，包括了以排气量从小到大递增税额、非机动车船的税负轻于机动车船、人力车的税负轻于畜力车、小吨位的船舶税负轻于大吨位的船舶的规定。同时，车船税的税收优惠政策中，对节约能源，使用新能源的车船有着政策倾斜，在客观上有一定的环保作用。

如图3－13所示，自2008年开始，随着车辆和船舶数量的不断增加，车船税在地方税收收入中所占的比重也在不断增大。

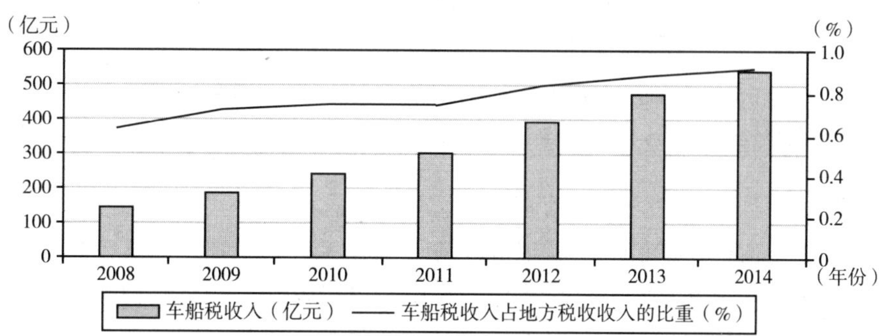

图3－13　2008～2014年车船税占地方税收收入的比重

资料来源：2009～2015年《中国统计年鉴》。

（4）与土地相关的税收。

一是城镇土地使用税，其作为地方政府一项比较稳定的收入来源，它的开征目的之一即是保护土地资源，对企事业单位中出现的多占地、占好地、占而不用以及宽打窄用的各种浪费现象进行制约。在城镇土地使用税中实施的优惠政策，起到了保护土地资源的作用，同时环保思想也在其中得到了很大的体现，如市政绿化地带、街道以及广场等公共设施所占用的土地，可以免征城镇土地使用税。

二是土地增值税，土地增值税主要是用于规范房地产市场秩序，减少房地产市场中的投机行为，约束部分个人以及单位以取得高收入为目的进行房地产交易。

三是耕地占用税，其开征目的是为了合理利用土地资源，减少农用耕地的浪费，也体现了一定的环保理念。

如图3－14所示，土地增值税和耕地占用税的收入占地方税收收入总额的比重基本呈现上升趋势，而城镇土地使用税的税收收入则呈现出逐年下降的趋势。

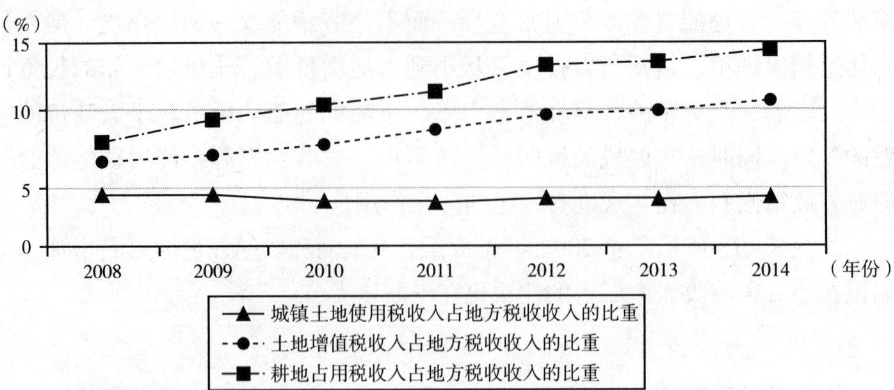

图 3-14　2008~2014 年与土地相关的税收在地方税收收入中的比重

资料来源：2009~2015 年《中国统计年鉴》。

2. 地方与中央共享的具有环保意义的相关税种

一是增值税，增值税的制定目标与环境并无直接联系。但是，其税收减免政策中，在第 6 条资源综合利用产品中，可以发现与环境保护和治理工作有关的一些具体规定。包括对再生产品、新能源、废物利用等应税劳务的一系列税收优惠政策。

二是企业所得税，在企业所得税税制的设计过程中，也设置了一些与环境保护和节能减排相关的优惠政策。主要包括对企业节水节能的项目获得收入、综合利用资源的收入和相应设备购入款的优惠和抵扣政策。

由于企业所得税中对于减少环境污染行为起到激励和约束作用的优惠措施强，大部分优惠政策的期限都过短，而且能享受税收优惠政策的范围过窄，所以，它对浪费资源和高消耗的企业缺乏有力约束。

如图 3-15 所示，在地方的税收收入中，增值税和企业所得税的地方分成占较大的比重，虽有小幅的波动，但总体比重基本保持不变。

3. 中央负责的具有环保意义的相关税种

一是消费税，其设立目的主要是为了引导消费偏好、调整产业结构并在一定程度上保证国家财政收入。在现行的 15 个税目中①，包含了部分污染物和大量消耗自然资源的产品，对其征税能够起到限制消费、保护环境的作用。

二是车辆购置税，其设立目的是为保证交通建设支出。虽然它的征税目

① 与环境保护相关的有：烟、鞭炮焰火、成品油、汽车轮胎、摩托车、小汽车、高尔夫球及球具、木质一次性筷子、实木地板、电池和涂料。

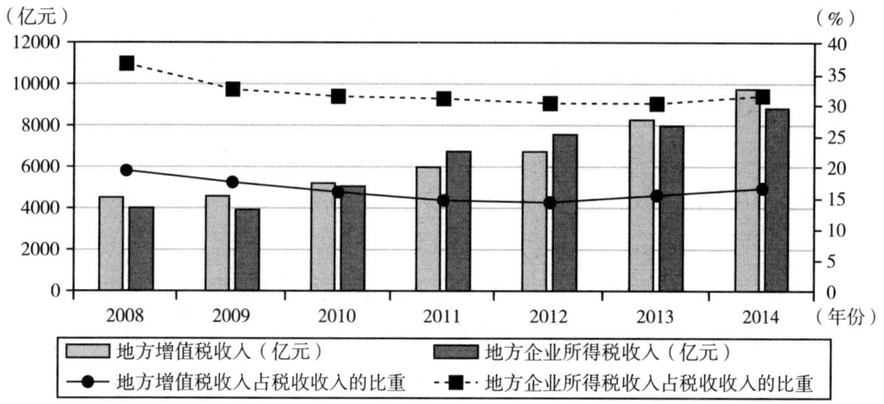

图 3-15　2008~2014 年地方增值税和企业所得税收入在税收收入中的比重

资料来源：2009~2015 年《中国统计年鉴》。

的与环境保护并不相关，但实际上，其征税范围为汽车、摩托车、电车、农用运输车、挂车，在一定程度上对这些车辆的消费起到抑制作用，具有一定的环保意义。在车辆购置税的税收优惠政策中，对于森林消防部门购车有一些优惠措施，对环境保护事业是一种支持。

2008~2014 年中国消费税和车辆购置税收入见图 3-16。

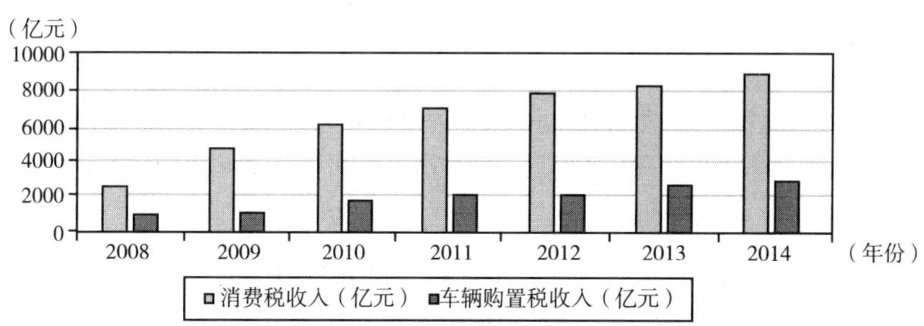

图 3-16　2008~2014 年中国消费税和车辆购置税收入

资料来源：2009~2015 年《中国统计年鉴》。

（二）排污收费

1. 我国排污收费制度体系历史演进

（1）提出及试点阶段（1979~1981 年）。1979~1981 年，在这一阶段，随着改革开放推进我国工业化进程加快，粗放式经济发展模式带来的环境问题，也逐渐引起中央的重视。1978 年 2 月颁布的《中华人民共和国宪法》，将环境保护写入其中。同年9月，《中华人民共和国环境保护法（试行）》明确规定，超标排放的污染物应按照其排放数量和浓度收取排污费，从而确立了排污收费制度的法律地位。

（2）排污费制度正式建立实施的阶段（1982～2002年）。1982～2002年，在这一阶段，我国于1982年7月颁布《征收排污费暂行办法》，正式确立了排污收费制度。

后经过一系列的改革，征收范围趋于完整，征收标准更科学化。

一是排污费资金用途的明确。1988年，我国正式发布《污染治理专项基金有偿使用暂行办法》，规定排污费的使用从之前的拨款使用转变为贷款使用，可以有偿使用。

二是征收范围进一步扩大。1992年9月，《征收二氧化硫排污费试点方案》由国务院批准印发，在广东、贵州两省及重庆等9市率先试点，并规定每公斤二氧化硫收费不超过0.2元。1998年，四个部委联合发布《关于在酸雨控制区和二氧化硫污染控制区开展征收二氧化硫排污费扩大试点的通知》，进一步扩大了二氧化硫的试点范围。

三是调整排污费征收标准。1996年7月，第四次全国环境保护会议通过了《国务院关于环境保护若干问题的决定》，提出应遵循“排污费高于污染治理成本”的原则，提高现行排污费征收标准，这是首次确定排污费征收标准的规定。

（3）不断完善排污费制度的阶段（2003年至今）。2003年1月，《排污费征收使用管理条例》由国务院正式颁布，这部条例是我国目前正在执行的排污费管理条例，相比之前的排污费政策，内容更加全面完整。同年，由国务院的几大部委联合发布了《排污费征收标准管理办法》、《排污费资金收缴使用管理办法》以及《关于减免及缓缴排污费等有关问题的通知》，配备了相应的规章办法。

2014年，《关于调整排污费征收标准等有关问题的通知》发布且提出要调整排污费征收标准，实行差别收费政策。排污收费政策得以进一步的完善。2016年12月，《中华人民共和国环境保护税法》正式通过，并于2018年1月1日开始实施。在开征环境保护税的同时停征排污费，排污费退出历史舞台。

2. 我国排污收费制度的实施标准

（1）征收对象和收费项目。排污费征收对象是在我国境内直接向环境排放污染物的单位和个体工商户，暂不包括个人。排污费的征收和管理部门是各省、自治区、直辖市财政部门和环境保护行政主管部门。

排污费的收费对象有工业污水、工业废气、工业固体废弃物及噪声。具体设置如表3-7所示。

表3-7　排污费收费项目设置

项目	具体内容	具体项目
污水排污费	按照排放物种类和数量缴纳污水排污费	COD、氨氮等一类水污染物和二类水污染物
废气污染费	向大气中排放工业废气的单位和个体工商户；目前不对机动车、飞机、船舶等流动污染源产生的废气征收废气排污费	氮氧化物、二氧化硫、粉尘、烟尘等大气污染物
固体废物及危险废物排污费	按污染物的种类不同分为固体废物排污费和危险废物排污费	粉煤灰、冶炼渣、煤矸石、尾矿、炉渣、其他渣（含半液态、固态废物）
噪声超标排污费	产生超标噪声的单位和个体工商户	超标噪声
其他污染物	除废气、废水、固体废弃物、噪声之外的其他污染物	其他污染物

资料来源：《排污费征收标准管理办法》。

（2）排污费征收标准。污水排污费的征收，首先确定废水污染物的种类，然后确定废水污染物的排放数量，在计算征收排污费时，要将排污费的数量转化为污染当量计算征收。对于超过规定排放标准的污染物，应多征收1倍的超标准排污费。

废气排污费的征收，首先确定废气污染物的种类，然后确定废气污染物的排放数量，在计算征收时要将排污费的数量转化为污染当量计算征收，征收废气排污费的污染物种类数最多不超过3项①。

对于一般工业固体废弃物，单位或个体工商户如果没有建造专用的贮存场地、没有购置专门的处置设备，或建造的贮存场地和处置设备达不到相关的环保标准，如没有防扬散、防流失、防渗漏的功能，则对单位和个体工商户征收一次性的固体废物排污费。

① 国家计委、财政部、国家环保总局、国家经贸委2003年3月28日发布《排污费征收标准管理办法》，自2003年7月1日起施行。

对于危险废物，如果单位和个体工商户采用填埋方式处置且不符合有关环保规定的，就要对其征收排污费。

另外，国家发展和改革委员会、环境保护部和财政部2014年发布《关于调整排污费征收标准等有关问题的通知》，要求实行差别收费政策。具体体现为，若企业污染物排放浓度值或排放量高于国家或地方规定的污染物排放限值，则采取加一倍征收办法；若同时存在上述两种情况，加二倍征收排污费。企业生产的产品属于《产业结构调整指导目录（2011 年本）（修正）》中规定的淘汰类的，也需加一倍征收排污费。若企业污染物排放浓度值低于国家或地方规定限值的50%以上，减半征收排污费。

（3）征收方式及管理方式。在收缴管理方面，由环境保护行政主管部门按照月份或者季度征收排污费。排污者应当于收到“排污费缴费通知单”的7 天内，填写财政部门监制的“一般缴款书”，将排污费通过财政部门指定的商业银行缴纳。商业银行应当在收到单位和个体工商户缴纳排污费的当天将其入缴国库。国库部门应将排污费收入全额的10%缴入中央国库，纳入中央预算并作为中央环境保护专项资金管理；剩下的部分进入地方国库，纳入地方预算收入同时作为地方环境保护专项资金管理。

在资金使用方面，排污费的征收和使用需遵循“收支两条线”的标准，全额纳入财政且专项用于环境污染治理。主要方式是对企业的污染治理投资提供拨款补助和贷款贴息。

3. 我国排污费的收入规模

从排污费收入的总量上来看，2004 ~ 2013 年，全国排污费收入的规模大体呈现上涨的趋势，其中 2013 年排污费收入总额为 2093259 万元，是 2004 年的2. 2 倍。而从排污费收入总额的增量来看，排污费的年平均增长率为9. 3%，低于 GDP 15. 4%的年平均增长率。也就是说，排污费收入总额的增速小于经济发展的速度。具体的数值见表 3 – 8。

表 3 – 8　　排污费收入规模

年份	排污费收入（万元）	排污费增长率（%）	国内生产总值（亿元）	GDP 增长率（%）
2004	941845. 8	32. 90	160289. 7	18. 01
2005	1231586. 7	30. 76	184575. 8	15. 15
2006	1456443. 5	18. 26	217246. 6	17. 70

续表

年份	排污费收入（万元）	排污费增长率（%）	国内生产总值（亿元）	GDP 增长率（%）
2007	1735957.0	19.19	268631	23.65
2008	1768488.0	1.87	318736.7	18.65
2009	1642245.3	-7.14	345046.4	8.25
2010	1782401.05	8.53	407137.8	18.00
2011	2026265.28	13.68	479576.1	17.79
2012	2022053.23	-0.21	532872.1	11.11
2013	2093259	3.52	583196.7	9.44

资料来源：2005～2014 年《中国环境年鉴》《中国统计年鉴》。

图 3-17 为 2004～2013 年每万元 GDP 排污费收入变化趋势，表征排污费与经济增长的相对关系。2004～2005 年，每万元 GDP 排污费收入总额呈现上升趋势，2005 年达到峰值。从 2005 年开始，每万元 GDP 排污费收入持续下降，说明排污费占国内生产总值的比重越来越低。从理论意义上来讲，随着经济增长，每万元 GDP 排污费收入的总额应基本保持在一个稳定的数值，而我国在 2004～2013 年出现每万元 GDP 排污费收入先上升再下降的情况。究其原因，2004 年排污费收入上升是因为我国 2003 年排污费征收制度改革，排污费收入突然增多；2005 年之后下降，一方面源于我国排污费的征收覆盖面小，没有将经济活动产生的所有污染物囊括在内，另一方面也说明排污费的征管效率较低，存在征收监管不规范导致的漏征行为等。

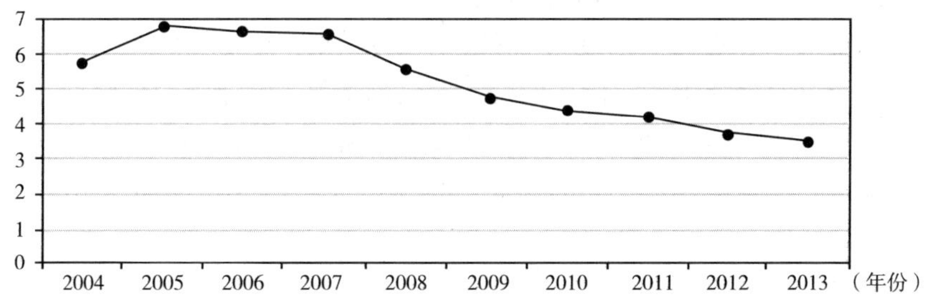

图 3-17　2004～2013 年每万元 GDP 排污费收入趋势

资料来源：2005～2014 年《中国环境统计年鉴》《中国统计年鉴》。

二、环境税费手段存在的问题

（一）融入型环境税收政策存在的问题

1. 调节面窄、力度弱

在中国融入型的环境税费制度中，与环境相关的税种和税收优惠政策的分布相对分散，作用对象未构成完整的体系，调节力度较为有限，且无法形成专项的环境保护收入。而可观的资金投入是有效治理污染和保护环境的前提，当环境保护投资总额达到 GDP 的 2% ~3% 时，才能在一定程度上改善环境质量[①]。而我国 2014 年的节能环保支出总额为 3815.64 亿元，仅占当年 GDP 的 0.6%，远远低于相关标准。环境治理投资额的严重不足，制约了环境保护工作的顺利开展。

2. 税收优惠缺少针对性和灵活性

由于目前融入型的环境税收政策没有针对环境保护的重点领域，且存在着一定的滞后性，对重要环保问题的解决能力有限。如企业所得税、增值税等税收中与环境相关的税收优惠措施，能够鼓励治污投资、降低治污运营成本、减少“两高一资”产品的消费以及促进环境保护事业的发展，但并未直接作用于环境保护，而是间接调节污染排放，在调节力度和范围上与当前环境保护的要求有较大差距。

（二）排污收费制度存在的问题

1. 收费标准偏低

我国现行的排污费征收标准经历过两次调整。第一次是 2003 年排污费改革时，确定大气和水污染的排污收费标准的计算方法为平均治理成本法[②]。但考虑到企业的承受能力，2003 的排污费改革采取了减半征收的办法，即废气、污水排污收费标准每污染当量为 0.6 元和 0.7 元[③]。第二次是我国于 2014 年对排污费征收标准进行的调整，将污水、废气的征收标准提升至每污

---

① 邓子基：《世界税制改革的动向与趋势》，《税务研究》，2001 年第 5 期。

② 王金南、龙凤、葛察忠、高树婷：《排污费标准调整与排污收费制度改革方向》，《环境保护》，2014 年第 19 期。

③ 《排污费征收使用管理条例》。

染当量 1.4 元和 1.2 元[①]，但仅仅是达到了 2003 年工业污染物平均治理水平。若考虑通货膨胀的因素，则排污费标准远低于目前实际的平均治理成本。

2. 开征范围不够全面

我国目前的排污费只对污染物中的一部分征收，减排效果也只涉及这一部分污染物，排污费对总污染排放量的必然会呈现较弱的减排效果。这与我国现实情况相吻合，目前排污费收费项目仅限于废水、废气、固体废弃物、噪声四大类 113 项，采用的是正列举式的收费方式。有些不在列举名单中，但对于环境危害也较大的污染物（如有机挥发物、氟利昂等）就很难利用征收排污费减排。此外，排污费的计算方式，受当前监测、征管水平的限制，只选取排放量大的前三项。显然，排污费对于遗漏的那部分污染物无法发挥减排作用。

另外，排污费目前的征收范围仅限于工业污染领域，只对排放污染物的单位和个体户征收，不涉及第三产业企业及生活消费领域。随着产业升级和工业化进程的加剧，工业污染占总污染的比重越来越小，生活污染和第三产业污染占比逐渐加大。如消费者使用洗衣粉中磷对水体的污染、机动车尾气排放对大气的污染、饭店厨房造成的污染等问题。应加快对第三产业污染物排放、生活污染物排放的环境调节制度的设计，将生活排放污染物纳入未来排污费的征收范围。

3. 排污收费征管的力度不足

2003 年以来，我国排污费采取的是环保部门核定征收的模式，征收流程冗杂且成本高，进而导致征收部门不能对所有企业做到应收尽收，排污费制度的执行力度小。2014 年，政府做出调整排污费征收标准的通知，文件中提出了加强污染物在线监测的要求，要求 2016 年底所有国家重点监控企业均要实现按自动监控数据核定排污费[②]。

（三）现行环境税费权限划分存在的问题

1. 环境税立法权高度集中于中央

在我国现行税制体系下，各类税收的立法权集中于中央，地方相关的立法权相当有限。这在保障中央政府财力的同时削弱了地方政府的财力，尤其在地方政府承担大量事权和支出责任的情况下，财力与支出责任的不匹配会导致地方政府策略性地选择其支出方向，从而会相机的减少环境保护方面的财政支出。

---

①② 《关于调整排污费征收标准等有关问题的通知》。

另外，环境的区域差异需要不同的环境政策。地方政府作为地方公共物品的最佳提供者，在提供当地环境公共服务方面有着天然的信息优势。但由于目前我国中央层面拥有环境税费的立法权，地方政府的权限有限，环境税费的灵活性不足。

2. 环境税费征管效率有待提高

自1994年分税制改革以来，我国形成了中央税、地方税及中央与地方共享税共存的局面，税收征管权与收入划分基本一致。如图3－18所示，与环境相关的中央和地方税收收入①呈现出不断增加的趋势。

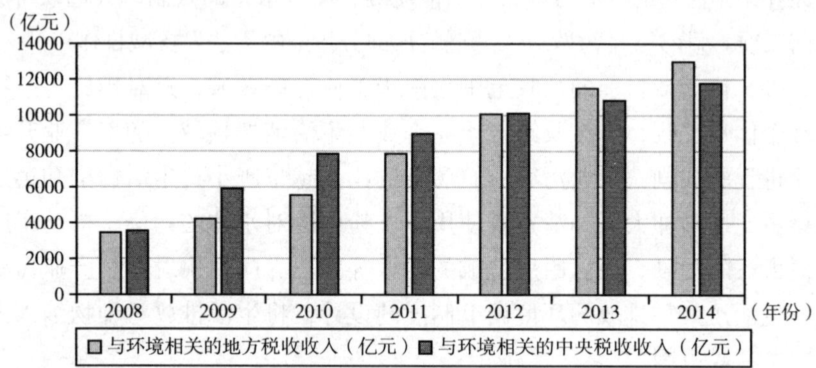

图3－18　2008～2014年与环境相关的地方税收收入和中央税收收入

资料来源：2009～2015年《中国统计年鉴》。

根据税种类型的划分，我国的税务征收管理曾分别由国税和地税两个系统负责。② 分开征管的体系设置，使得环境税费征管成本大幅提升，不仅包括诸如人员经费、基础设施等基本征收成本，还会产生因信息不对称及交流不及时等问题而产生的隐性成本。同时，对于纳税人而言，因要缴纳的税种涉及地税和国税两个系统，其用于税务登记、申报的成本也会随之增加。

而同级部门间信息共享系统的缺失进一步降低了环境税费的征管效率。比如，由于地方政府可在法定的税额范围内自行确定车船税的征收税额，导

① 与环境相关的地方税收包括城市维护建设税、城镇土地使用税、土地增值税、车船税、耕地占用税和资源税，与环境相关的中央税收包括消费税、车辆购置税。

② 就环境税费而言，车辆购置税和城市维护建设税（由各银行总行、铁道部门、各保险公司总公司缴纳的部分）由国税部门征收。车船税、资源税、城镇土地使用税、土地增值税、耕地占用税、城市维护建设税（非各银行总行、铁道部门、各保险公司总公司缴纳的部分）、环保类收费由地税部门征收。

致相邻地区的车船税征收额存在着一定的差异，如湖北省和湖南省的1.0升（含）以下的乘用车税额相差120元/辆，4.0升以上的乘用车税额相差300元/辆。而部分纳税人为达到少缴税款的目的，通常对车辆进行异地挂牌。而由于地方车船管理部门和税务机关之间没有建立有效的信息共享系统，导致地方环境税费的税源流失。对于排污费而言，由于其征收部门仅有环保部门，人员不足且工作量大，缺乏一定的强制力，征管效率亟待提高。

3. 环境税费并未专款专用于环境保护

相对于中央政府，地方政府具有更大的信息优势，更加了解本地居民的环保需求，因此区域性的环境保护工作应由当地的地方政府负责。但在我国的实践中地方政府环境治理的激励明显不足，地方政府治理环境的财力与其支出责任严重不符。

在地方公共财政收支预算中，环境税费收入并未全部用于环境保护。在我国融入型的环境税费中，仅有排污费、城市维护建设税和耕地占用税规定了资金用途。除此之外，资源税等诸多与环境相关的税收均纳入一般公共预算，未规定其用途。从图3－19可以看出，地方环保支出远低于与环境相关

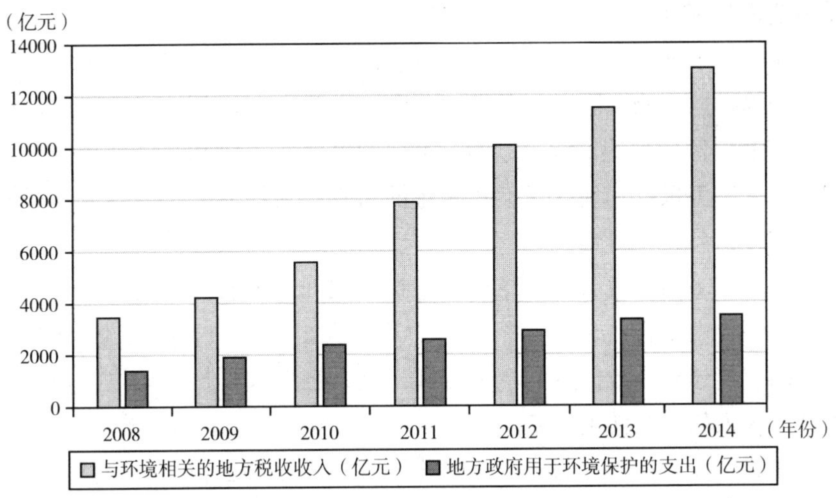

图3－19　2008～2014年与环境相关的地方税收收入和支出

注：与环境相关的地方税收包括城市维护建设税、城镇土地使用税、土地增值税、车船税、耕地占用税、资源税，用于环境保护的支出包括环境保护、环境监测与监察、环境保护管理事务自然生态保护、污染防治风沙荒漠治理、天然林保护、退耕还林、已垦草原退耕还草、退牧还草、污染减排、资源综合利用、能源节约利用、可再生能源以及能源管理事务。

资料来源：2009～2015年《中国统计年鉴》。

的地方税收收入，2014 年，环境保护支出仅占其收入的 26. 68%。

而按规定专款专用的环境税费，也未必得到完全执行。例如，虽然规定排污费资金必须纳入财政预算，列入环境保护专项资金进行管理，但在实地调研中，笔者了解到，中西部地区的环境保护部门，由于经费紧张，仍然在不同程度上存在用排污费列支人员经费的现象。排污费未能专款专用，破坏了其征收的初衷，也导致污染治理的经费进一步紧张。

三、环境保护税开征

2016 年 8 月 29 日，《中华人民共和国环境保护税法（草案）》第一次提请全国人大常委会审议，并向社会公众征求意见。同年 12 月 25 日，《中华人民共和国环境保护税法》正式通过审议，并于 2018 年 1 月 1 日正式开征。总体来讲，新的环保税法中需要关注的几个要点如下。

一是实行“税负平移”的立法原则。即将原有排污费的征收对象、征收依据和征收标准直接转化为环保税的纳税人、计税依据和计税标准，进而实现排污费征收制度向环境保护税征收制度的平移。

二是赋予了地方一定的自主决策权。由于各地的排污费征收标准差异较大且污染物排放结构不同，环保税法允许地方政府在《环境保护税税目税额表》规定的税额标准的范围内，调整本地的大气污染物和水污染物的具体适用税额。同时可根据本地区污染物减排的需求，增加同一排放口征收环境保护税的应税污染物项目数。

三是建立了地方税务部门与环境保护部门间的征管协作机制。环保税法规定，环保税由地方税务部门征收，而环境保护部门负责对污染物的监测。两部门间应当建立涉税信息共享平台和机制，定期共享排污单位的相关排污信息和纳税人的相关涉税信息。

可以说，环境保护税的开征在推进我国环保法制化方面具有重要的意义。但初步通过的环保税法仍然存在着一定的问题。

首先，环保税征收范围和标准只是对排污费“费改税”的延伸，尚未能体现真正意义上的环境保护。环保税法规定的征收范围仅包括大气污染、水污染、固体污染和噪声污染，是对排污行为征收的一种税。但环境保护不仅包括污染减排，还包括生态、资源保护等。是否应该征收扩容是一个值得考虑的问题。

其次，环保税法并未对环保税的资金用途作出具体规定。现行排污费收入规定需纳入财政预算，列入环保专项资金管理，专款专用于环境保护。而在排污费改税以后，根据我国税制，若不作特殊规定，环境保护税的收入将和其他一般预算资金一样，纳入一般预算收入进行预算支出。在这种情况下，不仅会导致地方用于环境保护的支出大幅下降，也不利于形成稳定的环保收入渠道。因此，如何统筹管理环保税收入和环保支出在一般公共预算中的使用，从根本上保障环境保护专款专用，也是一个值得思考的问题。

第四节　排污权交易制度

一、我国排污权交易制度的发展历程

从20世纪80年代末以来，我国开始实行一系列排污权交易试点工作，至今，排污权交易制度已经实行了20多年。2007年以来，随着我国市场经济的发展，市场条件日趋成熟，排污权交易也在国内诸多省市得到开展并产生了一定效益。

（一）交易试点范围逐步扩大

我国排污权交易已在天津、江苏、浙江等11个省市开展试点。截至2011年底，全国排污权交易的总额接近20亿元[①]，而截至2014年底，仅浙江省的排污权交易总额就已累计接近25亿元[②]，全国排污权交易市场发展迅速。而在2014年8月，国务院印发《关于进一步推进排污权有偿使用和交易试点工作的指导意见》，提出在2016年之前，试点地区应全面完成对现有排污单位排污权的核定，并于2018年之前基本建立排污权有偿使用和交易制度。此外，多个省份也相继制定了排污权交易相关的管理办法，以推进排污权交易的发展。

---

① 《关于2011年中央和地方预算执行情况与2012年中央和地方预算草案的报告》。

② 陈文文、邵甜：《浙江排污权交易额全国居首》，网易新闻，http：//news. 163. com/14/0904/08/A59KR3SU00014AEF. html，2014年9月4日。

（二）交易种类有所增加

我国排污权交易试点省份的主要交易对象为化学需氧量和二氧化硫，包括嘉兴市、武汉市、北京市、上海市、长沙市等地的交易中心，均以这两类污染物为交易对象。而内蒙古等省份的交易对象还包括了氨氮和氮氧化物。此外，从 2012 年 7 月开始，山西省将原来开展的化学需氧量和二氧化硫排污交易指标，扩展至氮氧化物、氨氮、工业粉尘和烟尘六类。

（三）二级市场发展迅速且区域差异显著

自开展排污权交易试点以来，排污权交易二级市场发展迅速。二级市场交易平台有利于节约排污权交易成本，从而推动我国的排污权交易从单个企业行为向制度化、规模化迈进。同时，伴随着二级市场的建设，新型金融交易方式也渐渐开始发挥一定的作用，多个省市开展了排污权抵押授信业务，如自 2011 年以来，兴业银行推出了排放权金融和节能减排融资两大类产品，目前已在河北、浙江、山西、湖南和江苏等地试点实行。

二、地方政府实施排污权交易制度存在的问题

（一）地方政府职能有待规范

1. 排污权交易的法律制度尚不完善

自实施排污权交易试点以来，已有多个省市制定了规范排污权交易的地方性法律规章。相关政策和地方性法规中规定的交易对象主要为大气和水污染物，但各个政策和法规所针对的具体对象都有所区别。地区间的差异立法导致各地有偿使用的交易对象均不尽相同，地方性法律法规的协调性有待加强。

另外，由于我国目前尚未制定全国性的排污权交易法规，地方法规仅针对本辖区内部的交易活动，尚未开展跨区域的交易项目。而环境具有非常显著的流动性和外部性，开展跨区域的排污权交易对于增强排污权交易市场的流动性有非常重要的意义。而在美国，已将《清洁空气法修正案》纳入统一的法律框架之中。但由于目前我国的市场信用体系、技术支撑体系等尚存在着一定的缺陷，开展跨区域的排污权交易仍然面临着较大的困难。

2. 政府对排污监测的力度不足

对于排污者的惩罚力度不足、惩罚措施不够详细是我国排污权交易制度存在的主要问题。虽然各地已经颁布了众多交易实施细则，但执法标准仍存在着不详细、不明确的问题，以比例幅度等作为处罚数额的标准给执法人员提供了较大的寻租空间。

另外，由于我国尚缺乏全国垂直统一的污染监测网络，环境监测呈现出较为严重的行政区域分割，一方面难以实现对全国范围内的排污交易企业的全面监管，无法取得真实数据进行有效规范；另一方面会降低环境监测数据在不同政府和部门之间的传递效率，难以充分发挥排污权交易的治污减排作用。就目前试点省市的污染监测而言，一般是以国控和省控重点污染源监测为主，基本建成了较为完善的在线监测网络，下一步还需在城市圈以及全国范围内开展排污权交易，尚需大量资金用于企业的日常监督，交易后的监管网络亟待加强。

3. 激励机制和服务尚不完善

我国目前实行排污收费和排污权交易并行的制度，企业存在着重复收费的疑虑。同时，尚未形成排污权交易的激励机制，缺乏排污权交易的相关财税政策倾斜和优惠制度，企业自行开展排污权交易的积极性不足。

另外，基于财政联邦主义理论，地方政府在提供本辖区的公共服务时有着绝对的信息优势。因此，地方政府在为排污权交易主体提供各项服务等方面有着明显的优势，可有效降低成本、提高公共品供给效率。而我国环境管理部门虽实行了政务公开制度，将环保目标和环保政策措施通过政府门户网站向公众公开，但政府网站上信息资源存在着更新速度慢且内容陈旧的问题，未能保证公开信息资源的充分性和及时性。

4. 政府干预力度过大

在我国的排污权交易实践中，政府基本上处于主导地位，但却在一定程度上缺乏对政府行为的监督和权力约束。尤其在排污权交易的一级市场中，为顺利实施排污权交易的竞拍等程序，政府往往主导着交易的过程，通过设定竞拍投放量等手段，实现排污权交易的行政目的。

另外，由于市场交易的流动性不足，更有一些试点地区的排污权交易依赖于政府的配对撮合，存在着严重的“拉配郎”现象。以江苏为例，政府促成了本辖区范围内和跨地域的绝大部分排污权交易，市场机制作用的发挥十分有限；同样，以“市场主导型”著称的嘉兴排污权交易试点，政府的干预也仍然可见。政府过度干预排污权交易过程，导致市场机制无法发挥作用，甚至沦为地方政府的宣传手段①。

（二）各地交易规模差异较大

活跃的排污权二级交易市场是有效提高排污权减排效应的重要部分。通常来讲，二级市场的流动性越高、交易活跃度越大，排污权的利用效率越高，同时企业的排污行为也越规范。但由于我国的排污权交易尚处于起步阶段，各试点省市的排污权交易形式差异较大，排污权交易量和交易指标的单位额度不尽相同，导致各地排污权交易的活跃程度差异显著。从交易规模来看，截至2012年中期，浙江省排污权交易金额达到3.5亿元，而湖北的成交量仅有1200万元，排污权交易规模的区域差异显著（见表3－9）。

表3－9　截至2012年中期各试点省份排污权交易规模

地区	交易对象	交易额
河北	二氧化硫；化学需氧量；氮氧化物	400万元
湖北	二氧化硫；化学需氧量	1200万元
湖南	二氧化硫；化学需氧量	2400万元
内蒙古	二氧化硫；化学需氧量；氮氧化物；氨氮	2600万元（截至2012年1月底）
重庆	二氧化硫；化学需氧量	3200万元
山西	二氧化硫；化学需氧量；氨氮 氮氧化物；烟尘；工业粉尘	6400万元
江苏	二氧化硫；化学需氧量	8000万元
陕西	二氧化硫	1.4亿元
浙江	二氧化硫；化学需氧量	3.5亿元

资料来源：各试点省（市）排污权交易中心公告公示。

完善的市场机制是开展排污权交易的前提和基础。由于各试点省市的市场化程度差异较大，导致其排污权交易的规模差异显著。如图3－20所示②，

---

① 宋晓丹：《排污权交易中的政府权力制度约束》，《江苏大学学报》（社会科学版），2011年第3期。

② 市场化指数取采用樊纲，王小鲁等：《中国各地区市场化相对进程报告（2011）》中2007～2009年市场分配资源比重的平均指数来代替，而交易额则采用表3－11中数据。

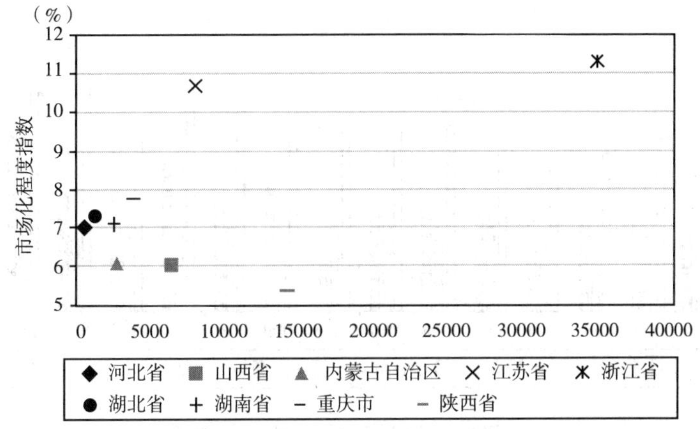

图 3-20 排污权交易试点省市市场化程度与交易额比较散点

在试点省市中，浙江省和江苏省的市场化程度远远领先于其他省市，同时其排污权交易规模也相对较高。

第五节 影响环境治理手段绩效的有关因素

一、污染物类型和分布

(一) 污染物类型和分布情况

污染物作为环境治理的对象，其分布和类型对环境治理手段的选择有着十分重要的影响。根据常规的分类方法，污染物主要包括大气污染、水污染、固体废弃物污染和噪声污染。目前，我国对这四类污染物都采取收费制度。

造成水污染的废水排放主要有工业废水、农业废水和生活废水。如图3-21所示，从排放规模来看，2001~2014年，全国废水排放总量呈现上升趋势，其中，城镇生活污水上升速度较快，工业废水自2007年以来呈现下降趋势；从排放结构来看，工业废水所占比例小于城镇生活污水，但我国对废水排放的治理还主要集中于工业废水。

大气污染主要是由含氮氧化物、氨氮、二氧化硫等物质的排放造成的。如表3-10所示，我国工业废气排放量处于连年递增的状态，2013年的总排放量达到了669361亿立方米，严重超过了环境承载程度。但烟（粉）尘排

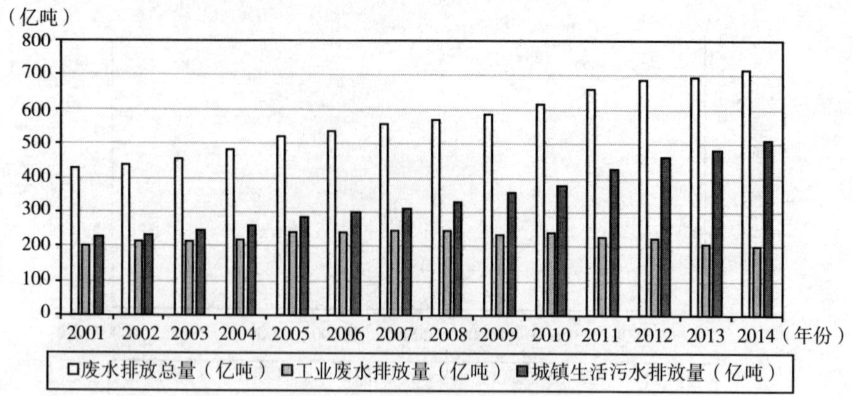

图 3－21　2001～2014 年全国废水排放规模及结构

资料来源：2001～2014 年《全国环境统计公报》。

放量则呈现出下降的趋势，与 2000 年相比，2013 年的排放量下降了将近 1 倍。

表 3－10　　2000～2014 年我国废气排放情况

年份	工业废气排放总量（亿立方米）	SO_2 排放总量（万吨）	烟（粉）尘排放量（万吨）
2000	138145	1995.1	2257.4
2001	160863	1947.2	2060.5
2002	175257	1926.6	1953.7
2003	198906	2158.5	2069.8
2004	237696	2254.9	1999.8
2005	268988	2549.4	2093.7
2006	330990	2588.8	1897.2
2007	388169	2468.1	1685.3
2008	403866	2321.2	1486.5
2009	436064	2214.4	1371.3
2010	519168	2185.1	1277.8
2011	674509	2217.9	1278.8
2012	635519	2117.6	1235.8
2013	669361	2043.9	1278.1

资料来源：2014 年《中国环境统计年鉴》。

固体废弃物按来源可分为工业、农业、商业和生活废弃物，其中工业废弃物是目前环境治理的重点。2000～2013年全国工业固废产生和综合利用情况见图3－22。

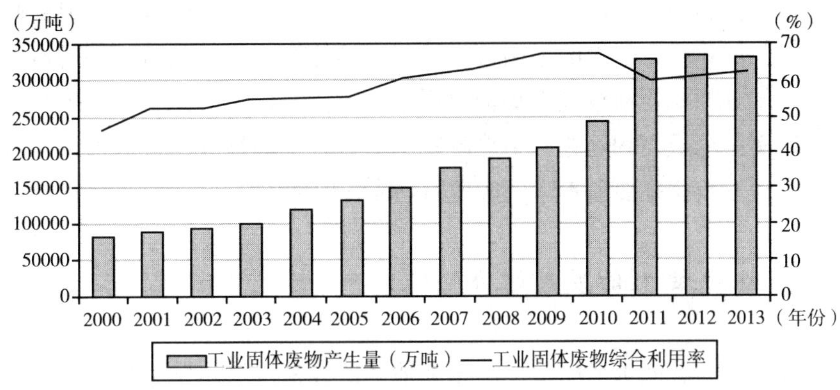

图3－22　2000～2013年全国工业固废产生和综合利用情况

资料来源：2014年《中国环境统计年鉴》。

（二）污染物类型与分布对环境治理手段选择的影响

就环境税费而言，其适用范围十分广泛，对固体废弃物、废水、废气、噪音等均可以征税①。首先，环境税费对污染物类型选择的要求较为宽松，四种类型的污染物均可征收环境税费。其次，环境税费对污染物的分布要求也较低，只要在技术上可以进行量化的污染物，均可征收环境税费。OECD国家已基本形成了完善的环境税费体系，其成员国大多选择五种以上的税进行组合征收，并且芬兰、瑞典、挪威等北欧国家开征的环境税超过了八种。

就排污权交易而言，对于那些污染呈现出跨区域特征，但是环境污染与污染源分布状况并不十分密切的污染物，如温室气体的排放、酸雨以及臭氧层破坏等，可以实施排污权交易制度。如果污染具有强烈的跨区域性，且污染源的分布状况对污染状况影响很大，排污权交易制度应用的效果就不太好，应考虑采用其他的污染治理措施。② 另外，排污权交易只能在同类污染物之

---

① 噪音税有两种：一是固定征收，如美国规定，对使用洛杉矶等机场的每位旅客和每吨货物征收1美元的治理噪音税，税款用于支付机场周围居民区的隔离费用；二是根据噪音排放量对排放单位征收，如日本、荷兰的机场噪音税就是按飞机着陆次数对航空公司征收。

② 吴志良：《排污权交易制度悖论——兼论我国排放控制制度的改革与完善》，2003年武汉大学环境法研究所基地会议，2003年。

间进行，无法在不同的污染物之间进行：如二氧化碳排放指标无法同二氧化硫排放指标进行交易；排放到大气中的二氧化硫也无法同造成水污染的污染物排放指标进行交易。

就命令控制型手段而言，其受污染物类型和分布的影响较小，但受政府之间管辖区域和政府层级的影响较大。不同的地方政府对其所管辖的事务有明显的区域分割，管辖范围有地域界限。环境治理涉及国家层次、区域层次和地方层次三个层面的问题。中央政府主要负责全国性和跨区域性的环境管理事务，地方政府主要负责本辖区内的环境管理事务。

二、环境技术的发展水平

环境技术的发展水平同整个国家和地区的经济发展水平密切相关，一般来说，经济发展水平和市场化程度越高的地区，其环境技术的发展水平也较高。从环境治理的两种思路来看，科斯思路和庇古思路对环境技术的发展水平都有其各自的要求。

排污权交易有效的前提是污染物总量能够得到有效控制。如何在污染物相互关联、相互漂移、相互影响的前提下，准确地计算出一定范围内地区的区域环境容量，是全国各环境保护部门亟待解决的问题，对环境监测控制技术的要求也要严格得多。排污权交易制度的顺利实施需要一系列的技术支撑和配套措施，其中，环境监测技术是重要的技术保证。例如，美国依靠年度调整系统、许可证跟踪系统和排污跟踪系统对二氧化硫的排污权交易市场进行保障。[①] 其二氧化硫排污权交易制度的实施要以排污跟踪系统作为硬件前提，该系统要求各排污权交易主体安装连续监测装置，且必须处于连续运作的状态。[②]

就环境技术与环境税费手段的关系来说，由于企业生产产量与污染物排放量之间存在相关关系，若以排污企业的产量为征收税费的依据，对政府征收的技术要求较低。但若是以污染物的排放量作为计税依据（二氧化硫税和水污染税多采用该类征收办法），必须准确核定污染物排放量，相应的监测

---

① 韩兴旺：《修改环境保护基本法完善排污权交易市场制度》，2007 年全国环境资源法学研讨会。

② 宋国君、刘帅、马本：《关于排污权交易问题的思考》，《中国环境报》，2012 年 1 月 13 日，第 2 版。

成本和技术要求也较高。

三、环境产权的界定情况

有效的产权应该具备排他性、明确性、可实施性和可转让性①，清楚的权利界定是市场交易的先决条件②。因此，产权的界定程度是选择环境治理思路的重要依据，也是影响环境治理手段选择的重要因素。

（一）环境产权的明晰程度

环境产权涉及一系列影响资源利用的权利，某一行为主体对环境资源拥有的所有权、占有权、使用权、收益权以及处分权等各种权利就构成其环境产权。③ 明晰的产权制度应做到以下几点：第一，有明确的环境产权主体，也就是明确谁拥有、谁使用这一环境资源，即界定产权是国有、共有还是私有。第二，必须恰当的安排产权要素的不同组合④，明确所有者和使用者的权利和责任。第三，需要建立市场规则，完善产权制度的实施环境。环境产权的明晰程度可以通过以上几个方面进行衡量。明晰的环境产权是排污权交易顺利实施的前提。而在我国，排污者的排污权是由环境行政主管部门颁发的排污许可证来认证，只是一种行政权力，环境产权的明晰和完整度还有待提高。

环境税费遵循"污染者付费"原则，其有效课征的前提是明确的污染排放源头和主体，条件相对比较宽松，且可使用强制性的手段实施，对环境产权清晰界定的要求较低。

（二）环境产权的行使权对环境租金分配的影响

环境产权的明晰程度影响着环境政策的有效性，而环境产权的行使主体同样通过影响环境租金的分配来影响环境资金的使用效率。在现实社会中，自然资源产权往往具有多种形态：国有产权、共有产权以及私有产权⑤。

---

① 左玉辉：《环境经济学》，高等教育出版社 2003 年版，第 344 页。

② Coase, Ronald. The Federal Communications Commission, Journal of Law and Economics, 1959, pp. 1 - 40.

③ 蓝虹：《环境产权经济学》，中国人民大学出版社 2005 年版，第 75 ~ 76 页。

④ 包括不同时间长度、不同内涵和不同利益分享方式。

⑤ 吴健：《排污权交易——环境容量管理制度创新》，中国人民大学出版社 2005 年版，第 116 ~ 117 页。

在环境税费制度中，容量资源的初始产权并不属于排放者或受害者，而是属于国家。可以说，庇古税顺利实施的基础是环境资源的产权合一，即环境资源的产权全部属于国家，意味着国家在兼行四重职能①的同时，也独享所有权、支配权、占有权和使用权的全部利益。

在环境资源为国家所有的产权框架内，在环境资源所有权归国家所有的基础上，可以将环境资源的收益权和使用权等权利继续分割，包括权能的分解和利益的分割。总体来讲，产权演变呈现出了从产权统一向产权分割的趋势，且产权分割的细致程度随社会经济发展的加快而提高②。而排污权交易制度则体现了环境产权的可分割性。在排污权交易制度中，通过国家授权于各个体单位，明确了容量资源的私有产权，并形成了产权流通的机制，资源使用者以追求容量资产价值最大化为目的进行交易，通过产生价格引导容量资源流向价值最大化的用途，进而使资源配置达到最优。因而，环境资源产权的明确私有化是排污权交易制度的一个重要前提。在这种情况下，与环境税费不同，排污权交易制度的产权使用者通过相互间的排污权交易，推动环境租金在排污者之间的分配，进而促使资源租金流向污染治理成本低的企业，通过市场机制完成环境租金的分配。

四、环境管理体制

环境管理体制作为国家环境治理的核心，决定着环境治理手段的选择和治理绩效。我国目前实行的环境管理体制可以概括为“统一监督与分级、分部门监督管理相结合”的体制，同行政区划一致，体现出明显的“条块分割”的特点。

（一）不同级次政府间的职责划分

2015 年 1 月 1 日起施行的《环境保护法》规定，国务院环境保护主管部门负责监督管理全国的环境保护工作，地方政府负责各自区域的环境保护工作。③

可以看出，我国的环境治理主体呈现出中央和地方的二元化特征，政府

① 包括狭义的所有者职能、支配者职能、占有者职能和使用者职能。

② 黄少安：《产权经济学导论》，山东人民出版社 1995 年版，第 20 页。

③ 《中华人民共和国环境保护法》（2014 年修订，自 2015 年 1 月 1 日起施行），第一章第十条。

的环境保护职能被分解到中央政府和地方政府，具体执行主体主要包括国家环境保护部、区域监察中心和各县级以上的环境保护主管部门。在这种模式下，中央政府更加注重整个社会的利益，并积极督促地方政府履行其环境保护的责任。而地方政府作为独立的利益个体，更多地体现了其自身的利益，往往更加注重经济增长而忽视环境保护，形成严重的地方保护主义，与中央环境目标相悖而驰。

2015 年 11 月，十八届五中全会公报明确提出，实行省以下环保机构监测监察执法垂直管理。而推进环境监测监察执法的垂直管理，就旨在解决环境治理的条块分割问题。

（二）不同区域间政府的协调管理

新《环境保护法》第 6 条规定："地方各级人民政府应当对本行政区域的环境质量负责。"[①] 表明目前我国所实行的环境管理体制是以行政区域划分为基础的属地管理体制，这一规定是基于便利和效率的原则来制定的，因为地方政府掌握了更多的本地环境信息，提供当地的公共物品更具效率。

但上述规定同样存在一些问题，由于环境问题存在明显的区域外溢问题，而各地方政府只需要对本辖区内的环境质量负责，对于一些跨区域的污染问题难以在各地方政府间协调。尤其当可以通过转移污染获得本地发展优势时，地方政府的动机更强，造成"放任不管"和"明知故犯"的局面。这种地方保护主义的存在严重影响了环境治理的效果。

尽管我国现在已经设立了一些区域性的环境管理机构，如七大流域的流域水资源保护局，但由于其直接受水利部和环境保护部的指导，缺乏地方政府的参与，因此在实际工作中并未起到实质的作用。另外，亦有一部分地方政府自发组建了跨区域的环境管理合作机构，如京津冀、长三角、珠三角的区域管理合作，由于充分体现了地方政府的意愿和需求，在推动区域环境治理上取得了初步的成效。但这种基于自愿的合作方式在面对重大的利益冲突时，可能会因为分歧过大而受阻。2015 年 9 月国务院印发的《生态文明体制改革总体方案》[②] 提出，应建立跨流域、跨区域的监管机构，如何建立一个区域间合作的制度保障，是推进跨区域环境管理合作的核心和基础。

---

① 《中华人民共和国环境保护法》（2014 年修订，自 2015 年 1 月 1 日起施行），第一章第十条。
② 《生态文明总体改革方案》（2015 年 9 月 11 日中共中央政治局审议通过）。

（三）不同职能部门间的权限划分

基于环境保护工作的特殊性与复杂性，环境保护需要统计协调管理和分部门协作相结合的管理体制。在我国现行的环境管理体制中，环境管理的职能不只是由环境保护部门行使，而是划分到了多个职能部门中，包括水利、国土资源、农林、渔业、发改委、城乡建设等部门，但由于环境保护部门与其他部门之间尚未建立起有效的沟通合作机制，在一定程度上影响了环境政策工具的实施效果。

首先，环境保护部门与其他决策部门之间存在一定的利益冲突。在我国各个级次政府的职能部门中，环境保护部门往往处于弱势地位，一是因为其行为与地方政府追求 GDP 最大化的目标不符，二是因为其财权和人事权均由地方政府掌控，致使其自身的独立性受到很大的影响，只能听令于地方政府，因而在我国环境保护部门往往成了地方排污企业的保护伞。

其次，环境保护部门与其他环境管理事务相关的部门之间的职能冲突。现行环境管理体制中，与环境管理相关的事务由多个部门负责，如林业部门负责森林保护、生物多样性，国土资源部门负责土地和矿产资源的管理，交通部门负责汽车尾气排放管理等，环境保护职责分散，在环境规划、监测、保护、纠纷处理等职能方面存在严重的重叠和交叉现象。这种情况下，容易导致部门间相互推诿责任，环境治理手段执行效率低下。

本章小结

本章主要对我国现行的环境治理手段进行了描述和分析，并探讨了影响环境治理手段绩效的相关因素。

第一，命令控制型的环境治理手段。首先，按照命令控制型手段的作用时间，将其分为事前控制、事中控制和事后控制的手段。事前控制，包括环境规划、环境影响评价制度和“三同时”制度。事中控制，包括污染物排放总量控制制度。事后控制，包括污染物限期治理制度和环境行政处罚，并从历史演进、政策目标和实施现状的角度，对每种手段进行分析。其次，从环境立法和管理能力两个角度，分析了地方政府应承担的具体职责。

第二，环境保护财政支出手段。首先分析了我国环保财政支出预算科目设置的概况，其次分析了环保财政支出的规模和结构，并探究了其支出的区域差异，发现环境保护财政支出占地方一般预算支出的比重和环境保护财政支出占地区生产总值的比重，均表现为“西部最高、东部最低”的现象。最后，分析了地方政府环境保护支出的预算管理现状，提出我国仍存在环保事权划分原则有待优化、法律体系中未对环境保护事权做出明确的划分和环境保护事权与财力不匹配的问题。

第三，环境税费手段。首先，介绍了我国现行的环境税费体系，包括融入型的环境税收制度和排污收费制度。其次，分析了现行环境税费手段存在的问题，如现行融入型环境税收政策存在着调节面窄、力度弱、税收优惠缺少针对性等问题，而排污收费制度存在着收费标准偏低、开征范围不够全面、排污收费征管的力度不足的问题。

第四，排污权交易手段。首先介绍了我国排污权交易制度的发展历程，随后分析了现行排污权交易制度存在的问题，包括地方政府职能有待规范、交易过程中存在地方保护主义、各地交易活跃程度差异较大等问题。

第五，影响环境治理手段绩效的有关因素。分析了各类因素对环境治理手段选择和实施效果的影响。一是污染物类型和分布，环境税费、政府管制和补贴受污染物类型和分布的影响较小，排污权交易制度对污染物的类型有一定的限制。二是环境技术的发展水平，排污权交易制度的推行需要一系列配套措施和技术的支撑。三是环境产权的界定情况，发现环境产权的明晰程度影响着环境政策的发挥，且其行使者影响着环境租金的分配。四是环境管理体制，环境管理权力在不同政府级次、不同区域间政府和不同职能部门间的划分和协调，影响着环境治理手段的实施效果。

第四章　地方环境治理手段的减排效应

本章主要通过计量模型，依次检验地方环境保护财政支出、环境税费以及排污权交易三种环境经济手段的减排效应。首先对环境保护财政支出的环境保护效应进行实证分析，并引入EKC模型，对经济增长、节能环保财政支出与污染排放的关系作了进一步讨论。其次从全国范围和分地区两个视角，检验排污费收入及排污费补助的减排效应，并探究其减排效果的区域差异及成因。最后则运用双重差分法，评估了中国2007年以来实施二氧化硫排污权交易制度的政策效果。

第一节　环境保护财政支出的减排效应

本节将从定量分析的角度，研究我国环境保护财政支出的减排效应。具体实证分析将包含两个部分：第一部分是运用2007～2013年我国30个省份的省级面板数据，构建面板模型，以检验环境保护财政支出对环境质量的作用；第二部分将在前一部分的基础上，引入环境库兹涅茨曲线，研究经济增长与环境污染之间的关系，得出污染物排放与人均GDP之间关系的曲线，并将节能环保财政支出作为控制变量，研究节能环保财政支出是否有效改善了环境质量。

一、数据说明及实证方法

（一）变量选取与数据来源

1. 变量的选取

为了研究地方政府财政支出政策对环境质量的影响，结合数据的可得性，选择如下指标：选择本地处置后排放强度（*dpop*）作为衡量环境质量的指标，同时也是被解释变量；选取节能环保财政支出（*ee*）占地区生产总值（*gdp*）的（*eegdp*）作为衡量地方政府环境保护财政支出规模的指标；选取人口规模（*rkgm*）和全社会固定资产投资（*gdzc*）作为控制变量。相关变量具体说明如下：

（1）被解释变量。本地处置后排放量（*dpo*）是经济系统物质流（EW-MFA）中的一个指标，核算期内消耗的物质，通过系统边界返回自然环境中的废弃物和排放物。[①] 经济系统物质流核算方法最早于1995年由Wernick G.和Aushel提出，随后Matthews等（2000）运用并分析了五国的输出流。目前，EW-MFA框架广泛运用于欧盟国家的环境核算中，是研究循环经济的科学方法。

因此，选取本地处置后排放量（*dpo*）和本地处置后排放强度（*dpop*），作为衡量污染排放的指标，同时也为被解释变量 y_{it} 。本地处置后排放量的核算方法如式（4-1）所示。

$$\text{本地处置后排放量} = \text{废弃物排放} + \text{产品浪费及损失} = \text{工业}SO_2\text{排放量} + \text{工业粉尘排放量} + \text{工业烟尘排放量} + \text{工业废水排放量} + \text{工业固体废弃物产生量} \quad (4-1)$$

被解释变量本地处置后排放强度如式（4-2）所示。

$$\text{本地处置后排放强度}(dpop) = \text{本地处置后排放量}/\text{地区人口规模} \quad (4-2)$$

（2）解释变量。鉴于2007年我国才开始将节能环保支出作为类级别科目，在一般公共预算支出决算表中予以公开。又由于预算公开程度仍待提高，项级别支出无法获得，故选取节能环保财政支出（*hbzc*），以及节能环保财政支出占地区生产总值的比重（*eegdp*）作为解释变量 x_{it} 。假设节能环保财政支出与工业污染物的排放，呈现负相关关系，节能环保财政支出解释变量的系数符号为负。

（3）控制变量。除了节能环保财政支出影响环境质量外，还存在其他影响环境质量的因素，一并归入控制变量。

---

① 王亚菲：《城市化对资源消耗和污染排放的影响分析》，《城市发展研究》，2011年第3期。

地区经济发展水平用地方政府人均 GDP（*rjgdp*）表示。根据环境库兹涅茨曲线，经济发展处于较低水平时，污染排放随着经济发展水平的提高而提高；而当经济发展水平越过一个“临界值”之后，随着经济的发展，污染排放会随之下降，污染排放与经济发展之间呈现倒 U 形的关系。因此，经济发展水平对环境质量的影响是不确定的，需要通过回归进一步分析。

人口规模（*rkgm*）用年末地区人口数指标衡量。通常，人口规模越大，人类活动越频繁，污染排放水平越高。

全社会固定资产投资（*gdzc*）采用各地区全社会固定资产的投资额进行衡量。通常经济增长会随固定资产投资水平的提高而加快，相应污染排放也越多。

综上所述，地方政府环境保护财政支出的指标体系如表 4－1 所示。

表 4－1　地方环境保护财政支出相关指标

	变量名	符号	说明
被解释变量	本地处置后排放量	*dpo*	也是废物产生量，主要包括国内生产、消费环节的废物（不含循环利用的部分）
	本地处置后排放强度	*dpop*	本地处置后排放量/地区年末人口数
解释变量	环境保护财政支出	*hbzc*	地方一般公共预算中实施环境保护职能相关的财政支出
	环境保护财政支出/GDP	*eegdp*	地方节能环保财政支出/地区生产总值
控制变量	人均地区生产总值	*rjgdp*	一个地区核算期内（一年）实现的地区生产总值与同时期该地区常住人口相比进行计算
	人口规模	*rkgm*	分地区年末人口数
	全社会固定资产投资	*gdzc*	全社会固定资产投资完成额

2. 数据来源

本节使用的数据主要来自各年份的《中国环境统计年鉴》《中国统计年鉴》、国家统计局网站与中经网数据库。历年 GDP 平减指数的数据来自世界银行网站。由于节能环保支出从 2007 年才开始公布，同时西藏自治区的污染物排放数据缺失较为严重。因此，本节的面板数据截取了 2007 ~ 2013 年，除西藏外 30 个省份的样本进行分析。各个变量的描述性统计分析结果见表 4－2。

表 4－2　　　　变量描述性统计

变量	数量	均值	标准差	最小值	最大值	单位
dpo	210	85508.33	67724.69	5998.21	276293.30	万吨
dpop	210	18.87885	9.281777	2.61791	48.83584	万吨/万人
eegdp	210	0.0077549	0.0056234	0.0008405	0.0317841	万元
rkgm	210	4428.105	2659.548	552.00	10644	万人
gdzc	210	5815.275	4150.687	368.5824	21539.29	亿元
rjgdp	210	22495.47	11784.27	5278.626	58317.91	元

（二）模型设定与估计方法

1. 模型的设定

实证过程分为三步：第一步，检验地方政府节能环保财政支出是否使污染排放减少；第二步，引入环境库兹涅茨曲线分析经济发展水平与环境质量间的关系；第三步，引入财政支出这一控制变量，分析节能环保财政支出是否改变了经济发展水平与环境质量之间的关系。

第一步，财政支出与环境质量间的关系。为了研究财政支出与环境质量间的关系，本文选用了如下面板数据固定效应模型或随机效应模型。固定效应模型如式（4－3）所示，随机效应模型如式（4－4）所示。

$$y_{it} = z_{it}\beta + \alpha_i + \delta Control_{it} + \mu_{it} \tag{4-3}$$

$$y_{it} = X'_{it} + \alpha + \delta Control_{it} + \varepsilon_i + \mu_{it} \tag{4-4}$$

第二步，引入环境库兹涅茨曲线，估计经济增长与环境质量之间的关系。David Stem（2002）提出的标准 EKC 回归方程，他基于假设在不同国家或地区收入弹性相同，设立标准 EKC 曲线方程如式（4－5）所示：

$$\ln(E/P)_{it} = \alpha_i + \gamma_t + \beta_i \ln(GDP/P)_{it} + \beta_2 (\ln(GDP/P))_{it}^2 + \varepsilon_{it} \tag{4-5}$$

其中，E 是污染物排放量，P 表示人口数量，i 表示不同的国家或地区，t 表示年份。

借鉴 David Stern（2002）的标准 EKC 曲线方程，将模型如式（4－6）所示。

$$y_{it} = \alpha_i + \beta_1 x_{it} + \beta_2 x_{it}^2 + \beta_3 x_{it}^3 + \delta Control_{it} + \mu_{it} \tag{4-6}$$

第三步，加入控制变量节能环保财政支出比重（*eegdp*），估计节能环保财政支出对环境库兹涅茨曲线的影响，模型如式（4－7）所示。

$$y_{it}=\alpha_i+x_{it}\beta_1+x_{it}^2\beta_2+x_{it}^3\beta_3+z_{it}\beta_4+\delta Control_{it}+\mu_{it} \quad (4-7)$$

环境库兹涅茨曲线形状的判断根据一系列的标准，上述公式中 y_{it} 表示污染物的人均排放量，α_i 为系数向量，表示人均GDP。若 $\beta_1>0$，$\beta_2<0$，$\beta_3=0$ 曲线为倒U形，拐点满足 $x_{it}=-\beta_1/2\beta_2$ 条件时的 t 值；若 $\beta_1<0$，$\beta_2>0$，$\beta_3=0$ 曲线为正 U 形；若 $\beta_1<0$，$\beta_2=0$，$\beta_3=0$，随 x_{it} 的增加而线性减少，即环境污染程度呈线性下降；若 $\beta_1<0$，$\beta_2>0$，$\beta_3<0$，曲线呈倒N形；若 $\beta_1>0$，$\beta_2<0$，$\beta_3>0$，曲线呈正N形。若 $\beta_1<0$，$\beta_2=0$，$\beta_3=0$，y_{it} 随 x_t 的增加而线性增加，即环境污染程度线性上升，环境质量线性下降。若 $\beta_1=\beta_2=\beta_3=0$，$y_{it}$ 与 x_{it} 之间不存在因果关系。

2. *估计方法说明*

本节采用的是静态面板模型，较常用的模型形式有两种，即随机效应与固定效应。二者的区别在于误差项与解释变量是否存在相关，前者认为是相关的，后者则认为不相关。通常采用F检验与Hausman检验两种方法来确定模型形式。

（1）固定效应检验：F检验。个体效应是建立在个体间（组间）差异明显，但是特定个体（组内）不存在时间序列差异的假设之上。如果，个体间（组间）没有明显的差异，那么可直接对混合数据进行OLS估计。“F检验”是通过考察个体效应的显著性，从而鉴别模型是否应采用固定效应形式的一种方法。原假设为个体效应不显著，即有如下关系成立：

$$H_0:\alpha_1=\alpha_2=\alpha_3=\cdots=\alpha_n$$

F统计量被用来检验个体效应不显著是否成立，F统计量为：

$$F=\frac{R_u^2-R_r^2}{(1-R_r^2)/(nT-n-K)}\sim F(n-1,nT-n-K) \quad (4-8)$$

其中，u 代表的是固定效应模型；r 代表的是混合效应模型，仅有一个公共的常数项。

（2）随机效应检验：LM检验。Breusch 和 Pagan（1980）基于最小二乘法估计的残差，构造LM（lagrange multiplier，拉格朗日乘数）统计量，LM检验原假设为：

$$H_0:\sigma_\alpha^2=0 \, v.\, s.\, H_1\neq 0 \quad (4-9)$$

相应的检验统计量为：

$$LM = \frac{nT}{2(T-1)}\left[\frac{\sum_{i=1}^{n}\left[\sum_{t=1}^{T}\theta_{it}\right]^2}{\sum_{i=1}^{n}\sum_{t=1}^{T}\theta_{it}^2} - 1\right]^2 \tag{4-10}$$

该检验的原假设为，LM 统计量服从 1 个自由度的χ^2 分布。如果拒绝这一假设，即说明随机效应是存在的。需要说明的是，即便该检验假设模型的设定是正确的，即与解释变量不相关，这一假设是否正确还需要作出进一步的检验。

（3）Hausman 检验。Hausman 检验通常用于具体操作中判断回归方程的模型形式，考察个体效应和解释变量二者是否存在相关性，从而确定是采用的模型形式。因此，想要了解哪个模型更为有效，就可以采取固定效应 α_i 与模型中解释变量之间相关性的检验加以判别。Hausman 检验原假设：

H_0：U_i 与 X_{it}，Z_i 不相关

原假设成立采用随机效应模型比固定效应模型更有效。但是，如果原假设不成立，则不应采取随机效应。Hausman 检验的统计量为：

$$h = (\hat{\beta}_{RE} - \hat{\beta}_{FE})'(Var\hat{\beta}_{FE} - Var\hat{\beta}_{RE})^{-1}(\hat{\beta}_{RE} - \hat{\beta}_{FE}) \tag{4-11}$$

如果这一统计量大于临界值则拒绝原假设。

二、地方政府节能环保财政支出减排效果实证结果

运用 EViews7.2 和 Stata13.1 软件，对数据进行回归分析与处理。重点考察节能环保财政支出与污染减排（本地处置后排放量）之间的关系。

首先，选择本地处置后排放量作为衡量环境质量的指标。为了剔除人口等因素的影响，选择本地处置后排放强度作为衡量污染减排的指标。

（一）面板单位根检验结果

为了检验式（4－3）和式（4－4）的平稳性，需要对式子中的各个变量进行单位根检验。目前，检验面板数据单位根主要有不同单位根和相同单位根检验两大类方法。前者主要有 IPS（Im-Pesaran-Shin）检验、Fisher PP 检验以及 Fisher ADF 检验，后者主要有 LLC（Levin-Lin-Chu）检验与 Breitung 检

验。进行单位根检验时选用 HT 检验、Breitung 检验及 IPS 检验。检验结果如表 4－3 所示。

表 4－3　　　　单位根检验结果

变量	HT	P 值	Breitung	P 值	IPS	P 值
Ldpo（c，0，0）	0.3299	0.0000	1.0207	0.8463	2.2529	0.9879
Ldpo（c，0，1）	－0.4527	0.0000	－5.5785	0.0000	－3.0901	0.0010
Lhbzc（c，0，0）	0.6267	0.5101	3.9632	1.0000	－2.6990	0.0035
Lhbzc（c，0，1）	0.0146	0.0000	－2.8940	0.0019	－2.4701	0.0068
Lrjgdp（c，0，0）	0.8879	0.9999	8.3605	1.0000	0.1031	0.5411
Lrjgdp（c，0，1）	0.0054	0.0000	－0.6108	0.2707	－0.7871	0.2156
Lrkgm（c，0，0）	0.8606	0.9997	6.8121	1.0000	1.5151	0.9351
Lrkgm（c，0，1）	0.0052	0.0000	－3.1049	0.0010	－1.1715	0.1207
Lgdzc（c，0，0）	0.9017	1.0000	7.9313	1.0000	3.3683	0.9996
Lgdzc（c，0，1）	－0.0343	0.0000	－5.4364	0.0000	－2.7222	0.0032

注：（c，0，0）表示检验含有截距项，不含时间趋势项的水平检验；（c，0，1）表示一阶差分下的检验。

从表 4－3 可以看出，所有变量在一阶差分的情况下，均通过单位根检验，均为一阶单整，可进一步进行协整检验。

（二）协整检验结果

对于非平稳但同阶单整的时间序列，需要进行协整检验。该检验是为考察变量之间是否存在长期稳定的均衡关系。若通过协整检验，则方程回归估计得到的残差是平稳的，在此基础上得到的回归结果是较为精确的。面板数据协整检验方法，可分为以 Engle 和 Granger 二步法检验为基础和以 Johansen 协整检验为基础两大类，第一类具体又包括 Pedroni 检验和 Kao 检验[①]。Luciano（2003）运用 Monte Carlo 模拟检验分别对 Kao（1999）、Pedroni（2000）检验进行比较，说明当 T 较小（大）时，Kao 检验比 Pedroni 检验更高（低）的功效。[②] 在此采用 Pedroni 检验方法和 Kao 检验方法，结果如表 4－4 所示。

---

① 高铁梅：《计量经济分析方法与建模 EViews 应用及实例》，清华大学出版社 2009 年版。

② Luciano，G. On the Power of Panel Cointegration Tests：A Monte Carlo Comparison［J］. Economics Letters，2003，80.

表 4-4　　面板数据协整检验的结果（本地处置后排放量）

	变量名	Lhbzc	Lrkgm	Lgdzc	Lrjgdp
Pedroni 检验	*Panel v*	0.01916 (0.4924)	-4.2003 (1.0000)	0.6038 (0.2730)	101.8643 (0.0000)
	Panel rho	0.45458 (0.6753)	3.4114 (0.9997)	-0.1145 (0.5456)	1.74848 (0.9598)
	Panel PP	-7.08523 (0.0000)	-16.5176 (0.0000)	-10.4544 (0.0000)	-30.2633 (0.0000)
	Panel ADF	-16.4655 (0.0000)	-6.2644 (0.0000)	-19.0790 (0.0000)	-11.4942 (0.0000)
	Group rho	3.19055 (0.9993)	1.602198 (0.9454)	2.8735 (0.9980)	3.92789 (1.0000)
	Group PP	-6.3879 (0.0000)	-8.73434 (0.0000)	-10.3873 (0.0000)	-31.0978 (0.0000)
	Group ADF	-17.5228 (0.0000)	-6.2238 (0.0000)	-20.6251 (0.0000)	-10.7217 (0.0000)
Kao 检验	*ADF*	-4.1250 0.0000	-29.0173 0.0000	-28.7368 0.0000	-0.83676 0.2014

本书采用的样本量仅有 7 年，属于小样本。从表 4-4 可以看出，所有变量均通过 Kao 协整检验和 Pedroni 检验。本地处置后排放量与各自变量之间存在长期稳定关系，可进一步估计回归方程。

（三）回归结果与分析

本节采用 Stata13.1，根据式（4-3）和式（4-4）建立面板模型，对数据进行分析。回归重点考察节能环保财政支出与本地处置后排放量及排放强度之间的关系。首先，采用 F 检验验证模型形式，判定固定效应模型和混合效应模型二者哪一个更优。接着采用 LM 检验确定是否存在个体随机效应，最后用 Hausman 检验确定最终模型形式，回归方程为：

$$\ln dpo_{it} = \alpha_i + \beta_1 \ln hbzc + \beta_2 \ln rkgm + \beta_3 \ln rjgdp + \beta_4 \ln gdzc + u_{it} \quad (4-12)$$

由表 4-5 可知，对于模型 2，F 检验结果显示 F 值为 30.96，P 值为 0.0000，拒绝采用混合效应回归模型的原假设，故采用固定效应回归模型。对于模型 2，LM 检验结果显示 P 值为 0.0000，则拒绝原假设，即模型个体随机效应显著。进一步进行 Hausman 检验，检验结果为 Prob > chi2 = 0.3011，表示接受原假设，支持随机效应模型。综上所述，本地处置后排放量与节能环保支出的关系选择模型 3：随机效应模型。模型回归分析得到结果如表 4－5 所示。

表 4－5　　节能环保财政支出减排效果回归结果

变量名	模型 1	模型 2	模型 3
Lhbzc	−0.3372*** (−4.40)	−0.2128*** (−2.92)	−0.2414*** (−4.15)
Lrjgdp	−0.0581 (−0.51)	−0.2330 (−0.92)	−0.0744 (−0.41)
Lrkgm	0.7175*** (6.00)	0.7478 (1.14)	0.8835*** (5.63)
Lgdzc	0.5736*** (4.37)	0.3914** (2.52)	0.3337*** (2.69)
_cons	−0.5875 (−0.51)	0.8886 (0.17)	1.0556 (0.78)
sigma_u	—	0.4619	0.4475
sigma_e	—	0.2063	0.2063
rho	—	0.8337	0.8247
R-sq	0.7566	0.7330	0.7446
F	—	30.96 (0.0000)	—
模型	OLS	FE	RE

注：***、**、* 分别代表在 1%、5%、10% 的显著性水平显著。

根据模型 3 的回归结果，可以分析出，节能环保财政支出与本地处置后排放强度呈现负相关关系，并且系数在 1% 的水平上显著。节能环保财政支出占地区生产总值的比重每提高 1%，本地处置后排放强度减少 0.2414%。这说明，地方政府的环保投入，有效减少了污染排放，提高了环境质量。

控制变量方面，本地处置后排放强度随着人口规模每增加 1% 而增加 0.8835%。且系数在 1% 的水平上显著。说明随着人口规模的增加，人口增长为环境带来了压力，经济发展必须考虑环境承载能力，并避免环境质量进一步恶化。

本地处置后排放量与固定资产投资系数正相关，随着固定资产投资每增加1%，本地处置后排放量增加0.3337%。说明随着固定资产投资的增加，污染排放量也有所增加，环境质量恶化。

三、经济增长、污染排放与地方财政支出

（一）面板单位根检验结果

为了检验式（4-5）和式（4-6）的平稳性，运用Stata13.1对这些变量进行面板数据单位根检验。本书选用了HT检验、Breitung检验、IPS检验。具体检验结果见表4-6。

表4-6　　面板数据单位根检验结果

变量	HT	P值	Breitung	P值	IPS	P值
Ldpop（c，0，0）	0.3254	0.0000	1.8274	0.9662	2.2323	0.9872
Ldpop（c，0，1）	-0.4539	0.0000	-5.3754	0.0000	-3.0438	0.0012
Leegdp（c，0，0）	0.4329	0.0024	-0.7084	0.2393	-3.0617	0.0011
Leegdp（c，0，1）	0.1209	0.0000	-0.4830	0.3145	0.0137	0.5055
Lrjgdp（c，0，0）	0.8879	0.9999	8.3605	1.0000	0.1031	0.5411
Lrjgdp（c，0，1）	0.0054	0.0000	-0.6108	0.2707	-0.7871	0.2156
Lrjgdp2（c，0，0）	0.9703	1.0000	8.6462	1.0000	12.0334	1.0000
Lrjgdp2（c，0，1）	0.1647	0.0000	-0.3294	0.3709	-2.1045	0.0177

注：（c，0，0）表示检验含有截距项，不含时间趋势项的水平检验；（c，0，1）表示一阶差分下的检验。

从表4-6中可以看出，各变量均为一阶单整，所以可以排除序列的非平稳性，可进一步进行协整检验。

（二）面板协整检验结果

这里与上文相同，同样运用EViews7.2，选择Pedroni检验和Kao检验。两种检验的结果如表4-7所示。

表 4－7　　面板数据协整检验结果

检验名	变量名	Lrjgdp	$(Lrjgdp)^2$	Leegdp
Pedroni 检验	*Panel v*	3.6664 (0.0001)	3.4816 (0.0002)	3.4535 (0.0003)
	Panel rho	－1.3199 (0.0934)	－1.4510 (0.0734)	3.9613 (1.0000)
	Panel PP	－17.3642 (0.0000)	－18.8916 (0.0000)	－3.1908 (0.0007)
	Panel ADF	－2.7227 (0.0032)	－3.0999 (0.0010)	－2.5080 (0.0061)
	Group rho	1.5363 (0.9378)	1.4140 (0.9213)	5.8775 (1.0000)
	Group PP	－18.5896 (0.0000)	－20.4027 (0.0000)	－1.7074 (0.0439)
	Group ADF	－1.2094 (0.1133)	－1.6572 (0.0487)	－0.9661 (0.1670)
Kao 检验	*ADF*	－10.1769 (0.0000)	－10.5145 (0.0000)	－8.0439 (0.0000)

从表 4－7 可以分析出 Pedroni 检验和 Kao 检验结果均显示，所有变量均通过协整检验，本地处置后排放强度与各自变量之间存在长期稳定的协整关系。因此，可以进一步对模型进行回归估计。

（三）回归结果与分析

1. 污染排放与经济增长的关系

经济增长与污染排放之间的关系，长期以来是学者们关注的焦点。本书选用人均本地处置后排放量作为污染指标，选用环境库兹涅茨曲线二次模型。

如表 4－8 所示，对于模型 5，F 检验的 F 值为 28.23、P 值为 0.0000，强烈拒绝原假设，说明固定效应模型的回归估计结果更优，不同的个体应具有不同的截距项。进一步采用 LM 检验，LM 检验结果显示 Prob > chibar2 = 0.0000，强烈的拒绝原假设“不存在个体随机效应”，模型随机效应显著。最后，进行 Hausman 检验，Hausman 检验结果为 Prob > chi2 = 0.0000，表示拒绝原假设，支持固定效应模型。综上所述，检验经济增长与污染排放之间的关系选择模型5固定效应模型。

表4-8　　经济增长与污染排放的关系

变量	模型4	模型5	模型6
Lrjgdp	1.2593*** (7.18)	0.3185*** (2.61)	0.3929136*** (3.24)
$(Lrjgdp)^2$	-0.6592*** (-6.01)	-0.2206** (-2.33)	-0.2375** (-2.65)
_cons	2.4171*** (37.32)	2.7520*** (52.94)	2.7128*** (30.42)
sigma_u	—	0.4664	0.3993
sigma_e	—	0.2112	0.2112
rho	—	0.8299	0.7814
R-sq	0.2087	0.1245	0.1851
F	27.30 (0.0000)	28.23 (0.0000)	—
样本量	210	210	210
曲线形状	倒U形	倒U形	倒U形
模型	OLS	FE	RE

注：***、**、*分别代表在1%、5%、10%的显著性水平显著。

根据表4-8所示，人均GDP变量系数为正数，人均GDP变量平方项系数为负数。本地人均处置后排放量与人均GDP的关系呈倒U形，符合环境库兹涅茨曲线的形状。因此，可以对本地处置后排放量的拐点进行预测。回归方程如下：

$$ldpop = 2.7520 + 0.3185lrjgdp - 0.2206\,(lrjgdp)^2 \qquad (4-13)$$

对式（4-13）进行一阶求导，并令一阶导数值等于零：

$$\frac{dldpop}{dlrjgdp} = 0.3185 - 0.4412lrjgdp = 0 \qquad (4-14)$$

由式（4-14）得到拐点临界值：

$$Lrjgdp_{ldpop} = 0.7219$$

污染排放处于拐点时人均GDP值为20583元，即当人均GDP增长超过

20583 元时，污染排放随着经济增长而减少。

2. 加入节能环保财政支出比重后

在环境库兹涅茨曲线二次模型中，加入节能环保财政支出，考察环境保护财政支出对环境库兹涅茨曲线形状的影响。如表 4 -9 所示，F 检验结果显示，F 值为 26.66，P 值为 0.0000，强烈拒绝原假设，认为选择固定效应回归模型更加合适。LM 检验结果显示，Prob > chibar2 = 0.0000，强烈拒绝原假设“不存在个体随机效应”，认为随机效应显著。进一步进行 Hausman 检验，结果显示，Prob > chi2 = 0.0016，拒绝原假设，应选择固定效应模型。

表 4 -9　　加入节能环保财政支出变量后

变量	模型 7	模型 8	模型 9
Leegdp	-1.1881*** (-3.65)	-0.1116* (-1.91)	-0.1323** (-2.66)
Lrjgdp	1.1815*** (6.88)	0.3373** (2.77)	0.4137* (3.46)
$(Lrjgdp)^2$	-0.6868*** (-6.43)	-0.1749* (-1.80)	-0.2140** (-2.41)
_cons	1.5341*** (6.13)	2.1393*** (6.58)	2.0092*** (7.21)
sigma_u	—	0.4426	0.3996
sigma_e	—	0.2096	0.2096
rho	—	0.8168	0.7842
R-sq	0.2567	0.2198	0.2215
F	—	26.66 (0.0000)	—
样本量	210	210	210
曲线形状	倒 U 形	倒 U 形	倒 U 形
模型	OLS	FE	RE

注：***、**、* 分别代表在 1%、5%、10% 的显著性水平显著。

从表 4 -9 可见，加入节能环保财政支出比重变量后，节能环保财政支出变量系数为负值。这表示，随着环保财政支出占地区生产总值的比重上升 1%，本地处置后排放强度下降 0.1116%。说明地方政府环境保护财政支出规模越大，对污染减排的控制效果越好。因此，地方政府有必要加大环境保护方面的投入。

人均 GDP 的系数为正值，人均 GDP 平方项的系数为负值，表明经济增长与污染排放之间的关系仍呈现倒 U 形。经济增长与污染排放的关系仍然与 EKC 曲线吻合，进一步对环境库兹涅茨曲线的拐点进行分析。回归方程如下：

$$ldpop = 2.1393 - 0.1116Leegdp + 0.3373Lrjgdp - 0.1749\ (Lrjgdp)^2 \tag{4-15}$$

对式（4－15）进行一阶求导，并令一阶导数值为 0，求导结果如下：

$$\frac{ldpop}{lrjgdp} = 0.3373 - 0.3498lrjgdp = 0 \tag{4-16}$$

由式（4－16）得到拐点临界值：

$$lrjgdp_{ldpop} = 0.9643$$

污染排放处于拐点时人均 GDP 值为 $e^{0.9643} = 2.6230$ 万元。对比未加入节能环保财政支出变量时的环境库兹涅茨曲线，环境库兹涅茨曲线形状未发生变化，但是，曲线的拐点向右移动。说明地方环境保护财政支出，虽然降低了污染排放，但并没有改变经济增长与污染排放的关系。

第二节　环境税费手段的减排效应

由于以往我国实行的环境税收体系属于融入型，并未单独设立环境税，有部分学者便以一些具有环保性质的税种作为研究对象。虽然这些税种具有一定的环保性质，但是其起初的制度设计并非都是以环保为目标。鉴于此，本节仅就排污费的减排效应进行实证分析。

另外，从第三章的相关数据分析中，可以得知各区域在自 2004 年后，工业三废的排放量有了大幅度的下降。在这个下降过程中，征收排污费是否发挥了作用，如何发挥减排效应，不同区域排污费减排效应又是否存在差异。针对这些问题，本节采用构建计量模型的方式，首先就全国范围的排污费和排污费补助的减排效应进行实证分析；而后依据工业化水平和收入水平，对各省市进行区域划分，来探究各区域排污费的减排效应。

一、模型、变量设计与数据选取

（一）排污费减排作用机制

根据排污费减排的作用机制，排污费主要是通过作用于污染排放主体实施控制污染。意味着，排污费能否达到减少污染物排放的目标，主要取决于排污主体对排污费征收的敏感性。征收排污费的对象是工业企业，因此这里主要研究征收排污费如何作用于单个企业的减排行为。

理性的企业其经营行为会以衡量利润最大化为目标。因为排放污染而缴纳的排污费会增加企业的生产成本，企业为保持利润水平，会减少产量或采用更集约的生产方式实现减排。式（4－17）是工业企业的收益函数，企业的收益与产值 Q、污染物排放量 E、产品价格 p、排污费（税）征收标准 t 以及企业减排投入（污染治理技术水平）K 有关。如式（4－17）所示，产量提高，在固定的减排投入（污染治理技术水平）K 下，污染物排放量相应提高，在排污费的作用下，总收益未必增长。为了保持收益水平，企业可能会采取降低产量的方式。同时，企业也可以采取增加企业减排投入，提高企业污染治理水平的方式。如式（4－18）所示，若提高企业减排投入，生产一单位产值产生的污染物数量会减少（Q/E 变大），也会提高企业总收益。各变量的综合变动最终决定企业总收益的水平。

$$R(Q) = pQ - tE - K \tag{4-17}$$

$$Q/E = \alpha K \tag{4-18}$$

具体来看，排污费对于工业污染物具有双重减排作用。

1. 排污费的减排机制

在减排投入 K 不变的情况下，生产一单位产值产生的污染物数量相对稳定。排污费对企业的作用，是企业为保持利润水平催生的减少产量行为，排污费（税）征收标准 t 越高，产生的减产效果 Q 越大，减排效果 E 也越大。

2. 排污费补助的减排效果

企业减排投入 K 用于污染治理投资，购置更清洁高效的生产设备和污染物处理设备。减排投入增加，生产一单位产值产生的污染物数量会减少，企业基于收益最大化的原则，会权衡利弊，选择减少产量或者加大减排投入。

我国现行排污费收入纳入环境保护资金，并以排污费补助、贷款贴息的形式，鼓励企业加大减排投入，进而达到污染物减排效果。因此企业减排投入 K 中，体现了排污费补助水平。

（二）变量设计

1. 被解释变量

本节旨在研究排污费的减排效应，选取的环境评价指标分别为工业废水排放量（吨）、工业废气排放量（万标立方米）及工业固体废弃物排放量（千克）。为了排除工业产值增长对工业污染物排放的影响，这里采取相对指标来衡量环境质量，即选取每万元 GDP 工业废气排放量、每万元 GDP 工业废水排放量、每万元 GDP 工业固体废弃物排放量作为被解释变量。

2. 解释变量

为全面地研究排污费的减排效应，分别选择排污费收入总额 Fee 和排污费补助 Pb 作为解释变量。

（1）选择 2004～2013 年 30 个省份排污费收入总额 Fee 作为解释变量，征收排污费将会降低工业污染物的排放，预计排污费收入总额解释变量的系数符号为负。

（2）选择排污费补助金额 Pb 作为解释变量。由于《中国环境统计年鉴》中自 2011 年后未统计排污费补助金额这一指标，因此本章 2011 年、2012 年排污费补助金额通过合理估算得出。

通过观察历年排污费补助与工业污染治理投资的比值变化，发现该比值呈现下降趋势，到 2009 年和 2010 年比值趋于稳定。因此认为 2011 年和 2012 年排污费补助与当年工业污染治理投资的比值不变，利用 2011 年和 2012 年工业污染治理投资总额与 2010 年的该比值相乘，作为 2011 年和 2012 年排污费补助金额。

预计排污费补助总额解释变量的系数符号同样为负。

具体指标见表 4－10。

表 4－10　　模型变量

符号	含义	单位
FQ	每万元 GDP 工业废气排放量	吨/万元
FS	每万元 GDP 工业废水排放量	万标立方米/万元

续表

符号	含义	单位
FG	每万元 GDP 工业固体废弃物排放量	千克/万元
Fee	排污费收入总额	万元
Pb	工业污染治理投资中排污费补助金额	万元

(三) 估计模型与方法

选用我国2004～2013 年 30 个省份的面板数据，从污染物类别、区域差异的不同视角，对征收排污费的减排效果进行实证分析。具体的面板数据模型的表达式为：

$$FQ_{it} = C_1 + \beta_1 Fee_{it-1} + \gamma_1 Pb_{it-1} + \mu_{it} \quad (4-19)$$

$$FS_{it} = C_2 + \beta_2 Fee_{it-1} + \gamma_2 Pb_{it-1} + \mu_{it} \quad (4-20)$$

$$FG_{it} = C_3 + \beta_3 Fee_{it-1} + \gamma_3 Pb_{it-1} + \mu_{it} \quad (4-21)$$

式（4－19）、式（4－20）和式（4－21）尝试研究排污费对不同的污染物的减排效应。被解释变量 FQ_{it}，FS_{it} 及 FG_{it} 分别为各省份不同年份的每万元 GDP 废气排放量、每万元 GDP 废水排放量及每万元 GDP 固体废弃物排放量。解释变量 Fee_{it} 代表各省份不同时期的排污费收入总额，Pb_{it-1} 代表各省份不同时期排污费补助，其中 $i = 1,2,\cdots,N$ 表示个体成员，$t = 1,2,\cdots,T$ 表示时间跨度。考虑到排污费和排污费补助政策的减排效应有一段时间的作用过程，因此在实证分析中将排污费变量取滞后一期纳入模型。为避免不同变量的绝对值对模型估计可能造成偏差，对模型中所有变量均进行对数处理。

$$\ln FQ_{it} = C_1 + \beta_1 \ln Fee_{it-1} + \gamma_1 \ln Pb_{it-1} + \mu_{it} \quad (4-22)$$

$$\ln FS_{it} = C_2 + \beta_2 \ln Fee_{it-1} + \gamma_2 \ln Pb_{it-1} + \mu_{it} \quad (4-23)$$

$$\ln FG_{it} = C_3 + \beta_3 \ln Fee_{it-1} + \gamma_3 \ln Pb_{it-1} + \mu_{it} \quad (4-24)$$

本节实证分析方法的思路为：首先为考察面板数据的平稳性，进行单位根检验；接着进行 OLS 回归，量化被解释变量与解释变量之间的相关关系。所有的实证结果均由 EViews8.0 得出。

(四) 数据来源

考虑数据的可得性，选择除港、澳、台、西藏外我国 30 个省级行政区

2004～2013年工业废气排放量、工业废水排放量、工业固体废弃物排放量、各省市GDP数据、排污费收入总额、工业废气治理投资额中排污费补助总额，各指标数据来源于2004～2013年的环境公报、《中国统计年鉴》《中国环境统计年鉴》《中国环境年鉴》。

二、排污费减排效应实证研究结果

（一）面板单位根检验

由于面板数据同时包含时间和截面两个维度的信息，因此与时间序列类似，也可能存在单位根。若对非平稳的面板数据直接进行回归估计，极可能由于数据的问题，现实中不存在相关关系的变量，其回归结果则得出存在相关关系的错误结论，即伪回归。因此，在进行回归分析之前，需要对变量进行单位根检验。本文采用了三种单位根的检验方式，分别是ADF检验（ADF Fisher）、PP检验（PP Fisher）及LLC检验（Levin、Lin和Chu）来对变量的稳定性进行检验。

如表4－11所示，检验结果表示，排污费、每万元GDP工业废水排放量、每万元GDP工业废气排放量、每万元GDP工业固体废弃物排放量、排污费收入及排污费补助均为平稳序列，可以信赖回归分析的结果。

表4－11　　面板单位根检验结果

变量检验	ADF	PP	LLC
$\ln FQ_{it}$	97.4840*** (0.0000)	149.477*** (0.0000)	－6.43518*** (0.0000)
$\ln FS_{it}$	397.665*** (0.0000)	446.401*** (0.0000)	－24.3271*** (0.0000)
$\ln FG_{it}$	180.654*** (0.0000)	245.188*** (0.0000)	－9.07830*** (0.0000)
$\ln Fee_{it-1}$	179.374*** (0.0000)	287.295*** (0.0000)	－16.8310*** (0.0000)
$\ln Pb_{it-1}$	113.220*** (0.0000)	125.157*** (0.0000)	－10.9656*** (0.0000)

注：括号里的数值为各统计变量相应的概率值P，***、**、*分别代表在1%、5%及10%的水平下，拒绝存在单位根的原假设。

（二）实证分析结果

本章使用 EViews8.0 软件进行回归，重点研究征收排污费和排污费补助的减排效应（见表 4－12）。

表 4－12　　排污费、排污费补助对工业污染物减排效果实证结果

	工业废气	工业废水	工业固体废弃物
固定效应 C	10.4231*** (0.0000)	18.5009*** (0.0000)	25.514*** (0.0000)
排污费	－0.1185*** (0.0000)	－0.7878*** (0.0000)	－1.9247*** (0.0000)
排污费补助	0.0430*** (0.0000)	0.1075*** (0.0000)	0.3338*** (0.0000)
模型类型	FE	FE	FE
R^2	0.9082	0.8819	0.8253
F 统计量	85.5281*** (0.0000)	64.5333*** (0.0000)	40.8400*** (0.0000)

注：括号里的数值为各统计变量相应的概率值 P，***、**、* 分别代表在 1%、5% 及 10% 的显著性水平下显著。

从全国范围的估计结果来看，征收排污费对工业废气、工业废水及工业固体废弃物的系数均为负，存在不同程度的减排效果。其中，排污收费每上升 1 个百分点，每万元 GDP 工业废气排放量下降超过 0.1 个百分点，每万元 GDP 工业废水排放量下降约 0.8 个百分点，每万元 GDP 工业固体废弃物排放量下降约 2 个百分点。

能够看出，除工业固体废弃物弹性高于 1，排污费对其余两种工业污染物的弹性均小于 1，工业废气甚至只有 0.1。说明在当前的排污费征收标准下，排污费对工业废水、工业固体废弃物的减排效果很弱，缺乏弹性。究其原因，可从以下几个角度分析。

1. 排污费收费标准低

目前，排污费对工业废气、废水的征收标准过低。若企业通过更新设备、生产技术和方式的手段来降低“工业三废”排放量，需要投入巨额资金，同时运营过程中也需要较高成本。而排污费的征收标准远低于治理成本，使企业宁可缴纳排污费，也不愿意治理污染物。同时，为了补偿缴纳排污费减少

的收益，企业会继续采取粗放生产方式扩大生产，从而使污染排放量增加。

2. 排污费收费项目范围较小

全国范围排污费减排系数对排污费的弹性小，一定程度也反映了我国当前排污费收费项目范围较窄。由于排污费只对污染物中的一部分征收，减排效果也只涉及这一部分污染物，排污费对总污染排放量的影响，必然会呈现较弱的减排效果。这与我国现实情况相吻合，目前排污费收费项目仅限于废水、废气、固体废弃物、噪声四大类113项，采用的是正列举式的收费方式。有些不在列举名单中，但对于环境危害也较大的污染物（如有机挥发物、氟利昂等）就很难利用征收排污费减排。此外，排污费的计算方式，只选取排放量大的前三项，由于受当前监测、征管水平的限制，使排污费对遗漏的那部分污染物不能发挥减排作用。

3. 排污费补助政策未能发挥减排效果

排污费补助的实证结果显示，政府的排污费补助，对工业废气、废水和固体废弃物估计的系数显著为正，未能发挥减排作用。其主要原因可能是：补助主要用于环境监测设备，并不直接作用于污染减排。而且补助金额较小，因此未能有效发挥减排作用。

三、排污费减排效应的区域差异

从第三章的分析中不难发现，我国环境污染状况存在着显著的区域差异。我国的排污费制度，主要针对的污染物为工业“三废”及噪声，而且不同的省市，其排污费征收标准也并不一致。因此，排污费制度可能会因经济发展水平、产业结构等因素的不同，在不同区域发挥不同的减排效应。

1. 区域划分情况

（1）区域划分标准。在排污费减排效应区域差异的研究方面，过去多数学者都采用传统的东、中、西部的区域划分方式，忽略了同一区域各个地区经济发展和环境污染的状况。因此，为使研究结果更具科学性，此处将按照工业化水平、收入水平两个标准划分区域。

我国地域辽阔，区域发展水平差异显著，不同收入水平的区域环境质量差距较大，因此在进行区域环境状况研究时，收入水平应作为划分区域的一个标准。此外排污费主要针对工业化企业征收，对生活消费和第一、三产业不征，因此按各区域的工业化程度分组，更能体现排污费与环境质量的关系。

参考张成等（2011）[①] 的研究，按工业化率与收入水平两个指标把全国除西藏外30个省市分成四个区域：高工业化、高收入区域，高工业化、低收入区域，低工业化、高收入区域以及低工业化、低收入区域。其中，工业化程度参照科迪指标[②]，以工业增加值占地区生产总值的比重来衡量，为简化组别，将高于40%的地区划为高工业化率地区，低于40%的为低工业化地区。此外，因各个区域的工业化水平在不同年份具有一定的波动性，为防止以某一年工业化率定位带来的误差，利用样本年间的平均工业化率作为划分标准。收入水平则参照世界银行的标准，按照人均国民总收入对国家收入水平进行划分。世界银行将国家收入水平划分为，高收入、中等偏上收入、中等偏下收入和低收入四组。本报告为简化组别，将前两组归为高收入地区，后两组归为低收入地区。依据世界银行标准，两组收入界限有着逐年提升趋势，2005年为3595美元，2008年为3855美元，2010年为3975美元，2012年为4085美元[③]。

（2）区域划分结果。选取人均GDP作为指标，以2004年为基期，2004～2014年平均人均GDP按从大到小顺序排列。如表4－13所示，经过统计各省市2004～2014年人均GDP的平均值，发现排名第10名的福建省和排名第11名的吉林省GDP差距较大。同时参照在这期间，世界银行的收入划分标准，以福建省为分界点，将收入为前10名的省份归入高收入组，其余为低收入组。具体分组情况见表4－13。

表4－13　我国30个省市的人均GDP收入情况　单位：元

上海	北京	天津	江苏	浙江	内蒙古	广东
71574.18	69554.55	66630.82	48404.18	47528.82	41696.91	41534.64
辽宁	山东	福建	吉林	河北	重庆	湖北
38765.36	37668.29	36995	29175.73	26344	25921.73	25833.21
黑龙江	陕西	宁夏	新疆	山西	湖南	青海
25299.33	25213.82	24156.91	23984.91	23545.73	22767.18	22360.91

① 张成、陆旸、郭路、于同申：《环境规制强度和生产技术进步》，《经济研究》，2011年第2期。

② 陈佳贵、黄群慧、钟宏武：《中国地区工业化进程的综合评价和特征分析》，《经济研究》，2006年第6期。

③ How does the World Bank classify countries?，世界银行，https://datahelpdesk.worldbank.org/knowledgebase/articles/378834-how-does-the-world-bank-classify-countries。

续表

河南	海南	江西	四川	安徽	广西	云南
22322.85	22272.91	19815.09	19806.36	19180.22	18815.64	15463.09
甘肃	贵州					
15204.09	13000.18					

注：人均 GDP = GDP/常住人口数。
资料来源：2004 ~ 2014 年《中国统计年鉴》。

表 4 – 14　　按收入标准划分区域结果

区域划分	省市
高收入区域	天津、北京、山东、辽宁、浙江、江苏、内蒙古、广东、福建、上海
低收入区域	河南、黑龙江、吉林、重庆、湖北、甘肃、广西、山西、河北、陕西、湖南、青海、宁夏、新疆、海南、江西、安徽、广西、四川、云南

根据工业化程度进行的区域划分，选取工业化率（工业增加值/GDP）作为衡量工业化水平的标准，高于40%的为高工业化地区，低于40%的为低工业化地区。如表4 – 15 所示为我国 30 个省市的工业化率情况。以工业化水平标准划分的结果如表 4 – 16 所示。

表 4 – 15　　我国 30 个省市的工业化率情况

北京	河北	天津	内蒙古	山西	辽宁	吉林	上海	黑龙江
0.205	0.473	0.486	0.441	0.497	0.449	0.427	0.392	0.422
江苏	浙江	福建	安徽	江西	河南	山东	湖北	广东
0.473	0.460	0.431	0.408	0.411	0.494	0.488	0.401	0.452
湖南	广西	重庆	贵州	海南	四川	云南	陕西	甘肃
0.375	0.359	0.392	0.337	0.185	0.401	0.342	0.445	0.367
青海	宁夏	新疆						
0.428	0.384	0.382						

注：工业化率 = 工业增加值/GDP。
资料来源：2004 ~ 2014 年《中国统计年鉴》。

表 4 – 16　　按工业化标准划分区域结果

区域划分	省市
高工业化区域	河南、吉林、天津、内蒙古、黑龙江、江苏、浙江、山西、广东、福建、辽宁、安徽、湖北、河北、江西、陕西、青海、四川、山东
低工业化区域	北京、重庆、上海、湖南、海南、甘肃、云南、新疆、广西、贵州、宁夏

基于上述30个省市工业化程度和收入水平的划分结果，综合考虑两个标准，如表4-17所示，将我国30个省市划分为高工业化、高收入区域、高工业化、低收入区域、低工业化、高收入区域及低工业化、低收入区域4组。

表4-17　　　　我国30个省市分组情况

组别	个数	省市
高工业化、高收入区域	8	辽宁、内蒙古、江苏、浙江、天津、福建、广东、山东
高工业化、低收入区域	11	山西、青海、吉林、黑龙江、河南、湖北、四川、河北、陕西、江西、安徽
低工业化、高收入区域	2	上海、北京
低工业化、低收入区域	9	云南、甘肃、贵州、广西、宁夏、新疆、海南、重庆、湖南

分析分组结果，可以看出，高工业化、高收入组中除内蒙古自治区外，其余省市都是东部沿海省份；高工业化、低收入组主要包括工业发展程度尚可的中部省市；低工业化、高收入组是城市化程度较高、产业转型进程较快的一线城市；而低工业化、低收入组主要是西部欠发达省份。

2. 各区域排污费减排效应实证结果

（1）工业废气减排效应的区域差异。各区域排污收费和排污费补助对工业废气减排效应的估计结果见表4-18。

表4-18　　排污费、排污费补助对工业废气减排效果实证结果

	全国范围	高工业化、高收入区域	高工业化、低收入区域	低工业化、高收入区域	低工业化、低收入区域
固定效应 *C*	10.4231*** (0.0000)	12.6142*** (0.0000)	10.4220*** (0.0000)	6.64340*** (0.0035)	10.0599*** (0.0000)
排污费	-0.1185*** (0.0000)	-0.3126*** (0.0000)	-0.1094*** (0.0032)	0.1900 (0.3931)	-0.0368 (0.5351)
排污费补助	0.0430*** (0.0000)	0.0173 (0.3248)	0.0328 (0.0208)	0.0432 (0.1799)	0.0186 (0.3455)
模型类型	FE	FE	FE	FE	FE
R^2	0.9082	0.8979	0.8960	0.7643	0.9107
F 统计量	85.5281*** (0.0000)	68.3711*** (0.0000)	69.6805*** (0.0000)	17.2953*** (0.000028)	80.5728*** (0.0000)

注：括号里的数值为各估计量相应的概率值P，***、**、*分别代表在1%、5%、10%的显著性水平显著。

从表4－18的实证结果可见，排污收费对各区域的工业废气减排效果不同：对高工业化高收入区域减排效果最明显；其次是高工业化低收入区域；而对低工业化区域，不论收入高低，减排效果均不显著。具体来看，排污费每上升1个百分点，高工业化高收入区域工业废气排放量减少0.3个百分点，高工业化低收入区域减少0.1个百分点。

实证结果显示，无论在全国范围，还是分区域考察，排污费补助对工业废气均未起到减排作用。

（2）工业废水减排效应的区域差异。各区域排污收费和排污费补助对工业废水的减排效应估计结果见表4－19。

表4－19　排污费、排污费补助对工业废水减排效果实证结果

	全国范围	高工业化、高收入区域	高工业化、低收入区域	低工业化、高收入区域	低工业化、低收入区域
固定效应 C	18.5009*** (0.0000)	18.3237*** (0.0000)	19.4954*** (0.0000)	8.5574** (0.0166)	17.8746*** (0.0000)
排污费	－0.7878*** (0.0000)	－0.7548*** (0.0000)	－0.8524*** (0.0000)	0.0944 (0.7942)	－0.7481*** (0.0000)
排污费补助	0.1075*** (0.0000)	0.0915*** (0.0012)	0.0943*** (0.0000)	0.0761 (0.1526)	0.1229*** (0.0011)
模型类型	FE	FE	FE	FE	FE
R^2	0.881862	0.771623	0.920672	0.771194	0.684127
F统计量	64.5333*** (0.0000)	26.2789*** (0.0000)	93.8143*** (0.0000)	17.9761*** (0.000022)	17.1100*** (0.0000)

注：括号里的数值为各估计量相应的概率值P，***、**、*分别代表在1%、5%、10%的显著性水平显著。

实证结果显示，排污费对低工业化高收入区域减排效果不显著，而对其他三个区域均有显著的减排效果。其中，排污收费对高工业化高收入区域的减排效果最明显。而排污费补助未能发挥减排效果。

（3）工业固体废弃物减排效应的区域差异。各区域排污收费和排污费补助对工业固体废弃物减排效应的估计结果见表4－20。

实证结果显示，排污费对于高工业化高收入区域、高工业化低收入区域、低工业化低收入区域的工业固体废弃物都有较为显著的减排作用。具体来说，排污费每增加1%，高工业化、高收入区域每万元GDP工业固体废弃物会降低

表 4－20　排污费、排污费补助对工业固体废弃物减排效果实证结果

	全国范围	高工业化高收入区域	高工业化低收入区域	低工业化高收入区域	低工业化低收入区域
固定效应 *C*	25.5142*** (0.0000)	27.4695*** (0.0000)	39.7467*** (0.0000)	－14.1893*** (0.4126)	22.5666*** (0.0000)
排污费	－1.9247*** (0.0000)	－2.0836*** (0.0000)	－3.3189*** (0.0000)	1.939802 (0.3171)	－1.4629*** (0.0002)
排污费补助	0.3338*** (0.0000)	0.164001 (0.1700)	0.3925*** (0.0001)	0.039277 (0.8849)	0.324748 (0.0114)
模型类型	FE	FE	FE	FE	FE
R^2	0.825298	0.888340	0.911127	0.297690	0.714008
F 统计量	40.8400*** (0.0000)	61.8780*** (0.0000)	82.8701*** (0.0000)	2.260654 (0.120644)	19.7231*** (0.0000)

注：括号里的数值为各估计量相应的概率值 P，*** 、** 、* 分别代表在 1%、5%、10% 的显著性水平显著。

2.08%，高工业化、低收入区域会降低 3.32%。而排污费补助对工业固体废弃物未发挥减排效果。

3. 结论和政策建议

综上所述，我国排污费减排效果的区域差异显著：工业化程度越高的地区，减排效应越显著。而排污费补助未能发挥减排效果。

第一，排污费在低工业化、高收入区域，未能发挥减排效果。究其原因，低工业化、高收入区域只有两个城市，分别是北京和上海。这两个城市均属于一线城市之列，近年来积极发展现代服务业，第三产业占比不断提高。如十多年前，北京就启动了一系列的重污染企业搬迁举措。留下的少数工业企业，都是废物综合利用水平较高，生产方式较为集约的类型。对于这些企业来说，排污费已经被视为刚性成本的一部分，减排效果有限。

第二，排污费在低工业化、低收入区域的减排效果，低于两个高工业化区域。这是因为，在低工业化、低收入区域，经济发展水平较差，生产方式粗放。当地环保技术的落后制约了减排技术的应用，而对快速增长的强烈渴望，会使企业对征收标准并不高的排污费，反应更不敏感。而在这一发展阶段，地方政府在发展经济和保护环境之间，往往也跟更青睐前者。

第三，排污费在高工业化区域减排效果显著，且对两个区域的减排效果相近。就不同污染物来看，在高工业化、高收入区域，排污费对工业废气的减排效果较强；在高工业化、低收入区域，对工业污水和固体废弃物的减排效果稍强。

根据以上结论，为充分发挥环境税的减排效果，可从以下两方面予以完善。

一方面，适度扩大环境税征收范围，逐步提高环境税率。作为对原排污费的“费改税”延伸，目前环境税的征收范围与排污费的征收范围整体一致，仅限于工业领域中的部分污染物，征收范围较窄。未来应适当扩大征收范围，将二氧化碳、挥发性有机物等工业污染物，以及生活污水等部分生活类污染物纳入征收范围。① 此外，应依照环境治理成本，逐步提高环境税率水平。同时，以生态治理倒逼企业转型升级，鼓励企业加大治污技术的投入力度，加快产业结构优化进程。

另一方面，制定差异化的区域税收政策。环境税法赋予了地方政府对税率大小进行调整的权力，各地可因地制宜制定有关政策。如在高工业化地区，可适当提高环境税税率标准。而对工业化程度较低的区域，可采用其他的鼓励措施，如对积极购置清洁设备、主动治理污染且效果显著的企业，给予税收优惠、污染治理设备专项补助等政策，来激励企业提高综合利用及处理污染物的水平，从而达到工业污染减排的目的。

第三节 排污权交易减排效应的实证研究

本节将以二氧化硫排污权交易为例，采用双重差分模型（difference-in-difference，DID），对地方排污权交易的实施效应进行实证分析。本节研究中，主要考察，我国2007年扩大排污权交易试点范围这一政策冲击，对地方污染排放的影响。其中，排污权交易制度的试点地区为“实验组”，而没有实施排污权交易的地区作为“对照组”。根据试点与非试点地区在该政策冲击之前和之后的相关信息，分离出扩大试点范围这一政策对排污权交易试点

① 《排污费征收使用管理条例》于2002年1月30日国务院第54次常务会议通过，自2003年7月1日起施行。在2003年颁布施行的《排污费征收使用管理条例》基础上，进行‘费改税’的平移。即根据现行排污费项目设置税目，将排污费的缴纳人作为环境保护税的纳税人，将应税污染物排放量作为计税依据，将现行排污费征收标准作为环境保护税的税额下限。

地区污染减排的净影响。

一、研究方法与模型设定

（一）双重差分法

要研究排污权交易制度是否具有减排效应，需要比较实行了排污权交易的试点省市在政策实施前和实施后的污染物排放量的变化。但正如第三章所分析的，改革前后试点省份污染物排放情况的影响因素还有多种。由于排污权交易是一种基于市场化手段的污染治理措施，市场本身的完备程度对制度运行的有效性具有至关重要的作用。另外，地区工业化发展水平等也都会影响到地区的工业污染排放情况。显然，仅仅依靠排污权交易试点地区的污染物排放量的变化来判断改革是否成功是不可靠的。地区污染排放量的变化，可能源于其他多种因素，并非只是改革的后果。因此，和其他评估政策效果的研究一样，考察排污权交易制度改革是否起到了减排效应，我们需要引入双重差分方法。双重差分方法，主要是通过对比政策冲击对两组群体的影响差异，从而判断政策的实施效果。

由于我们关心的是被解释变量在试点前后的变化，为简化说明，首先考虑以下两期面板数据：

$$y_{it} = \beta_0 + \beta_1 G_i \cdot D_t + \beta_2 G_i + \gamma D_t + \varepsilon_{it}(i = 1, \cdots, n; t = 1, 2) \qquad (4-25)$$

其中，G_i 为实验组虚拟变量

$$G_i = \begin{cases} 1, 若个体\ i \in 实验组 \\ 0, 若个体\ i \in 控制组 \end{cases} \qquad (4-26)$$

D_t 为实验期虚拟变量

$$D_t = \begin{cases} 1, t = 2 \\ 0, t = 1 \end{cases} \qquad (4-27)$$

则交互项 $G_i \cdot D_t = x_{it}$

$$x_{it} = \begin{cases} 1, 若\ i \in 实验组, 且\ t = 2 \\ 0, 其他 \end{cases} \qquad (4-28)$$

在式（4-25）中，实验组虚拟变量 G_i 体现的是实验组与控制组之间原本即存在的差异，即使不进行试点改革，二者间也存在的差异；时间虚拟变量 D_t 体现的是试点改革前后，由于时间推移所带来的差异，即不进行试点改革，也会产生前后差异。而真正用以度量实验组政策效应的为两个变量的交互项 $G_i \cdot D_t$ 。如果存在其他解释变量，也可直接加入式（4－25）中。

当 $t=1$ 时，式（4－25）可以写为：

$$y_{it}=\beta_0+\beta_2 G_i+\varepsilon_{i1} \tag{4-29}$$

当 $t=2$ 时，式（4－25）可以写为：

$$y_{it}=\beta_0+\beta_1 G_i \cdot D_t+\beta_2 G_i+\gamma+\varepsilon_{i2} \tag{4-30}$$

将式（4－30）减去式（4－29）可得：

$$\Delta y_i=\gamma+\beta_1 G_i \cdot D_t+(\varepsilon_{i2}-\varepsilon_{i1})=\gamma+\beta_1 x_{i2}+\Delta\varepsilon_i \tag{4-31}$$

用 OLS 估计式（4－31），即可得到一致估计。根据与差分估计量（differences estimator）同样的推理可知：

$$\hat{\beta}_1=\Delta\bar{y}_{treat}-\Delta\bar{y}_{control}=(\bar{y}_{treat,2}-\bar{y}_{treat,1})-(\bar{y}_{control,1}-\bar{y}_{control,2}) \tag{4-32}$$

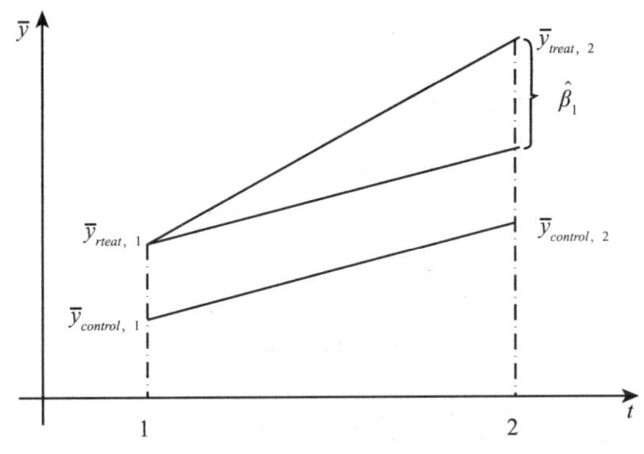

图 4－1　双重差分估计量

（二）模型的设定

本书分析中运用双重差分分析方法，是基于 2007 年我国扩大二氧化硫排污权交易试点的政策所带来的双重差异性影响，一是影响排污权交易试点省市在政策实施前后的污染排放，二是在政策实施后的同一时期，对试点与非试点省市影响的差异。采用双重差分估计，能够将试点省市与非试点省市，在政策实施前即存在的差异以及同一时期下其他政策因素的影响剔除掉，从而更准确地识别政策实施所带来的效果。

在 DID 模型的具体设置上，首先，确定模型中的“实验组”与“对照组”，前者为排污交易制度的试点地区，后者即除了实验组中省市外的其他地区，两组样本中仅“实验组”中的省市受到排污交易政策的影响。在本书选取的我国 30 个省市（由于西藏部分数据缺失，未包含在内）样本中，“实验组”中的样本包括北京、天津、重庆、上海、山西、江苏、浙江、河北、内蒙古、湖南、湖北、陕西 12 个省市；“对照组”则为其余 18 个省市。

另外，模型引入了时间虚拟变量与政策虚拟变量，其中时间虚拟变量以 2007 年为分界点，即 2002～2006 年为试点扩围改革之前的阶段，2007～2014 年为政策实施之后的阶段。根据这两组样本在扩大试点的政策实施前后的相关信息，剔除在政策实施之前原本存在的差异，分离出扩大试点范围这一政策对排污权交易试点地区污染减排的净影响。

表 4－21　“作用组”与“对照组”划分

组别划分	省市
实验组	江苏省、内蒙古自治区、浙江省、湖北省、天津市、湖南省、重庆市、陕西省、北京市、河北省、山西省、上海市
控制组	辽宁省、吉林省、黑龙江省、安徽省、福建省、江西省、山东省、河南省、广东省、广西壮族自治区、海南省、四川省、贵州省、云南省、甘肃省、青海省、宁夏回族自治区、新疆维吾尔自治区

具体模型形式如下：

$$y_{it} = \beta_0 + \beta_1 T_{it} \times D_{it} + \beta_2 Control + \varepsilon_{it} \tag{4-33}$$

其中，被解释变量 y_{it} 代表工业二氧化硫排放强度，估计它会受到二氧化硫排污权交易试点扩围政策的影响。在等式右边，β_0 为截距项；同时，为提高所得结果的稳健性，还将在模型中引入控制变量（*Control*）；ε_{it} 为随机误差项。T 为政策实施前后的时间虚拟变量，用 $T=0$ 表示实施二氧化硫排污权交易制度之前的阶段，$T=1$ 表示实施二氧化硫排污权交易制度之后的阶段。D 为实验组虚拟变量，代表各个省市二氧化硫排污权交易情况，$D=1$ 代表实验组，即二氧化硫排污权交易的试点省份，$D=0$ 代表控制组，即二氧化硫排污权交易试点省份之外的非试点省份。交互项 $T*D$ 是时间虚拟变量和实验组虚拟变量的乘积，其系数 β_1 代表二氧化硫排污权交易制度对二氧化硫污染排放强度的影响，表示实施政策的净影响，也是本节实证研究所关注的系数。

二、变量选取与数据来源

（一）变量选取

1. 被解释变量

由于现阶段，我国排污权交易对象主要还是工业废弃物，故在此以工业二氧化硫排放为代表。模型中的被解释变量（y_{it}）将采用相对指标，即各省份的二氧化硫排放量与地区生产总值比值的对数，反映每新增加一单位的经济价值所带来的环境负荷，这能更准确地衡量一个地区的污染排放水平，同时通过取对数，提高变量的平稳性。

2. 控制变量

为了更加全面地考察我国工业二氧化硫排放强度的影响因素，使模型的估计结果更加准确，需要在基础模型中引入一系列控制变量。选取的控制变量包括财政分权（含收入分权和支出分权）、政企关系。另外，由于模型选用了相对指标作为被解释变量，因此，为尽可能地避免各变量的自相关、异方差等对模型估计结果的影响，需使各变量保持形式上的一致性，故在控制变量的选取上都选用了相对指标，同时，对数值较大的变量进行了对数化处理。

（1）政企关系。采用国有控股工业企业工业销售产值与规模以上工业企业工业销售产值的比值为指标，通过市场中企业的所有制结构来反映政企关系。地方政府环境政策实施的力度以及最后的成效，往往会受当地企业所有制结构的影响。在经济发展的过程中，政府极可能会放宽对国有企业的环境管制的强度，进而影响整体污染排放强度。此外，政企关系，在一定程度上也反映了地方的市场化程度，而市场化程度对于排污权交易制度的实施效应具有重要影响。

（2）财政分权。这一指标衡量的是地方政府财政自主性的大小，分权度越高，说明地方财政拥有更大的自主权，那么地方政府的行为模式就越有可能顺应激励方向而改变①。目前，学界对于财政分权指标的选取及代表性还

① 傅勇：《财政分权政府治理与非经济性公共物品供给》，《经济研究》，2010 年第 8 期。

未有定论，本文对财政分权的测度主要参考了傅勇等（2010）的方法，分别构建了收入分权与支出分权两个指标。在计算分权指标的过程中，由于我国于2011年取消了财政预算外资金，因此为保持一致性，2011年以前的各省及中央一般预算财政收支将相对应的财政预算外收支也一并纳入其中进行计算。

表4-22　模型中的具体指标

符号	变量	说明	单位
y_{it}	污染排放强度	地区工业 SO_2 排放量/地区GDP（结果取对数）	吨/亿元
D	地区虚拟变量	以0和1表示（1表示有排污权交易，0表示没有）	—
T	时间虚拟变量	以0和1表示（2007年以前为0，2007年及以后为1）	—
GQ	政企关系	国有控股工业企业工业销售产值/规模以上工业企业工业销售产值	—
FD	财政分权	FDZ：省一般预算（预算内外）人均本级财政支出/中央一般预算（预算内外）人均本级财政支出	—
		FDS：省一般预算（预算内外）人均本级财政收入/中央一般预算（预算内外）人均本级财政收入	

（二）数据来源与描述统计

选取了2002~2014年，我国30个省级地区的相关数据，由于部分指标数据的缺失，在样本中不包含港、澳、台以及西藏自治区。主要运用Stata13，进行数据的分析及模型的回归估计。各变量的原始数据来自历年的《中国环境统计年鉴》《中国统计年鉴》。

表4-23为各变量的描述性统计分析结果。

表4-23　变量的描述性统计结果

变量	y_{it}	GQ	FDS	FDZ	T	D	$T*A$
均值	4.151451	0.4376304	1.106953	4.794514	0.53846	0.400000	0.21538
最大值	6.363273	0.8388983	5.925607	14.59617	1.0000	1.0000	1.0000
最小值	0.6373636	0.1040211	0.3427388	1.241545	0.0000	0.0000	0.0000
样本标准差	0.9758897	0.1991111	1.018247	2.867954	0.4991589	0.4905272	0.411617
观测值	390	390	390	390	390	390	390

模型中引入时间虚拟变量 T 和政策虚拟变量 D。其中时间虚拟变量 T，以 2007 年为节点，将数据的时间跨度划分为了两个期间（$T=0$，2002～2006；$T=1$，2007～2014）；另外政策虚拟变量 D，用以划分样本（除西藏外的 30 个省市）中的"实验组"和"控制组"（$D=1$，实验组；$D=0$，控制组）。

通常应用双重差分法的假设前提认为，虽然实验组和控制组本身就存在差异，但这一差异是相对固定的，具体的表现是在改革试验之前，它们具有相同的的发展趋势。从图 4－2 可以看出，在 2007 年试点改革之前，实验组和控制组工业二氧化硫排放量的变化趋势几乎是相同的，实验组的二氧化硫平均排放水平要高于对照组。但在 2007 年之后，虽然两组样本的二氧化硫排放量的变化趋势仍非常相近，但明显可见，在政策实施之后，实验组中二氧化硫平均排放水平下降得更快，两组的差距显著缩小。

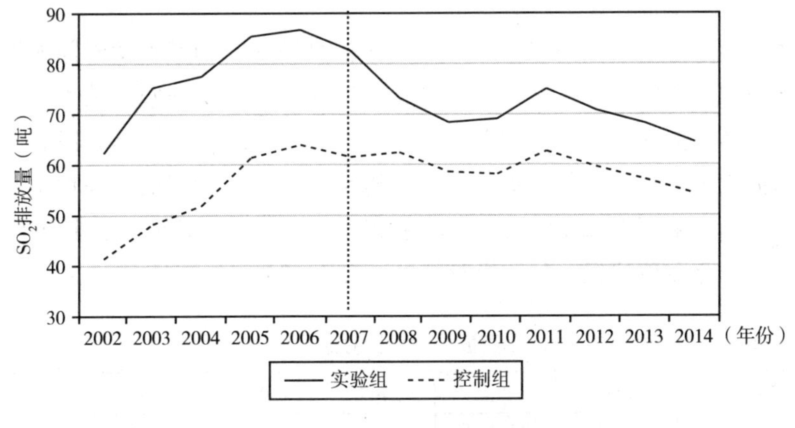

图 4－2　二氧化硫排放量

在图 4－3 中，考察的是作为模型被解释变量的单位 GDP 二氧化硫排放量。在 2007 年以前，实验组的单位 GDP 二氧化硫排放水平下降得更快，2004 年以后，实验组的二氧化硫排放水平降低到对照组之下。不过，从图中可以看到，在 2004 年后，实验组和控制组之间的差值也保持了相对稳定。在 2007 年之后，两组样本间的差距开始缩小。总体而言，选取双重差分模型考察排污权交易政策的实施效果是可行的。

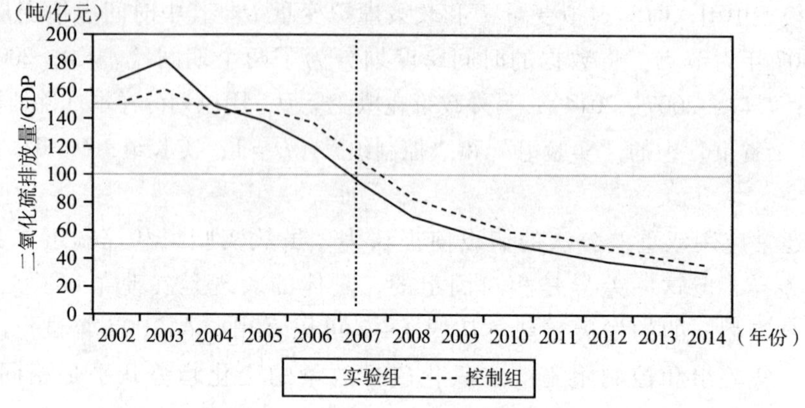

图4－3　单位GDP的二氧化硫排放量

三、实证结果与分析

（一）面板单位根检验结果

在实际操作中，一些本身可能并不存在直接关联的非平稳时间序列，其变化趋势却是相同的，在这种情况下若对这些数据进行回归，结果得到的判定系数虽高，但却没有实际意义，即出现伪回归。因此，为了避免这一现象，在回归估计之前需要对各面板数据进行检验，首先是序列的平稳性检验，即单位根检验。采用 LLC 检验、IPS 检验以及 Fishe-ADF 检验这三种方法来判定序列是否存在单位根。具体检验结果见表4－24。

表4－24　面板单位根检验结果

变量	LLC	P值	IPS	P值	ADF	P值
y_{it}（c，0，0）	－9.9446	0.0000	－0.9177	0.1794	81.4890	0.0339
y_{it}（c，0，1）	－8.5625	0.0000	－6.9058	0.0000	156.251	0.0010
GQ（c，0，0）	－8.4779	0.0000	－2.0714	0.0192	115.554	0.0000
GQ（c，0，1）	－14.5858	0.0000	－9.1232	0.0000	183.912	0.0000
FDS（c，0，0）	5.4627	1.0000	8.1729	1.0000	18.5859	1.0000
FDS（c，0，1）	－10.9910	0.0000	－6.2294	0.0000	136.614	0.0000
FDZ（c，0，0）	－1.1083	0.1339	4.4604	1.0000	23.1801	1.0000
FDZ（c，0，1）	－6.2218	0.0000	－4.5275	0.0000	107.910	0.0001

注：（c，0，0）表示检验含有截距项，不含时间趋势项的水平检验；（c，0，1）表示一阶差分下的检验。

由表4－24可知，对4个变量：环境污染强度（lnSO_2）、财政分权指数（*FDS*和*FDZ*）、政企关系（*GQ*）的一阶差分进行单位根检验时，4个变量均拒绝原假设，故可进一步进行协整检验。

（二）面板协整检验结果

对面板数据的协整检验选择 Pedroni 检验和 Kao 检验，具体检验结果如表4－25所示。

表4－25　面板数据协整检验结果

检验名	变量名	*GQ*	*FDS*	*FDZ*
Pedroni 检验	*Panel v*	5.8862*** (0.0000)	8.8646*** (0.0000)	1.8520** (0.0320)
	Panel rho	-1.2866* (0.0991)	-0.6720 (0.2508)	1.4419* (0.0747)
	Panel PP	-3.6918*** (0.0001)	-6.5967*** (0.0000)	-3.5162*** (0.0002)
	Panel ADF	-0.6720 (0.2508)	-2.4437*** (0.0073)	-5.5320*** (0.0000)
	Group rho	0.6996 (0.7579)	3.0874 (0.9990)	2.2828 (0.9888)
	Group PP	-3.8530*** (0.0001)	-1.7344** (0.0414)	-0.6546 (0.2564)
	Group ADF	-1.5681* (0.0584)	-0.9902 (0.8390)	-3.4218*** (0.0003)
Kao 检验	ADF	-3.2398*** (0.0006)	-2.7465*** (0.0030)	-4.0902*** (0.0000)

注：***、**、*分别代表在1%、5%、10%的显著性水平显著。

协整检验的结果表明，工业二氧化硫排放强度与政企关系变量以及两个财政分权指标变量间均存在长期的相关关系。因此，可以进一步进行回归分析。

（三）模型估计结果

为研究排污权交易对二氧化硫排放的影响，在此引入8个包含不同控制变量的模型。其中，第一个模型仅包含基本的变量；第二个至第七个模型在第一个模型的基础上加入了不同的控制变量。第八个模型则包含了所有核心解释变量和控制变量。对各模型进行回归的结果见表 4 – 26。

表 4 – 26　　模型估计结果

变量	（一）	（二）	（三）	（四）	（五）	（六）	（七）	（八）
$T*D$	-1.190*** (-15.55)	-0.866*** (-15.05)	-1.128*** (-15.66)	-0.624*** (-11.07)	-0.868*** (-15.07)	-0.647*** (-12.19)	-0.592*** 0.41	-0.609*** (-11.48)
GQ		3.522*** (18.50)			3.437*** (-15.90)	1.627*** (6.95)		1.719*** (7.44)
FDS			-0.750*** (-7.27)		-0.075*** (-0.83)		0.252*** (2.88)	0.315*** (3.84)
FDZ				-0.230*** (-21.91)		-0.160*** (-11.323)	-0.251*** (-19.70)	-0.182*** (-12.12)
观测值	390	390	390	390	390	390	390	390

注：括号内为 t 值，***、**、* 分别代表在 1%、5%、10% 的显著性水平显著。

（四）估计结果分析

1. *排污权交易具有显著减排效应*

从模型估计结果中可以看出，在引入控制变量前后，模型的关键解释变量 $T*D$ 的系数 β_1 都为负值，且均在 1% 的置信水平上显著，具体系数值也没有产生太大的变动，说明该交乘项系数的估计结果是稳健的。且回归系数显著为负，说明在 2007 年二氧化硫排污权交易试点扩围政策实施之后，二氧化硫排放强度的下降趋势比非试点省份更为显著，可见二氧化硫排污权交易有效降低了单位产出的污染排放强度。

排污权交易制度的推行需要总量控制目标的保证，为了保证排污权交易的顺利实行，《中华人民共和国大气污染防治法》第 30 条也作出了相关规定，明确指出："新建、扩建排放二氧化硫的火电厂和其他大中型企业，若其污染排放超过了规定的标准或总量控制指标的，必须建设配套脱硫、除尘装置或采取其他措施除尘及控制二氧化硫排放"。排污权有偿使用划定了企业的年排污量，企业擅自超量排污要受罚。

以成功实行排污权交易试点的嘉兴市为例，嘉兴不但在全国率先建立排污权交易制度，而且不断完善排污权有偿使用制度和总量控制，探索制定排污权有偿使用监督“游戏规则”，启动总量执法，追加超量排污权租赁费，给超量排污企业增加处罚力度。超标排污受罚给企业带来的规制效应，和减排同时出售排污权给企业带来的正向激励效应，共同促进了企业积极减少二氧化硫排放，并参与到排污权交易中，进而有利于环境的改善。

2. 国有经济占比高不利于污染减排

从回归结果可见，政企关系指标系数显著为正，这说明地方的国有控股工业企业在带来高产值的同时，并没有为污染减排方面做更多的贡献，甚至加剧了二氧化硫的排放。究其原因，如在地区经济中国有企业占比较高，那么为维持地方经济增长，地方政府会有更强的激励去保护本地企业的发展，便极有可能会放宽对本地企业的环境标准。同时，国有经济占比高的同时，非国有经济发展的动力可能受到影响，进而降低整个社会经济发展的活力。此外，政府对于排污权的初始分配以及制定排污权交易基价等方面的影响也都不容忽视。今后，需要继续推进国有企业改革，消除民营经济发展的制度障碍，建立并完善排污权交易的价格形成机制，使其能够充分反映排污权交易市场的供求关系以及排污所带来的环境损害成本。

3. 财政分权有助于污染减排

回归结果中，两个财政分权指标中，支出分权（FDZ）的系数皆显著为负，而收入分权（FDS）的系数均显著，但影响的正负有不确定性，有半数回归系数显著为负，与支出分权指标得出的结论一致。因此，就整体而言，在我国分权体制下，分权程度越高，对减少我国二氧化硫排放强度有着积极影响。财政分权程度越高，意味着地方政府拥有更强的财政自主权，有助于地方政府更好地发挥地方环境治理职能。

本章小结

本章依次对环境保护财政支出、环境税费以及排污权交易三种环境经济手段的减排效应进行了实证分析。

首先，采用2007～2013年我国30个省份的省级面板数据，对我国环境保护财政支出的环境保护效应进行实证检验。结果显示，随着地方政府节能环保财政支出的增加，污染物排放减少。第二步，对环境库兹涅茨曲线假说进行了验证，并在此基础上，将环境保护财政支出占地区生产总值的比重，引入环境库兹涅茨曲线模型。实证结果显示，在引入节能环保财政支出占地区生产总值比重变量前后，经济增长与污染排放均呈倒U形关系。

其次，基于2004～2013年的省级面板数据，对排污费收入及排污费补助的减排效应进行了实证分析。实证结果显示，一是全国范围来看，排污费减排效果较弱。究其原因，一方面由于收费标准较低，另一方面是由于排污费收费项目范围较小。二是排污费补助在统计上减排系数为正，环境治理效果不显著。三是排污费减排效果区域差异较大。排污费对低工业化、高收入区域减排效果不显著，对低工业化、低收入区域减排效果较弱，对高工业化、高收入区域及高工业化、低收入区域减排效果稍强，且两区域减排效果较为相近。

最后，使用双重差分法，检验了我国于2007年以来实施的二氧化硫排污权交易改革的政策效果。研究结果发现，在模型中引入控制变量前后，政策净影响的估计结果始终显著为负，说明我国针对工业二氧化硫的排污权交易试点扩围政策，确实起到了降低其排放的政策效果。相较于政策实施之前的时期和非试点地区，排污权交易试点省市的二氧化硫减排程度均更强。

第五章　地方政府环境治理的国际经验借鉴

西方发达国家经历了先污染后治理的曲折历程，逐步建立起一套较为完善的环境管理体系，污染防治和生态保护都取得了可观的成效。结合我国国情，总结和借鉴国外的有益治理经验，对我国构建科学长效的环境治理体制，具有重要的现实意义。

第一节　环境事权划分的国际经验借鉴

环境事权划分，包括政府与市场环境事权划分和政府间环境事权划分。合理划分环境事权，是有效实施环保工作的前提和基础。在西方发达国家，环境事权的配置相对明晰成熟，但由于各国政治体制和经济发展等情况各不相同，环境事权的划分存在一定差异，而且在不同时期也有所变化。

一、政府与市场环境事权划分的国际经验借鉴

西方各国主要依据“效益最大化”“污染者付费”等原则，来确定政府与市场各自的责任主体和责任边界。

（一）政府的环境保护事权

发达国家对政府的环境保护职能普遍都作了明确的规定，各政府主要承担宏观调控、公共服务、市场调节与监管等的环境保护职能。例如，德国立法规定政府环境保护职能涵盖自然生态保护、污染控制、受污染的场地管理、土壤保护、水与废物管理、化学品安全、核材料的供给和处置、辐射防护、核设施安全、工厂安全、国际合作、环境与交通、环境与健康，明确联邦、

州和县环保部门分别管理环保立法和规划、具体的环保管理和监督工作。

在进行环境治理时，各国政府主要运用环境管制、环境财政以及环境审计等手段，来行使相应的职能。首先，各国通过建立健全环保相关政策标准和实施计划规划等方式，加强政府对环境治理的宏观调控。其次，通过建设垃圾回收站和污水处理厂等，提供公共服务，满足公众环境公共需求，运用财政补贴、税收优惠等政策刺激企业研发环保产品和技术，鼓励公众绿色消费，发挥市场的资源配置作用。此外，美、英在内的许多国家均有完善的环境审计等审查和监管制度，同时不断升级污染源监测等技术和设备，加强对市场和公众环保行为的监管。

（二）企业的环境保护事权

国外主要通过命令控制型手段和经济手段来约束企业的污染行为，激励企业承担起清洁生产、污染防治等的环境责任。

根据污染者付费原则，西方企业须对产生的污染支付一定的费用，补偿环境损失。例如，日本实行排放者责任制，规定企业必须对生产过程负责，回收、再利用和处理其生产排放的废弃物。德国则立法规定："准生产者回收"，让生产者付费，要求企业除了要对其生产的产品负责外，还须对消费后的废弃物负责。一般情况下，德国企业会委托给代理公司负责，对不同的生产品包装物材料支付不同的费用，材料越绿色环保，费用越低，再由代理公司回收和处理废弃物。

同时，西方企业亦可按照投资者受益原则，投资可盈利的环保产品生产和技术研发，实现环境保护和经济利润双收益。美、英等许多国家的企业研发环保技术和生产环保产品，往往能获得环保资金贷款和资助等资金支持，享有税收优惠和减免政策。近年来，德国企业的环保投资呈增长趋势，占国内环保投资总额的比重已超50%，成为环保资金的重要来源。

（三）公众的环境保护责任

公众是环境问题的最大利益相关者，既产生环境污染，也往往承受着环境污染之苦。因此，发达国家非常重视公众在环境保护中的地位，公众在参与环境治理方面表现也十分活跃。

从理论分析和各国的实践情况来看，公众的环境保护责任主要包括减少生活污染、参与环保政策的制定，以及监督政府和企业的环保行为。

依据污染者付费和使用者付费原则，各国主要运用命令控制型手段和经济手段，要求公众支付环境污染费用，有偿使用环境公共产品和设施，以激励其减少生活污染。如法国会对公众征收垃圾污染税，要求公众承担政府收集和处理垃圾、管理垃圾处理站等的费用。在欧盟，大型超市不再免费提供一次性塑料袋，还追加环保税，向使用一次性塑料袋的消费者征收增值税，以减少塑料袋的消费量。

同时，西方各国公众参与环保政策制定、监督政府和企业环保行为的积极性非常高。德、日等许多国家重视通过环境教育等宣教手段，来强化公众的环保意识，并切实保障公民的知情权、参与权、表达权和监督权。韩国在宪法中指出，“一切公民享有在健康且舒适的环境中生活的权力”，明确规定了公民环境权的内容和行使事项。新加坡规定，任何政策规划的制定和出台都要听取专家、公众等的意见和建议，充分体现民意。新加坡公众每年都会参与植树、清洁绿化活动月等环境保护活动，还踊跃成立园艺爱好团体等环境保护组织，设立环保志愿社交网络等，相互交流和协同参与环保事宜。

二、政府间环境事权划分的国际经验借鉴

从西方发达国家事权划分的实践来看，各国主要依据公共需求的层次性和环境外溢性范围来配置政府间的环境事权。但由于行政体制和政府治理模式不同，联邦制和单一制国家政府间环境事权的划分各具特色。

（一）联邦制国家政府间环境事权的划分

联邦制国家，如美国、澳大利亚、加拿大等，中央政府权力有限，而地方自治色彩很强，不同层级政府相对独立行使各自的职权。作为联邦制国家，美国政府间环境事权的划分极具代表性。

美国政府包括联邦、州及地方三个级别，各级政府的环境责任和范围各有侧重，又互相交叉弥补。联邦政府主要负责宏观层面的环保事务，制定相关政策法规及排放标准；州和地方政府主要负责执行，同时也享有一定的环境行政管理权。

联邦一级的环保责任主要包括环境外交、制定和执行国家环保政策和环境标准，设有环境质量委员会、联邦环保局等环境保护机构，不同机构和部门之间分工明确，协调有效。其中，美国的联邦环保局全面负责环境污染防

治工作。其具体职能主要包括颁布有关规章条例、制定和监督执行环境保护标准、发放排污许可证、监督环保行为和执法、提供经济援助、参与环境研究、赞助环保企业和节能减排计划、加强环境教育等。

州一级的环保机构负责执行联邦法规政策，管理本州环境事务，接受美国环保局区域环境办公室的监督，但只对州政府负责。目前，联邦授权执行的联邦环境项目中，90%以上由州来执行；联邦环境监测数据上，94%由州来收集；环境监督工作，97%由州来推进。依照联邦法律相关规定，州环保局才与联邦政府在部分事项上合作，如工业化后留下的“棕色地块”的环境治理事宜。

美国根据各州实际情况设立地方环保机构。只有较大和环境保护工作较为复杂的州，如加利福尼亚州，才会设立地方环保机构。反之，地方环保事务直接由州环保机构负责管理。

（二）单一制国家政府间环境事权的划分

单一制国家，如法、日等国及许多发展中国家，宪法将权力交给中央政府，地方权力来自中央。日本实行地方自治制度，但财权高度集中于中央，而事权大多在地方，中央和地方共同承担许多事项。这一点与我国情况相似，因此其政府间环境事权配置经验对我国有一定的借鉴意义。

《环境基本法》对日本中央和地方政府的环境职责作出了明确的界定。根据该法律，中央政府的环境职责为：制定和实施基本且综合的环保政策和措施；地方公共团体的环境责任为：制定和执行符合国家有关环保政策的地方政策，以及其他适应该区域的政策和措施。

中央政府负责统筹和协调环保事项，设环境省，集中管理国家层面的环境保护事务。其环境责任具体包括管理环境外交事务，计划、起草和推出国内环保基本政策和法规，以及制定环保标准、计划和方针，涵盖防止公害、保护自然环境优越地区、减少和处理废弃物的排放、保护臭氧层等方面。

地方政府实际承担了更多的环境事权。一般情况下，中央将事务性工作交由地方负责，地方政府再在内部机构间对其进行分配。各个地方政府均设环境管理机构，管理地方环境事务。但该机构与环境省相互独立，只向地方政府负责，接受环境省的监督。根据《公害对策基本法》修正案，地方自治体拥有更广的环保权限，往往推行比中央更为严格的环境标准。

由于财权事权不匹配，日本的中央和地方政府共担许多事务。对此，日本一般会将事务细化至项，明确彼此的职责及支出范围。为了更好地协调中央和地方政府间的环境政策，环境省在地方设立环境事务所，根据当地实际情况进行灵活施政。此类事务所业务广泛，搭起了中央和地方政府在环境行政工作中新的互动桥梁。

日本中央政府对地方环境事务的调控能力较强。为缓解事权和财权不对等的矛盾，日本建立起了规范的财政转移支付制度。但由于财政收不抵支，地方政府对中央转移支付的依赖性往往非常强。故中央政府可通过提供经费来干预地方事权范围内的事务，并引导和调控其支出活动，从而实现政府的宏观目标。

三、国外环境事权划分实践对我国的启示

（一）加强环境事权划分的法制建设

美、日等在内的许多发达国家对环境事权的划分均设有较为完善的法律法规，政府与市场的环境责任定位较明确，政府间环境事权配置明晰。

整体来看，西方各国比较强调政府环境义务，界定政府责任、调整政府行为的法律法规相对较多。日本的《环境基本法》中，绝大部分篇幅都是对政府和各层级政府机构环境责任的规定，对企业和公众环境责任的界定提及较少。美国在《国家环境政策法》中提出，环境保护主要是联邦政府的职责，但联邦政府应该和地方政府、社会大众一起协作保护环境。德国则立法明确规定，地方政府的环境职责限于立法、环境计划规划、法律法规实施、环境政策执行和监督。

从西方对企业环境事权划分的立法情况来看，企业环境责任的法律完善涉及多种制度的规定和各种政策的配套。各国主要通过会计法、污染防治法、自然资源法和诉讼法等多方面的立法，全方位规定企业的行为准则，约束企业行为，引导企业承担环境责任。例如，日本《环境基本法》中，规定企业在进行生产、加工等企业活动时，有责任采取必要措施，处理所产生的废气、污水、废弃物等，努力利用绿色、可再生资源降低环境负荷，减少环境污染。而在澳大利亚的大型企业环境治理进程中，政府立法成为推动企业承担其环境责任最主要的因素[①]。在进行环境治理的过程中，各国通过对企业环境责

---

① KEL D.，“Drivers for corporate environmental responsibility”，Environment，Development and Sustainability，Vol. 8，No. 3，2006，pp. 375 - 389.

任的立法，促使企业树立起经济效益和生态效益双结合的理念。

许多国家对公众环境责任的立法仅有原则性的规定。例如，美国《国家环境政策法》中只列出“每个人都有享受健康环境的权利，同时，每个人也有保护和改善环境的责任”这一个条文，来规定了公民的环境义务。

（二）促进政府间财力与事权相匹配

发达国家普遍遵循“一级政府、一级事权、一级财权”的原则，合理地划分政府间环境事权财权，因地制宜确定不同区域的环保责任。全国性和跨区域的环保事务由中央政府统筹负责，地方性和区域性的环保服务由各地方政府提供，部分跨区域重大项目等可作为中央和地方的共担事权，共同承担支出责任。

为缓解财权与事权不匹配的矛盾，发达国家大多建立起较为规范的财政转移支付制度。据统计，近几年英国地方政府提供的环保资金占全国环保支出的比重达60%左右，而地方政府支出资金中，有75%来源于中央拨款或补助[①]。在改革和完善财政转移支付制度的过程中，德国会细致测算各地的收入能力和支出需求，加大对经济落后地区的财政倾斜，建立健全州际横向转移支付机制，以减轻上级政府的财政压力，缓解不同地区间的财力差距，加强地方环境治理的区域协作。

（三）推动相关政策改革和综合配套

从国外实践情况来看，环境事权的划分是一项系统工程，需要环境税费政策、污染赔偿政策、生态补偿机制等的协调和配套。它涉及面广，影响范围大，关联到各层级政府和不同环境利益主体。

实践表明，加快推动财政政策、税收政策、环保政策、产业政策、投资政策、绩效评估和政绩考核政策等相关政策的改革和综合配套，并依据经济、社会的发展，不断调整和优化环境事权的配置，方能有效推动环境治理进程。

第二节　环境治理手段优化的国际经验借鉴

从各国长期实践来看，环境治理手段通常可分为命令控制型、市场激励

---

① 卢洪友等：《外国环境公共治理：理论、制度与模式》，中国社会科学出版社2014年版，第29页。

型和其他社会管理手段3类，环境治理手段不断丰富。一般情况下，在各国环境治理的早期阶段，命令控制型手段占据着重要地位，但在实施的过程中，逐渐暴露出了侧重末端处理、执行成本较高、治理手段僵化等问题。而环境税费、排污权交易等市场激励型手段和其他社会管理手段则侧重于环境预防和全过程的控制，能有效约束和激励环境治理主体，推进环保技术革新和推广，因此，在各国中得到日益广泛的运用。

一、命令控制型手段的国际经验借鉴

从实践来看，各国都通过健全环境治理的法律体系和完善环境治理的行政管理体制，来优化命令控制型手段的运用，以实现政府的环境治理目标。

（一）健全环境治理的法律体系

发达国家基本都建立起了较为完备的环境治理法律体系，且法律法规详细完备，可操作性强。各地方政府大多拥有独立的立法权，可根据该地经济发展和环境改善需求等实际情况，决定其环境治理的基本政策法规和排放标准等。而且，地方政府实行的标准必须要比中央政府的规定严格。

1. 德国环境治理的法制建设

德国可谓世界上环保法最为完备的国家。联邦和各州以环保、能源与物资循环利用为核心，主要针对经济部门带来的环境污染问题，制定和出台环境法律法规与管理规章，数目高达8000多部。同时，德国还实行欧盟400个相关法规。

从立法级别来看，德国的环境法制可分为三个层次：（1）欧盟的环保法律法规。其法律效力高于德国国内环保法律。涉及的法律主要有《单一欧洲法》和《欧洲经济共同体条约》《废弃物填埋场指令》《报废机动车指令》等。（2）德国联邦法律法规。在宪法《德国基本法》的框架下，联邦出台了《联邦州污染防治法》《联邦州水法》《联邦自然保护法》《联邦矿山法》《联邦州自然、风景和文物保护法》等法律。（3）州和地方法律法规。若某事项没有被赋予联邦立法，则各州有权结合本地情况，制定和出台相关法律法规。

2. 澳大利亚环境治理的法制建设

澳大利亚是世界上最早出台环保法律的国家之一，环境法制体系比较完善。它主要从环境规划与污染控制、管理与开发自然资源、保护自然与人文遗迹等方面着手，制定相关法律法规，具有可操作性强、注重预防、激励民众参与和处罚严厉等的特点。

从立法级别来看，澳大利亚的环境法制可以分为两个层次：（1）联邦政府法律法规。联邦政府出台法律《国家环境保护委员会法》《濒危物种保护法》《环境保护和生物多样性保持法》《臭氧层保护法》等50多部，推出《清洁空气法规》等行政法规20多部。（2）地方政府法律法规。各地方政府根据各自情况，出台本地环保法规，如维多利亚州《环境保护法》、新南威尔士州《环境犯罪和惩罚法》等，地方环保法规总计多达上百部。

（二）完善环境治理的管理体制

发达国家的环境行政管理体制相对完善，大多形成了主管部门和分管部门分工协作、共同管理环境治理工作的局面。以加拿大和法国为例。

1. 加拿大的环境管理体制

加拿大的环境事务由联邦和各省区政府共同负责和进行管理。由于在政治、经济上深受美国影响，而自然资源、人口分布等情况与俄罗斯十分相似，加拿大的环境管理和美国、俄罗斯两国均有些相似。

从实践来看，加拿大各层级政府间的环境责任并无严格划分，但地方政府一般主要负责管理本区域内的环境事务。为贯彻联邦政府出台的国家政策法规和规章标准，联邦环保部在全国五个主要地区设立了环保办公室。

而在省一级，各省均设环境部，负责省内大气、土地、水资源等自然资源和生态环境保护的立法、管理和监督。其中，许多省的环境部会下设环保、公园管理、土地管理三局，并在省内各地区设立派出机构，负责环境保护和污染控制等事务。

省辖区或市的环保联合体则主要负责公共交通、污水和垃圾处理工作。市一级，均设有环保局，主管三废治理工程、工业生产和民用生活排水、城市垃圾处理等工作。

由于各省和区相对独立管理环境事务，加拿大通过举行环境部长会议和资源部长会议，建立起了较为高效的各级政府间环境管理协调机制。各大区的环境部长们每年至少举行一次环境部长会议，讨论重点环境问题，明确下一年度的环境工作计划等事项。资源部长会议则要求负责保护和管理自然资源的部长，如管理公园、森林、野生动植物、濒危物种等相关部门的部长，参加会议，讨论资源保护等相关事项。

2. 法国的环境管理体制

在单一制国家中，法国可谓环境管理的典范。1970年以前，法国的环保事务分散为几个部门进行管理，许多环境问题无法得到有效解决。1971年，法国设立环境部，逐渐形成了中央、大区、省、市镇四个层级来治理环境，环境质量得到极大的改善。

法国地方环境管理机构可以分大区、省和市镇三个层级，主要有：（1）大区环境局。法国将国家分为22个地区，各地区均设立大区环境局，下设建筑设计处、水体治理处和流域管理处。大区环境局主要受国家代表领导，参与该地区和区域间环境保护有关工作，包括自然环境和资源保护、城市规划设计、公众环境教育等。（2）省农林局。在省长的领导下，省农林局主要负责保护饮用水和本地区水体，保护自然环境、野生动植物，防治林业污染等工作。（3）省卫生委员会。省卫生委员会负责卫生保健、环境方面议案的审议工作，主席由省长或其代表担任。

法国的水环境管理，特别是流域水环境管理是全球公认的较成功的模式之一。法国政府遵循自然流域规律，将全国划分为六大流域，实行“综合-分权”的管理模式，建立流域委员会和水理事会。流域委员会代表地方政府，负责流域水利问题的立法和咨询。水理事会则负责执行流域委员会的决定，处理征收排污费、水资源污染罚款等流域日常事务。

二、环境税费制度的国际经验借鉴

OECD国家征收环境税经历了三个阶段的发展历程。20世纪70年代至80年代初，各国逐渐认识到环境治理的重要性，征收的环境税主要是补偿成本的环境污染税。20世纪80年代初至90年代中期，各国开始征收碳税、能源税等，税种逐渐增多，发挥出财政收入和资源配置双重作用。20世纪90年代中期后，环境税发展更为迅速，构建绿色税制，成为全球认可的发展趋势。

在OECD国家，环境税费征收的范围较广，大体可分为大气污染、废水排放、垃圾排放、噪声污染、农业污染物五类。其中，环境税费收入主要来自交通业，机动车有关税收和能源税税收等占环境税费总收入的比重较大。

但就不同国家而言，征收的环境税存在差异。各国环境税制按完整程度可划分为四个层次：零散型、简单型、重点型和完整型[①]。OECD 国家中，美国、澳大利亚、日本等国家征收能源税较为宽松，属于简单型；英、德、法等国家对能源产品实行多重征税，注重发挥差别税率的作用，能源降耗和污染减排成效明显，是重点型；瑞典、丹麦等国家逐渐形成了完整且层次分明的环境税制，对环境不友好型的产品也征收环境税，税收负担逐渐从所得税向消费税转移，并产生了显著的生态效益，属于完整型环境税制。

（一）现行环境税收种类繁多

无论是简单型税制、重点型税制，还是完整型税制国家，环境税制都比较完善，征收的环境税收种类繁多。下面，以简单型税制国家美国、完整型税制国家瑞典为例，进行说明。

1. 美国地方政府的环境税收种类

美国现行环境税收种类繁多，覆盖面广，重点突出，大部分环境税由州和地方政府来征收。其征收的环境税可分四类，分别是环境保护税类、环境污染税类、产品税类和资源税类，涵盖日常消费品、能源和消费行为的各个方面，其中，对环境影响较大、涉及面较广的产品和行为是重点征税对象。美国州政府征收的环境税主要有：

（1）氯氟烃税。美国 1990 年开征氯氟烃税，对氯氟烃类从量计征消费税。开征后，该税税率不断增长。1995 年，氯氟烃税率为每磅氟利昂 5.35 美元，后逐年增长 45 美分。[②] 氯氟烃税费的不断增加，促使生产者加快研发和使用氯氟烃类的替代品，由此，美国氯氟烃类的使用显著减少。

（2）与汽车使用有关的税费。美国对企业和公众使用汽车征收环境税，如卡车消费税、轮胎税等。州和地方政府每年对汽车使用者收取注册费、车检费，新车购买者还需要缴纳销售税、所有权证书费和牌照费等。以得克萨斯州为例，购买新车需要交金额为车价 6.25% 的销售税、40～60 美元不等的注册费、5 美元的牌照费、33 美元的所有权证书费以及 39.99 美元的车检费等。此外，各州还征收一些与汽车和汽油有关的税费。例如，得克萨斯州对原油收取海岸保护税，阿肯色州收取汽车电池费。

（3）开采税。目前，美国有 38 个州对煤炭、石油天然气等自然资源征

---

① 魏珣、马中：《环境税国际经验及对中国启示》，《环境保护》，2009 年第 1 期。

② 孟鸿玲：《借鉴国外的先进经验 建立我国绿色税收制度》，《辽宁行政学院学报》，2006 年第 10 期。

收开采税。开采税税收一般只占各州税收总收入的 1% ~2%，比重较小。但该税在一定程度上减少了美国对自然资源的开采。例如，征收开采税使美国的石油总产量降低了 10% ~15%①。

（4）燃料税。美国联邦和州政府都对柴油、汽油、煤油等燃料收取燃料税。联邦政府对柴油、汽油分别征收每加仑 24.4 美元、每加仑 18.4 美元的燃料税。而各州征收燃料税税率的差别较大，整体呈税率提高的趋势。该税的开征使政府获得了可观的收入，也有利于减少能源消耗和尾气排放，从而改善环境质量。

（5）环境收费。一是水费和下水道费。许多州政府征收此费，为治理水污染筹获资金。该费依据水表来计量，按供应商收回全部经营成本的原则设置收费水平。二是固体废弃物收费。一些州收取固体废弃物处理费，对每 30 加仑废弃物包装袋收取 1 ~1.5 美元处理费，以减少废弃物的产生。此外，美国大约有 3400 个地方社区，根据家庭丢弃的垃圾数量，来课征垃圾税。得克萨斯州福沃斯市将垃圾容量分为 32 加仑、64 加仑和 96 加仑三个等级，分别收取 8 美元、13 美元和 18 美元。

2. 瑞典地方政府的环境税收种类

经过多年的改革和发展，瑞典逐渐形成了以能源税为核心，包括污染排放税、环境不友好产品税等多层次的环境税收体系，税收规模大，生态效益显著。瑞典征收的环境税主要有：

（1）能源税。瑞典征收的能源税包括一般能源税和对能源征收的增值税。1957 年，瑞典国家税务局开始对石油、煤炭、天然气征收一般能源税，规定纳税人为在瑞典境内生产应税产品，或使用应税产品生产其他相关产品和进口应税产品的单位和个人。1990 年开始，政府对能源征收增值税，税率为含消费税在内的能源价格的 25%，但对空中运输业所用的燃料免征。

（2）污染排放税。瑞典的污染排放税收主要包括碳税、硫税、氮氧化物费等。瑞典的碳税主要是对煤炭、天然气、石油、液化石油气、汽油和国内航空燃料征税。2000 年，碳税一般税率为每千克二氧化碳 0.36 瑞典克朗，但由于不同燃料的平均碳含量和发热量不同，税率也有所不同②，之后也经

① Deacon Rober T.，"Research trend and opportunities in environmental and nature resource economics"，Environmental and Resource Economics，1998，Vol. 11，pp. 383 – 397.

② 毛显强、杨岚：《瑞典环境税——政策效果及其对中国的启示》，《环境保护》，2006 年第 2 期。

过多次调整。1991年，瑞典开始对石油、石油产品、煤、焦炭以及泥炭等课征硫税，依据投入燃料的硫含量来计征。不同征税对象的税率不同，例如，对煤、焦炭、泥炭课征的硫税税率为每公斤硫含量30克朗，每立方米供热油和柴油的税率为每0.1%的硫含量27克朗。据统计，开征硫税后，瑞典的二氧化硫排放量比1970年下降了94%，成效显著。

（3）与汽车使用相关的税。瑞典课征的与汽车使用有关的税主要有机动车税、汽车销售税、汽油税和里程税。瑞典对汽车征收机动车税，汽车的类型、重量和用油不同，税率不同。此外，用柴油驱动的机动车还须缴纳里程税，机动车的类型和重量不同，税率也有所差别。1986年，瑞典开始对汽油课税，征税依据为汽油的含铅量。甲醇和乙醇的税率为每公升0.8克朗，非混合乙醇从1992年起免税。

（4）环境不友好产品税。环境不友好产品税主要包括对化肥、农药、饮料容器、电池等征税。1984年起，瑞典开始对化肥和农药征税，对化肥每公斤氮课征0.6克朗，每公斤磷课征12克朗，对每公斤农药征收8克朗。饮料容器方面，只对纸容器免税，对每一个可回收的瓶子和铝制容器征收0.08克朗的税，对不能回收利用的容器则征收更高的税率，具体税率依据容器大小而定。

（二）注重税收减免和差别税率

征收环境税时，OECD国家普遍实行较为具体的税收优惠政策，重视运用税收减免和差别税率政策，来发挥环境税的引导和调节作用。

1. 广泛使用税收减免措施

为了促进国家可持续发展，西方发达国家实行了一系列的税收激励措施，其中，税收减免为主要措施之一。

（1）美国的税收减免措施。税收减免是美国州和地方政府应对环境污染问题的重要政策手段，税收减免运用范围较广，管理较严。

美国州和地方政府实行环境税收减免主要集中在废气废水废物处理和污染控制型设备、太阳能和地能设备、可再生发电以及电动车领域。例如，阿肯色州规定，购买用于固体污染物处理的循环设备的企业，所得税可获得30%的减免，以抵消其使用成本，当年不足扣减时，可结转下一年继续扣减，但结转期最多不能超过3年。亚利桑那州规定，分期付款购买太阳能和地热能设备的企业，设备销售额的10%可获得税收减免。

美国对税收减免的管理较严。各州的税收减免额有总量限制，并规定一般情况下，每人不能超过 50 美元。例如，加州人口约为 3200 万，每年加州的税收减免总额不能超过 16 亿美元。

（2）丹麦的税收减免措施。丹麦是世界上实行税收减免最为普遍的国家之一，所有环境税都设置了免税的内容。只要产品的用途或使用者等符合规定的条件，都可以享受税收减免。

丹麦共设置了四种免税条件：出口免税、用途免税、生产特点免税以及物品性能免税。出口免税是指对消费时会产生污染，但消费地点在境外的产品免征环境税。用途免税主要是指对满足用于提供公共服务、用于服务弱势群体或有助工业发展等任一用途的产品免征环境税。生产特点免税包括水力和风力发电免税、污水处理厂水排放免税，以及渔业废活水排放免税等。而电车、低能耗灯泡和灯管等则满足物品性能免税的条件。

2. 重视税率的调节作用

为建立有效的环境治理激励机制，OECD 各国都特别重视采用差别税率，行业差别税率和产品差别税率设计详细。各国对环保企业和环保产品普遍实行较低的税率，以促进国家环保产业的发展。

（1）瑞典差别税率的实施。瑞典非常重视差别税率的运用。1991 ~ 2002 年，瑞典多次按行业设置来调整碳税税率，实行差别税率。制造业和工业部门的碳税税率不断降低，而家庭的碳税税率却不断提高，从 1991 年的每吨 250 克朗增加到每吨 320 克朗。

产品差别税率，则突出表现在征收能源税和污染排放税方面。为减少国家对燃料油的使用，瑞典对其课征较高的税，最终使其完全退出市场。征收碳税、硫税时，瑞典依据投入燃料碳含量或硫含量的不同，实行差别税率：碳含量或硫含量越高，税率也越高，以鼓励低碳、低硫燃料的使用。

（2）荷兰差别税率的实施。荷兰对差别税率的运用主要体现在原油产品消费税、天然气和电力等能源税、水污染税和与汽车使用有关的税中。荷兰对新车和汽油实行差别税率。含铅汽油的税率约比无铅汽油的高两倍，导致含铅汽油最终完全从市场消失。此外，荷兰征收的水污染税税率非常灵活，根据对净化和处理污水所需的成本，对不同的水资源保护区实行差别税率。而各地区课征水污染税的具体税率，依据污水中污染物的含量来确定。

（三）实行环境税收专款专用

国外主要通过两种方式使用环境税收：专款专用和列入政府预算开支。其中，在环境税起步阶段，专款专用对环境改善的效果更为显著。美国和波兰为其中的典型代表。

1. 美国的超级基金

美国主要采取超级基金的形式，来实现环境税收专款专用。美国对环境税收的征管格外严格。统一征收环境税收后，税务部门须将其缴入财政部。尔后，由财政部将收到的环境税，分配到普通基金预算和信托基金里，后者再划到超级基金。超级基金由国家环保局负责，纳入政府预算管理，专门用于清除有害废弃物。

（1）超级基金的资金来源。美国超级基金主要有六种经费来源。一是来自国内生产和进口石油产品的征税；二是化学品原料税；三是1986年起对企业所得征收的环境税；四是一般财政拨款；五是污染责任者追回的款项费用；六是基金利息等其他资金。

（2）超级基金的支付对象。依据法律规定，超级基金负责承担污染责任者难以界定或无能力进行治理的污染场地治理费用。污染责任者不愿治理污染场地时，可由超级基金先垫付费用，再授权美国环境保护署向污染责任者收取。

2. 波兰的特别环境基金

波兰设立特别环境基金，将环境税收收入返还给企业和市政当局。

从整体来看，波兰环境基金可以分为国家基金、49个地区环境基金和2400多个市政环境基金三个层次。污染税收和水抽取费、地质费、废物处理费等污染收费在各层级基金的预算划分明确。波兰对污染税收的划分如下：将90%的氮氧化物税和所有含盐采煤用水税划为国家基金，税收收入用于专项治理这两种污染。其余污染税的税收收入则分层纳入国家基金、地区环境基金以及市政环境基金，划分比例分别为36%、54%和10%。

三、排污权交易的国际经验借鉴

在美国、加拿大、澳大利亚等国，已建立起相对完善的排污交易法律制度，排污交易主体多元化，许可证分配方式丰富，监管体制较健全。

（一）各国推广应用排污权交易的经验

运用排污权交易手段来治理环境的国家中，美国最早形成和发展起排污权交易理论和实践，欧盟的碳交易市场则成为全球最大市场。两者排污权交易的实践，对我国推广应用排污权交易具有重要的借鉴意义。

1. 美国的排污权交易机制

1975 年，美国开始将排污权交易运用到空气污染治理中，逐渐建立起了排污权交易体系。

（1）美国排污权交易的模式选择。迄今为止，美国的排污权交易共形成了三种模式。

一是排污削减信用（ERC）模式。这是美国排污权交易发展初期采取的模式。若一污染源实际排放的污染低于环境管理部门的允许水平，且所产生的排污削减属于永久性削减，就可以申请获得排污削减信用。经过有关部门的严格审批后，该污染源可以在排污交易市场交易该信用。

二是总量——交易模式。环境管理部门按照污染减排计划的需要，设定总排污水平，并以排污交易许可证的形式分配给各污染源，污染源可选择储存或交易许可证。

三是非连续排污削减（DER）模式。这是美国最新采取的模式，本质是在 ERC 模式的基础上增强了灵活性。该模式与 ERC 模式最大的区别为：ERC 是永久性的排污削减，要求日后每年均要削减污染排放量；而 DER 模式是临时的排污削减，只要污染源已经自愿削减了相应的排污量，就可以获得 DER。

（2）美国排污权交易的发展历程。美国的排污权交易，主要经历了两个发展阶段。

第一阶段：试验期。在这一阶段，美国逐渐建立起了以气泡政策、补偿政策、容量节余政策以及排污银行政策为核心内容的排污权交易政策和体系。[①] 气泡政策将众多的排污点当作一个气泡，规定该气泡内的排污总量必须少于政府规定量，在气泡内不同单位可以交易排污许可证指标。而补偿政策要求新污染源在投产运营前，必须先购买排污权，这就为治理现有污染源，提供了新的资金来源。在企业改进生产工艺，保证排污净增量不会明显增加

---

① 李克国：《环境经济学》，中国环境科学出版社 2003 年版，第 313 页。

时，容量节余政策允许企业扩大其生产规模。排污银行政策则允许将补偿政策和气泡政策中的企业污染削减量，以信用证的方式储存，以备将来自己使用或转让交易。

第二阶段："酸雨计划"。这一阶段，排污权交易对象主要集中于二氧化硫和氮氧化物。政府每年制定最高污染排放量，实施污染总量控制，然后把污染总量分配给行政区内的各个企业。得到污染排放许可权的企业获得相应的许可证，并可进行自由交易。

（3）美国排污权交易取得的效果。从实践来看，美国排污权交易的实施取得了较好的效果。

实行排污权交易政策以来，美国排污权交易量不断上升，环境效益较为显著。1990～2010年，参与"酸雨计划"的40个州和华盛顿特区每年大约减少1050万吨的二氧化硫排放①。1995～2008年，年氮氧化物排放减少310万吨，净减少了51%左右②。

同时，排污权交易大大节省了美国进行环境治理的费用。要达到污染控制的目标，美国在运用排污权交易前，每年须花费约50亿美元治理污染，而在排污权交易实施后，每年只需20亿美元的治理费用。

2. 欧盟的碳排放交易体系

作为全球最大的区域性经济组织，欧盟在排污权交易体系的建设上具有丰富经验，成果也十分显著。

（1）欧盟碳排放交易的模式选择。为实现《京都议定书》条约的减排承诺，欧盟实行的是总量——交易模式，建立起强制减排的碳排放交易机制。该机制以配额交易为基础，每年先确定温室气体排放的总限额，再将配额分配给各企业，各企业可根据额度的供求来展开贸易。排放量低于条约标准的国家的剩余排放额度，将会直接出售给无法达标的其他欧盟国家，以冲抵后者的减排义务。

在实施碳排放交易的过程中，欧盟对温室气体排放限额数量的确定也作了一定的调整。2013年以前，欧盟排放限额的确定需要经过"企业—各成员

---

① 《Clean Air Interstate Rule，Acid Rain Program，and Former NOx Budget Trading Program 2010 Progress Report》，美国环保署网站，http：//www.epa.gov/airmarkets/progress/ARPCAIR10_01.html，2012年6月4日。

② 《2008 Emission，Compliance，and Market Analyses》，美国环保署网站，http：//www.epa.gov/AIRMARKET/progress/ARP_2.html，2009年9月21日。

国—欧盟”的过程。参与排放交易的企业首先向所属国家的有关部门提出申请，各国再结合自身减排承诺和国家实际情况，确定国家温室气体排放的额度，欧盟委员会根据各成员国的建议，最后决定欧盟温室气体排放配额的数量。2013 年开始，欧盟温室气体排放总量的限额，统一由欧盟委员会决定。

（2）欧盟碳排放交易的发展历程。欧盟碳排放交易采取的是免费配置和以拍卖形式有偿分配相结合的政策，其发展历程可分为三个阶段。

第一阶段：2005～2007 年，各成员国每年免费发放至少 95% 的温室气体排放配额给各参与企业，最多只可拍卖 5% 的排放许可。

第二阶段：2008～2012 年，将免费发放配额的数量降至 90%，拍卖 10% 的排放许可。

第三阶段：2013～2020 年，免费配置的方式将逐渐受到限制，拍卖配额的数量逐步增加至 50% 以上，直至 2027 年实现以拍卖的形式，分配全部的温室气体排放配额。

（3）欧盟碳排放交易取得的效果。欧盟的碳排放交易机制取得了显著的成效，实施效果超过了许多实行总量——交易模式的国家。

碳排放交易机制的实施，有效促进了欧盟碳排放量的减少。现有数据表明，在碳排放交易的第一阶段，欧盟的碳排放量下降了 2%～5%，2008 年的温室气体排放比前一年减少了 3.05%。[①]

碳排放交易体系的建立，推动了碳金融的发展。欧盟实行碳排放交易机制后，碳金融的发展非常活跃，碳金融衍生工具不断创新，碳金融产品日益多样化。同时，碳金融市场的发展又进一步推动了碳排放交易市场的活跃和发展。

（二）各国推广应用排污权交易的不足

1. 活跃程度不尽如人意

从全球的角度来看，许多国家的排污交易仍处于初步阶段，存在成本过大、程序过于复杂等问题，导致排污权交易市场只在少数发达国家较为活跃。而在这些相对活跃的排污权交易市场，如美国、欧盟，由于不限制参与交易

① 赵丹、殷培红、韩兆兴：《怎样看待“碳交易”下的行业减排效果》，2011 年中国环境科学学会学术年会论文集（第三卷）。

人员、限额分配不合理等原因，存在投机和寻租的现象，导致出现交易成本提高幅度过大和企业不公平竞争等问题，降低了参与主体的积极性，从而影响排污交易市场的稳定发展。

2. 易使排污过于集中

许多国家采取命令控制的方式来分配治理责任时，忽视了污染源的位置，同时，移动污染源的总量控制和污染排放总量的空间折算等技术性问题尚未得到较好的解决。若交易价格低于边际治理成本，企业会更愿意去购买排污权。这些企业都集中在一个区域时，便会使污染物的排放过于集中在该地区。

3. 排污权被免费分配

现有实行排污权交易的国家，大多采取免费发放的方式，这并不利于激励企业进行环保技术研发和革新，还会带来负面的经济刺激，影响交易效率。相关研究表明，改免费配置排污权为拍卖配额时，拍卖收入可用于削减具有扭曲性的税收，由此，排污权交易能节约25%左右的社会成本。

（三）各国排污权交易实践对我国的启示

首先，应科学界定排污总量。要控制和减少污染物排放总量，以法律的形式明确允许排放的污染物总量，加强削减排污的法律约束力。

其次，要确定合理的排污权初始分配方案。可采取拍卖、标价出售等有偿使用的处理方式来分配初始排污量，加强监督管理，促进企业之间的公平竞争。

此外，应建立起排污权交易市场及交易服务系统，方便各企业在市场上交易排污权。

第三节　多元环境共治体系构建的国际经验借鉴

英国、德国、日本、新加坡等发达国家在“先污染后治理”的过程中，逐渐意识到企业、民间组织和公民在环境保护方面的重要性，建立起政府、企业、公众多元共治的环境治理体系，并在多年的实践中不断发展和完善，对我国具有很强的参考价值。

一、多元环境共治体系中的政府主导

环境治理具有很强的外部性，因此，西方发达国家非常重视发挥政府在多元环境共治体系中的主导作用。各国政府除了完善法制建设、加大环境治理投入之外，还积极利用各种政策手段，提高企业和公众参与环境治理的积极性和水平。

（一）推动企业参与环境治理

西方国家推动企业参与环境治理大多采用两种方式，分别是环境规制和政企合作。

1. 环境规制

许多发达国家会运用命令控制型手段和市场激励型手段对企业进行环境规制，约束企业的污染行为，激励企业节能减排。

（1）命令控制型环境规制。发达国家早期的环境政策多倾向于采取命令控制型环境规制这种方式。该方式能有效遏制环境污染，迅速改善环境质量，但也存在成本较高、阻碍污染控制技术的发展等问题。

目前，各国政府采用命令控制型环境规制来约束企业的具体措施包括：制定标准、规定配额、限制使用等。许多国家会通过立法来强化命令控制型环境规制的约束力。例如，美国出台了《清洁空气法》，以规制国家空气污染物的排放。为保护公共健康和公共福利，美国环境保护局依法建立联邦空气质量标准，控制空气污染物的排放水平。按照该法案，联邦空气质量标准分为两级：一级标准是为了保护公众健康，包括保护老人、儿童等敏感人群的健康；二级标准是为了保护社会物质财富，包括对动植物、建筑物等的保护。

为推动企业承担起环境责任，新加坡在工业合理选址、危险有毒废弃物管制、空气和水等污染物排放和处理等方面也制定了非常详细的政策和措施规定。例如，新加坡对工业企业的选址非常严格，规定住宅区周围只允许设立轻工业，重工业只能设在指定的工业区，以减少工业污染对居民的影响。

（2）市场激励型环境规制。市场激励型环境规制所需成本低、效率高，有助于激励环保技术革新和扩散，逐渐得到越来越多国家的运用和重视。

许多国家的地方政府会通过采取财政、税收等市场激励型手段，来激励企业参与环境治理，推动环保产业的发展。例如，日本在《第三个环境基本计划》中明确，政府要积极研究和制定市场激励型手段，推进为促进技术革新而进行的环境投资，支持企业建立环境管理体系。积极运用环境管理体系、投资环保工作的企业会得到日本政府的良好信用评价，并获得一定的资金支持。同时，日本政府还推动成立和发展了环境财团，专门向治污企业提供环保贷款。加拿大等许多国家的地方政府也非常重视资助企业进行环保技术的研发和环保产品的生产。2013 年，加拿大对企业的这项资助资金占总投资额的比例高达 30%①，并呈现不断增长的趋势。

2. 政企合作

政企合作能激发企业治理环境的主观能动性，近年来日益受到各国政府的重视，以荷兰和新加坡为例。

（1）荷兰的政企合作模式。为加强政企合作，荷兰开创了自愿式契约的模式。在契约执行过程中，政府负责财政和政策等支持，企业负责达到节能减排的计划目标，第三方负责监测评估等，各自承担自己的职责和义务。

自愿式契约模式使荷兰环境治理有了更广泛的社会参与度。据统计，在执行《国家环境政策 1》的阶段，荷兰政府和企业共签订了 50 多份自愿式契约②，到《国家环境政策 2》结束，签订契约的数量上升到了 100 多个③。通过自愿式契约，政府赋予了企业更多的自主权和灵活度，较好地激发了企业的主观能动性，让企业决定如何去达到环境标准，从而有效地推动了国家环境质量的改善。

（2）新加坡的政企合作模式。实行有效的政企合作和合理的市场化运作模式是新加坡进行环境治理的重要手段。国家的环境工作主要由政府统一来组织和规划，但在实施这一阶段，则是由政府和企业紧密合作、共同完成。

政府建设环境基础设施、企业提供服务，是新加坡最为常见的政企合作形式。岛上约 67% 的公共清洁服务均是私人企业来完成。2001 年起，新加坡商店、住宅等的垃圾收集和运输已全面私有化，交由私人垃圾回收服务企业

---

① 仲伟合：《加拿大蓝皮书：加拿大发展报告（2014）》，社会科学文献出版社 2014 年版，第 13 页。

② Voluntary Agreements："The DutchExample"，available at http：//greenplans. rri. org. /resources/greenplanningarchives/netherlands/achives_netherlands. html，Accessedon October 3，2007.

③ Resource Renewal Institute，"The Netherlands National Environmental Policy Plan"，the Dutch Environment，available at http：//greenplans. rri. org/resources/greenplanningarchives/netherlands/archives _ netherlands. html，accessed on October 3，2007.

负责。垃圾分类后，企业把不可回收但可焚烧的垃圾送往任意一家焚化厂焚烧，不可回收也不可焚烧的则须全部送往实马高岛岸外埋置场填埋。实马高岛岸的垃圾填埋场为政府全额投资建设而成。在吉宝西格斯大士垃圾焚化发电厂项目中，政府将其建设和经营全部交给吉宝组合工程集团旗下的吉宝西格斯环境科技公司负责。项目合同金额达 5 亿新元，约定该公司必须提供 25 年的垃圾焚化服务。

（二）推动非政府组织参与环境治理

目前，发达国家普遍认可非政府组织在环境治理中的主体地位，重视其所发挥的环保作用。

1. 鼓励和推动非政府组织发展

许多国家政府会积极鼓励和推动环境非政府组织的健康发展。一般情况下，各国对非政府组织设置的登记审查门槛较低，但监管较严格。

（1）非政府组织的设立。各国非政府组织的设立门槛普遍不高，主要包括自由成立和登记设立两种模式。自由成立模式，是指非政府组织只要满足一定的人数即可成立，无须登记。这极大地鼓励了非政府组织的发展。例如，在美国，任何人都可联合他人成立非政府组织，为社会提供服务，无须政府批准。登记设立模式中，要成立非政府组织，必须办理申请登记手续，获得政府有关机构的批准。例如，日本环境非政府组织的发展主要由政府控制和推动。根据法律规定，非政府组织须通过认证、认可、许可任一方式向政府申请注册，经主管机关审查、批准后才能拥有合法地位。

（2）对非政府组织的监管。发达国家对非政府组织的运营监管普遍较为严格，目前主要有一元监管和多元监管两种模式。一元监管模式，指的是交由一个机构来负责非政府组织运营的监管工作。例如，英国政府把非政府组织的运营交由慈善委员会来独立监管。在多元监管模式中，多个不同的政府机构共同来监管非政府组织的运营。例如，日本非政府组织的监督机构由与其业务相关的政府机构组成，各监督机构间分工明确、详尽合理。无论是采取哪种监管模式，政府都监督其举办的活动和组织运营的全过程，从而有效地推动了非政府组织的科学运营和健康发展。

2. 支持非政府组织的日常活动

各国对环境非政府组织展开日常活动的支持主要有政府直接补助、委托提供社会公共服务和税收优惠等形式。

（1）政府直接补助。环境非政府组织属于非营利组织，其活动资金主要来自政府补助、企业和个人捐款以及赞助商，其中，政府补助是西方环境非政府组织的重要资金来源。以德国和英国政府为例。德国政府会赞助环境非政府组织制作和公发环保宣传小册子、举行环保图片展览和免费开办环保讲座等活动，政府资助金额占非政府组织资金的比重超过60%。英国政府则对公益活动实行财政转移支付政策，并将博彩年收入的16.7%划为非政府组织的长期发展基金。

（2）委托提供社会公共服务。向环境非政府组织提供资金支持时，发达国家政府往往会采取签订合同、委托其提供某些社会公共服务的方式，与非政府组织建立合作互助的关系。例如，20世纪70年代经济危机爆发时期，英国和美国政府通过和许多非政府组织建立合约，将大量的公共服务交由非政府组织提供。

（3）实行税收优惠。对于非政府组织，各国制定的税收优惠政策主要包括两方面，即对企业和个人的公益捐赠实行税收优惠、对服务经营性活动减免税费，但税收认定和税收优惠模式等则因国而异。例如，在美国，收入低于5000美元的环境非政府组织能直接享受税收优惠，其他则要向税务局申请并接受审查。而在英国，环境非政府组织不必向税务部门申请，只要拥有慈善委员会的慈善组织资格，便能享受税收优惠。

（三）推动公众参与环境治理

为鼓励公众参与环境保护，国外通常采取环境教育、环境规制和沟通合作这三种方式，约束其环境污染行为，促进形成注重环保的思想和行为习惯。

1. 环境教育

西方许多国家都非常重视环境教育，对环境教育给予了充分的法律保障，并在实践中逐渐形成了较为完整的环境教育体系。从各国实践来看，环境教育可分为学校环境教育和社会环境教育。

（1）学校环境教育。新加坡、日本等许多国家从小抓起，将环境教育融入了学校小学、初中、高中的教学中。日本出台的《环境基本法》将环境教育作为一项基本政策，明确规定了学校环境教育的主要方法和开展形式等事项。德国把环境教育的内容写入联邦各州中小学的教学大纲，将环保融入在各个学科中。各地根据自身实际情况，充分利用条件和资源让学生观察和实践，从而得到教育。国内各大景区、公园等也积极配合，一般免费向学生开放，让他们得以亲身体验。除了将环境教育纳入学校课程外，新加坡还提倡所有学校成立环境保护俱乐部，并在大专学府设立环保大使，国家政府官员也会定期前往学校举行演讲活动。

（2）社会环境教育。除了加强学校环境教育外，西方也非常重视社会环境教育。德国等许多发达国家都建立了较为完备且具体的环保法律规范体系，环保标准较为严格。这些环境法制建设对公民环保意识的树立和环保行为的养成影响深远。此外，不少国家还发表了一系列与环境污染及其危害有关的研究报告，提高了公民对环境保护的重视程度。澳大利亚的领导官员带头深入民众宣传环保，推动社会环境保护风气的形成。例如，澳大利亚的州长亲自示范如何节水，帮助民众家庭安装节水洗衣机和双重冲水马桶等环保产品，并向市民推荐环保网站。

2. 环境规制

许多国家会利用行政、财税等手段来鼓励公民减少生活污染、进行绿色消费，具体可分为命令控制型和市场激励型两类环境规制。

（1）命令控制型环境规制。各国对公民的命令控制型环境规制主要体现在环境不友好产品的使用和垃圾处理上。以法国和德国为例。

为了改善空气质量，法国在改变居民生活习惯方面制定了多项措施。一是提升家用取暖设备的环保性能。通过给火炉等有关设备设置“绿火焰”五星标识，来确定其排污标准。二是禁止环保未达标的摩托车上路。政府制定了较为严格的摩托车辆尾气排放标准，并规定摩托车上牌后每两年要接受技术检测，未达标者不得上路。三是要求居民将绿色垃圾作为家庭垃圾进行处理，禁止露天燃烧。其中，绿色垃圾指的是对花草树木等修剪整理后残留的废弃物。违反者，政府视情况差异设有具体的处罚条例。

德国对居民进行垃圾分类和处理的规定非常严格。各州对垃圾的分类有所不同，但对垃圾的分类大体包括：有机垃圾、有害物质垃圾、大型垃圾、轻型包装、旧玻璃以及其他垃圾六大类，需要投入不同颜色的垃圾箱。对于垃圾分类和处理不当的家庭，德国也会处以罚款等惩罚。

（2）市场激励型环境规制。各国对公民采取的市场激励型环境规制，主要包括环境税费、财政补贴和奖励。

发达国家普遍会对公众产生环境污染的行为征收环境税。例如，法国对公众征收垃圾污染税，要求公众承担政府收集和处理垃圾、管理垃圾处理站等的费用。德国则对公众使用柴油、汽油等传统能源产品征收生态税。

与环境税费相反，补贴和奖励通常被政府用于环境正外部性行为。例如，为了提高废弃物回收利用率，从2001年6月起，英国中央政府环境、食品和农村事务部对回收、再利用废弃物的行为给予物质奖励和认可。物质奖励，包括现金、抵用券以及货物与服务折扣等。认可，则包括对一家庭如何循环利用废弃物的个人反馈、一封有关捐赠物品如何帮到当地社区的信。

3. 沟通合作

发达国家普遍都重视政府和民众的互动，主要通过保障参政议政的权利、加强政民之间的合作这两种方式来加强与民众的沟通，调动民众的积极性，推动公众参与环境治理。

（1）保障参政议政的权利。西方各国大多建立起相对完善的制度，以保障公民充分参与环境保护的权利，即知情权、参与权、表达权与监督权。许多国家政府的环境信息公开渠道众多，透明度较高，方便公民了解环境现状。例如，日本电视、网络等各大媒体均有发布环保信息的平台。其中，每个地方政府的官网都设有环保部门专题，内容一般涉及本地区的环保政策和环保生活知识，简单明了，通俗易懂。法国公众参与环境治理主要包括知情、咨询、商讨和共同决策等形式。在制定环保法律法规和有关政策制度时，政府各级环保部门和机构都要广泛且反复地听取专家、民众等各方的意见，集思广益，以确保环保决策的民主性，增强环保法律法规和有关政策制度的可行性。

（2）加强政民之间的合作。不少发达国家在环境治理的过程中，积极推进政民合作模式，让公民在参与的过程中获得经济和生态双收益。德国莱茵河的污染防治可谓政民合作的典型代表。为调动莱茵河流域居民参与环境治理的积极性，德国政府采取了成立莱茵河治理股份制管理机构的方式，鼓励流域两岸的居民入股，参与莱茵河生态环境的治理和维护，让居民在治理的过程中收获环境和经济双重收益。如今，莱茵河已恢复生机，水质干净，成为全球管理得最好的河流之一。

二、多元环境共治体系中的企业自律

随着环保理念日渐深入人心，发达国家企业参与环境治理的程度大大提高，从过去被迫遵守有关环保法律法规，逐渐转向自觉加强环境治理和保护，通过环保技术和产品研发、清洁生产等方式，承担起清洁生产、污染防治等的环境责任。

（一）环保技术和产品研发

在绿色经济和绿色增长的激励下，各发达国家企业的环保投资越来越成为国家环保资金的重要来源，许多企业都非常重视对环保技术和环保产品的研发。

美国、欧盟等对环保技术和产品的研发经费普遍呈现不断增长的趋势。目前，欧盟许多国家对环保技术和产品等的研发经费占 GDP 的比重已达 2% 左右。其中，德国对此的研发经费所占比重接近 3%，来自企业的研发投入就占据大约 90%。根据德国联邦统计局有关数据，2010 年，德国生产企业（不含建筑业企业）共投入约 240 亿欧元的环保资金，其中，购买设备投资 60 亿欧元，年度环保开支 178 亿欧元。与 2009 年 56 亿欧元的企业环保投资相比，增长了 7.6%。[①] 即使是在经济危机之年，德国企业的研发投入仍不断在增长，投入占 GDP 的比重超越了大部分欧盟成员国。而在法国，企业环保技术和产品研发投入也明显增长。2000 年，法国企业用于环保技术和产品的研发支出占环保总支出的比重约为 6.7%，到 2010 年，该支出比重已上升至 12.2%。

而在各国开发的新产品中，环保产品所占的比重也越来越大。在美国，该比重早达 80% 以上，德、日等国家环保产品所占的比例也早已超过 60%。如今，环保产业不断发展壮大，已经成为许多发达国家经济的支柱产业。

（二）清洁生产

为实现国家和社会的可持续发展，许多发达国家都推行循环经济政策，企业也普遍重视进行清洁生产。

日本曾饱受工业污染之苦，但在进行环境污染治理的过程中，企业发挥了非常重要的作用。在四大公害肆虐时期，为了防止公害，日本设立企业公害防止管理员制度，企业每年必须选拔公害防止管理总管、公害防止管理员等，向地方自治体汇报企业排污监测和排污设备状况。

此外，根据《关于通过促进提供环境信息等促进特定企（事）业者等开

---

① 卢洪友等：《外国环境公共治理：理论、制度与模式》，中国社会科学出版社 2014 年版，第 288 页。

展环保型事业活动的法律》，日本企业的环境管理部门每年要编制该企业的环境报告，向社会披露企业清洁生产等环境信息和社会贡献情况。投资者、供应商、消费者等信息使用者均可免费获得。

如今，日本企业仍非常积极地研发清洁生产技术，建设了许多生态工业园区，形成了“自然资源—产品—再生资源”的循环经济产业。电力、钢铁、邮电、汽车等许多行业企业在生产运营的过程中，也积极地参与绿化环境，每年投入大量资金，营造公益林或在企业周围建设环境保全林，促进环境质量的改善。

在德国，环保理念对企业生产和经营的影响非常深远。德国企业通常会制定和执行比国家制定的更为严格的环保标准，以体现企业自身对环境保护的责任感，从而树立良好的企业形象，提高品牌知名度。相关数据显示，取得ISO14000环境管理体系认证的欧盟企业中，德国企业占据的比重为67%左右①。

三、多元环境共治体系中的非政府组织协同

发达国家环境非政府组织数量众多，功能各异。目前，美国各类型的环境非政府组织已经超过1万个，日本的环境非政府组织数目已达1.5万个。各国非政府组织大多通过加大环保宣传和教育力度、参与制定环保政策和规划，以及监督政企环保行为的方式来参与环境治理。

（一）加大环保宣传和教育力度

各国环境非政府组织主要通过开讲座、开环境展览会等形式，深入民众宣传环保知识，以推动全民环保意识的提高。

日本环境非政府组织的活动以环境教育为主，几乎涵盖所有的环境事项。日本环境非政府组织的活动范围主要有环境教育、美化清洁、城市建设、沙漠化防治等15项。其中，环境教育活动的比例最大，高达45.7%②。

澳大利亚环境非政府组织的表现也非常突出。澳大利亚著名的非谋利环保志愿团体——CVA组织，成功地把环保意识推向了全世界。它推出的“环

---

① 黄海峰、刘京辉：《德国循环经济研究》，科学社会出版社2007年版。

② 郭印：《借鉴日本经验发展中国环境非政府组织》，《环境保护与循环经济》，2010年第7期。

保体验”计划，吸引了数以千计的国际环保人士前来参加，不少欧美的学生甚至会在假期跑到澳大利亚来当环保志愿者。此外，每年有近500万的环保志愿者会加入该国最大的社区环保组织：“清洁澳大利亚”，定期去清理海滩，美化社区和公园的环境。

（二）参与制定环保政策和规划

不少环境非政府组织里拥有经济学、动植物学、生态环境保护等各领域的专业人士，在参与制定环保政策和规划时能提出专业和有针对性的意见和建议。

德国的非政府组织在参与环保治理方面发挥了重要作用。各类非政府组织经常通过写信或抗议的方式，来向政府提出相关环保意见和建议，并代表居民意愿，参与制定政府的环保政策和企业的环保规划。其中，“拯救我们的未来”环境基金会颇具代表性。由于发现日常体育活动会造成资源消耗、产生大量垃圾等环境问题，该基金会联合德国体操联合会，成立了体育与环境办公室，专门研究体育活动中的环境保护问题，对政府环保政策的制定，具有重要的参考价值。

美国的环境保护协会在国际国内大气、水、食品安全、生物多样性等诸多环境保护领域都具有较大的影响力。该环境保护协会会员超过40万，研究环境问题及可持续发展政策长达20余年，综合运用经济、法律等各种手段，推动了全球环境保护思想和行动的变革。例如，它积极提倡运用市场手段治理环境，为制定全国酸雨控制计划提供了关键的设想和技术支持，提出的排污权交易概念被《京都议定书》所采纳并定为核心思想，贡献突出。

（三）监督政府和企业环保行为

西方非政府组织非常注重监督政府、企业环保行为，监督方式主要包括关注政企环保信息、参与环境审计、提起环境诉讼等。

澳大利亚的非政府组织对大型金融机构实行“环境会计审计制度”，发挥了重要的作用。除了审核评估新建或已建企业的财务收支之外，非政府组织还会审查其环境污染和资源消耗等情况，监督企业的日常生产和经营行为。堪培拉一建筑开发商在设计与建设一座大厦的过程中，非常注重土地的有效利用、环保材料和能源的使用，获得绿色建筑管理委员会的一致认可，从而提高了企业知名度，使该企业成为行业的典范。

加拿大的森林管理委员会对政府有一定的环境审查权。该委员会成员来自全国各地，主要由有关领域的专业知名人士担任，只向公众负责。按照有关规定，该委员会可自主选择审查方式，审查政府和工商企业的森林作业行为等，并可自主公开发表报告，政府无权对其进行修改和评价。它可检视政府决策，提出有关意见，如提请政府做出一定的强制措施和处罚。该委员会并无处置权，但政府和企业迫于公众的舆论压力，往往会接受其有关的意见和建议。

四、多元环境共治体系中的公众参与

由于各发达国家越来越重视环境问题，公众的环保观念也在发生变化。他们在日常生活中大多形成了绿色生活方式，也养成了参与环境公共决策、监督政企环保行为的习惯。

（一）形成绿色生活方式

注重绿色生活已成为西方各国大多数民众的常态，他们主要通过绿色消费、注重垃圾分类和绿色出行来减少生活污染。

美国、日本等许多发达国家的绿色消费实施率极高。据统计，日本企业和居民的购买绿色产品实施率从 2001 年的 50.1% 上升至 2010 年的 71.9%，绿色消费率得到极大的提高①。目前，无环保标志的产品很难得到日本公众的认可。

在韩国、德国等国家，垃圾分类早已成为民众的一种生活习惯。韩国把生活垃圾划分为可回收垃圾、食品垃圾、粗大垃圾和一般垃圾等类别。废纸、金属及塑料类等不同种类的垃圾需要使用不同颜色的垃圾袋，并在不同时间扔进不同的垃圾桶，甚至连居民每天扔什么类型的垃圾都有所统一。随着政府环保政策的推行和环保理念的深入人心，几乎每个韩国人都能准确且自觉地进行垃圾分类。

绿色出行方面，英国可谓典型代表。英国拥有非常发达的公共交通和 1000 英里长的自行车线路网。居民大多采取步行、骑自行车或乘坐公共交通工具出行。前首相卡梅伦等政界名人也身体力行，经常骑车或搭乘地铁上班。

---

① 卢洪友、祁毓：《日本的环境治理与政府责任问题研究》，《现代日本经济》，2013 年第 3 期。

近期，英国还计划投资建设电动车免费停车场，方便公众绿色出行。

（二）参与环境公共决策

在环境治理的长期实践中，发达国家普遍建立起了适应国情的环境公共决策公众参与机制。公众参与环境公共决策，通常的做法是：公众通过关注和了解相关环境信息，以参加听证会、说明会等形式，参与到环境立法提案、环境规划和环境项目决策中。

以日本为例，日本在制定《第三次日本环境基本计划》时，花费了一个月在国内各地区举行该计划的研讨和意见征集会。专家、社会团体代表和普通民众共计 150 多人参与了会议，不少民众还在场地站着旁听。他们积极和政府官员交流各地区特有的环境问题，并提出了相应的解决建议。这些意见和建议后来也被有关部门作为参考，写入了正式的环境基本计划中。

（三）监督政企环保行为

西方公众的权利意识和民主监督意识较强，非常关注地区环境信息和企业排污信息的公开，并积极通过媒体曝光、环境诉讼等方式发表意见，监督政府、企业的环保行为。

环境诉讼是西方民众监督政企环保行为的重要手段。以美国为例。美国公民在环境公益诉讼中处于主导地位，能有效地监督政府和企业的环保行为。美国环境法规定，所有公民都有权对任何涉嫌违反《清洁空气法》等相关环保法律的单位（包括政府机关）和个人提起环境诉讼。当公民认为各政府机关、私人企业等污染源违反了法定的或有关行政机关核定的环境治理义务，或者负有环境义务的政府机关不作为时，便可提起环境公益诉讼。如今，该环境公益诉讼制度已经成为环境执法的重要补充，有效地打击了美国环境违法行为。

本章小结

本章介绍了地方政府环境治理的国际经验，包括环境事权划分、环境治理手段优化和多元环境共治体系构建等方面的经验。在介绍国外环境治理经验的过程中，梳理出各国实践的特点，总结了值得我国借鉴和参考的地方。

环境事权，包括政府与市场环境事权以及政府间环境事权。合理划分环境事权是有效实施环保工作的前提和基础。发达国家对环境事权的划分较为合理，政府、市场、公众的环境责任定位较准确，各层级政府的环境职责界定较明晰。其经验对我国的启示在于：第一，加强环境事权划分的法制建设；第二，促进政府间财力与事权相匹配；第三，推动相关配套政策改革。

环境治理手段包括命令控制型手段、环境税费制度以及排污权交易制度等。发达国家运用命令控制型手段已相当成熟。我国地方政府在完善命令控制型手段时，能够借鉴的国际经验有：第一，健全环境治理的法律体系；第二，完善环境治理的管理体制。OECD 国家征收环境税已经历了三阶段的发展历程，现行环境税收种类繁多，注重税收减免和差别税率，实行环境税收专款专用。其经验对我国地方政府改革环境税费制度，具有很强的参考价值。在美国、欧盟等少数发达国家，排污权交易制度初见成效，但仍有不足。我国地方政府在推广应用排污权交易时，应当科学界定排污总量，确定合理的排污权初始分配方案，同时建立起排污权交易市场及服务系统。

许多发达国家在环境治理的过程中，逐渐建立起了较为完善的政府、企业、公众等多元共治的环境治理体系。各国非常重视政府在多元环境共治体系中的核心主导地位，企业、非政府组织和公民也积极参与环境治理。在构建多元环境共治体系时，我国政府可借鉴 OECD 国家的经验，采用环境规制、环境教育、支持环境非政府组织发展、政企合作、政民合作等方式推动各主体参与环境治理。企业则可通过研发环保技术和产品、清洁生产承担起环境责任。非政府组织和公众也可通过加大环保宣传、形成绿色生活方式、参与制定环保政策和规划、监督政企环保行为等途径，加大对环境治理的参与力度。

第六章　优化地方政府环境治理的政策建议

与中央政府相比，地方政府更能接近公众偏好，在环境治理方面，拥有明显的先天信息优势。本章将从明确环境事权划分、完善财政体制、优化地方政府环境治理手段、构建政府、企业、公众共治的环境治理体系四个方面，为我国地方政府环境治理的优化提出政策建议。

第一节　明确环境事权划分

一、环境事权的纵向划分：中央与地方的环境责任

政府责任划分是整个财政体制的运转基础。十八届三中全会指出，应该“明确事权。合理调整并明确中央和地方的事权与支出责任，促进各级政府各司其职、各负其责、各尽其能。”

各级政府主要依据公共需求的层次性，来划分环境事权[①]。在政府范畴内，应明确各级政府的环境事权划分及其投资范围和责任。一般而言，中央政府应当更多承担宏观层面的环境保护责任，地方政府重点负责区域性环境保护。

（一）中央政府的环境责任

中央政府承担的环境保护事权包括：环境保护相关政策法规的制定，中长期环境保护规划，跨区域和跨流域环境保护规划，监督地方政府制定区域

---

① 逯元堂、吴舜泽、陈鹏等：《环境保护事权与支出责任划分研究》，《中国人口·资源与环境》，2014 年第 11 期。

环境保护规划，监督地方政府实施区域环境保护规划，环境监测，引导和培育环保产业发展，重大技术、政策、模式的试点示范工作，国家级自然保护区建设，建立全国统一的环境标准，全国性环境基础设施建设，环境教育科研以及全国范围内实现环境公共服务均等化等。

（二）地方政府的环境责任

地方政府环境保护事权应当涵盖：城市污水、垃圾处理，城市环境基础设施建设，城市大气污染治理，农村环境保护，退耕还林、退牧还草工程，区域内流域环境保护，企业污染排放监察，辖区环境保护执法，辖区内环境保护奖励，地区环境保护规划制定，引导公众参与地区环境保护，发布地区环保相关信息等等。

（三）中央与地方共担的环境责任

环境保护中央与地方共担部分，可以考虑实行中央环保补贴与扶持。实际操作中，根据地方实际财力以及环保项目外溢性程度，测定共担比例。中央财政进行转移支付时，更多采取一般性转移支付，加强地方预算管理。

环境保护是具有外溢性的公共商品，由中央政府统一协调能有效解决外溢性的问题，实现环境公共服务均等化。因此，部分环境事权，如生态环境监测事权，应当逐步上收至中央政府，避免地方政府环境保护事权过重。

以上只是对中央与地方的环境责任，进行了原则性、笼统的划分。实际中，应该具体情况具体分析，根据地方的区位条件、环境效益外溢性程度等，进行细致划分。此外，应关注省以下政府环境事权的合理划分。

二、环境事权的横向划分：跨区域环境治理机制

实现地方政府的跨区域合作，关键在于打破行政区划的刚性束缚，树立区域共治的理念。“囚徒困境”的博弈理论表明，共赢是对双方最有利的结果。因此，顺利解决跨区域环境问题的最佳途径，就是地方政府间的合作。

（一）强化中央政府的指导作用

中央政府作为权力中心，可采取行政指示手段，促使各个部分协调统一，在地方政府的博弈结构中，发挥信息沟通与冲突裁判的作用。通过丰富与强

化宏观调控手段与能力，中央政府可加强政策执行的监督力度，从而进一步提高其财政能力，集中管理环境事务。具体而言，作为环保的最高机构，环保部的重要职责包括制定环境政策和规划、实时监控政策执行与反馈情况、审批重大环境项目以及监督重要环境组织活动。为有效约束地方政府，环保部可以实施三个核心手段：设置最低标准；建立检测制度；实行转移支付。

（二）构建地方政府沟通协作机制

现阶段，地方政府之间在环境治理上已达成一些合作，例如签订区域环保合作协议、实施区域或流域生态补偿机制、制定区域环保规划、区域环境执法联动机制等。然而，目前已实现的合作还存在一些问题：持续性较差，以短期为主，在资金保障、人员配备等方面缺乏制度化的保障。针对目前存在的问题，地方政府之间应该建立一种主动协调合作的长期机制。

沟通协作机制，包括规范有关沟通协作的主体、方式及运行等内容。该机制的核心，在于通过相应的组织形式，加强环境管理机构和区域内各行业间的交流和协商。

1. 环境信息共享机制

目前，在许多区域内，地方政府之间的环保信息尚未实现共享。这容易导致资源分散，无法实现充分优化利用，交易成本虚耗，难以及时做好预防措施。在这方面，粤港的环境信息共享机制建设成效显著，特别是空气监控信息共享较为成熟。粤港合作建立了空气监控网络，其中包括 16 个分布于整个珠江三角洲地区的空气质量自动监测子站（珠江三角洲经济区 13 个，香港 3 个），其核心监控网络，则由广东省环境监测中心与香港特区环保署共同构建。未来，应该在地方政府之间，建立起这种信息共享机制或平台，提升地方政府对所在区域环境状况的整体把握力度，以便及时采取预警、防范措施。

2. 区域生态补偿机制

2016 年 5 月 13 日，国务院出台《关于健全生态保护补偿机制的意见》，其中强调了“谁受益谁补偿”原则的重要性，提出加快形成受益者付费、保护者得到合理补偿的运行机制。目前，我国的生态补偿主要有中小流域上下游间以及城市水源地生态保护等问题，例如广东省对境内东江等流域上游的生态补偿、北京市与河北省合作保护境内水源地等。可以吸取已有经验，根据不同区域经济与生态的实际情况，遵循环境资源有偿使用原则，推动地方政府逐步建立生态补偿机制。政府应发挥引导与平台搭建作用，行政区域内部协商，通过一对一交易、公共支付、实物补偿、政策补偿等方式，落实资金保障，保证区域间的有效补偿。

3. 区域产业合作机制

同一区域的经济布局联系紧密，产业布局也有其内在的空间组合规律。因此，要想解决区域结构性污染造成的环境问题，必须实现地方间的产业协作，按照经济区域来组织生产和流通，实现环境保护区域共同发展。应坚持市场主导、协同合作、互利互补原则，把握大方向，采取园区共建、资源互换等方式，以实现产业共育与利益共享，最终建立环境共治的长效机制。

4. 环境保护联合执法机制

环境保护联合执法机制，是指联合执法队依法检查可能造成跨区域污染的企业等，及时处理可能发生的污染事故，促使企业达标，推动实现地方政府间的相互合作的机制。一般情况下，联合执法队由区域内各个地方政府环保部门组成。环境保护联合执法机制，主要包括跨区联动和交叉执法。各级部门应结合实际情况，根据自身的执法特点和专长，来形成一个良好的共同学习、合作研究的联合执法氛围，努力实现证据信息共享，提高调查取证水平。此外，还应建立紧急案件联合调查机制，做到执法工作的无缝衔接。

5. 监督约束机制

应综合利用法律、经济、社会等各种手段，建立健全监督约束机制，从而推动实现地方政府间的长久和稳定合作。法律的手段，包括制定标准、规定责任；经济的手段，包括市场准入、排污收费、生态补偿等；社会手段，包括信息公开、非政府组织及公众参与、媒体披露等。

（三）完善跨区域环境治理组织

跨区域环境治理组织应该为协作各方，搭建平等协商对话的平台。现阶段的主要任务，是建立健全多层次的区域性环境治理机构。

1. 国家层面，建立区域性环境管理协调机构

考虑在环保部下增设区域协调司，其职责在于处理跨域环境管理的相关工作。主要功能包括：指导国家重点区域环境保护规划，并监督执行情况；拟定区域性环境管理的法律和制度；管理国家重点区域管理机构；处理重大跨域污染事件等。

需注意的是，只有在地方政府间产生环境治理冲突或纠纷，或某些地方政府行为严重损害环境时，该协调机构才应出面解决，突出其仲裁性质。同

时，环保部下放权力至区域环保督查中心，赋予环保督查中心更多的行政权力与自主权，增强行政资源配置，使其具有充分职权来监管辖区内的环境事务。

2. 建设省际协调管理机构

除国家层面的协调管理机构外，区域环境相关各省间应共同建立省际环境管理协调机构。以美国南海岸区域，空气质量管理区的大气环境管理机构为例。该区域管理部门在立法、执法、监督等方面拥有权限，为进一步协助工作，可采取达标辅助、重点扶助、技术推广、规划制定、宣传教育等各种手段。

我国区域环境省际协调管理机构的设立有两种操作思路：一种思路是，在现有省际联席会议基础上，该机构进一步细分为环境事项小组，小组内部由不同职能部门组成，最终构建多层次的系统协调机构体系。另一种思路是，建立综合性的区域环境保护合作组织，由参与地方的主管副省市长任主任，秘书长由各省市政府副秘书长担任，成员单位包括各委、办、局和市县政府，下设办公室和专项工作组。

3. 加强多元主体参与治理，实现治理结构网络化

环境治理整体性、系统性的实现，有赖于全体社会的参与。因此，地方环境治理的主体，还应包括企业、公民和非政府组织等，必须尊重各地多元主体的地位和诉求。公众参与是地方政府环境跨域治理的必要补充。各类社会精英、社会团体、企业管理和经营者，都是推动地方政府协作的组成部分。各类半官方和民间的跨地区环保组织、企业、金融机构、服务机构、研究机构、大学、社会团体等等，都可能存在多层次交叉合作协调的情况。因此，可以在污染治理中引入更多的民间力量，从而实现多方共赢的环境治理格局。

第二节　完善财政体制

一、加强地方税体系建设

（一）适当扩大地方税收权限

十八届三中全会决定明确提出，“落实税收法定原则”，十八届四中全会着重研究全面推进依法治国的重大问题。税收法定，是现代国家的民主、法

治理念在税收领域内的体现。今后，在确保税政统一的前提下，适当赋予省级政府税收管理权限，重点培养地方主体税种。对于一般地方税税种，在坚持中央统一立法的基础上，给予省级政府税收权限，例如减免税权、税目税率调整权等，并允许省级人民政府制定具体实施细则或办法。

（二）完善地方税种建设

设计新一轮的财税体制制度时，要培育较为稳定的地方政府的主体税种，通过一系列的税制改革，构建一个促进“科学发展、社会公平、市场统一”的税收体系。

1. 强化资源税功能

发挥资源税税收功能，结合不同地区的实际情况，逐步扩大资源税的征收范围；适当提高资源税的税率，增加税负水平，加强调控功能。

2. 改革城建税

应在保障受益与负担对等的基础上，适度扩大城建税的征税范围，将以增值税、消费税为依据计税附征，改为以销售收入为计税依据。同时，把与城市建设有关的各类行政收费，纳入城建税范畴，并按照城市规模，实行城建税差别税率。

3. 整合完善房地产税

可以考虑把现行与房地产有关的房产税、土地增值税、土地使用税和土地出让金等税费，统一整合为房地产税，并将其作为地方政府重要的财力来源。

二、完善生态财政转移支付制度

（一）健全生态转移支付体系

一方面，改革省级生态保护转移支付制度。实现生态转移支付的纵向与横向有机结合。开展地区间环境保护财力对口支援，环境保护事务双向促进，才能协调疏通不同地域、不同级别间环境保护财权划分工作，实现环境保护公共服务供给均等化。

另一方面，建立省以下生态转移支付制度，以解决省域内流域环境保护的问题，以及省域边界环境治理困难的问题。具体可以从以下几个方面着手：第一，立法规范省以下生态转移支付制度；第二，明确划分各级政府环境保护事权；第三，加大对省域周边发展稍落后地区的转移支付力度；第四，建立省域内环境保护横向转移支付制度，可由双方地方政府谈判决定转移支付的标准，其共同上级政府监督转移支付的实施，并进行绩效评价。

（二）科学测算生态转移支付标准

首先，明确科学测算方法。机会成本法，是各国通常使用的生态补偿标准测定法，即以生态环境保护者的机会成本来确定补偿标准，以提高我国生态补偿测算的准确度。从更深层次的角度来说，我们所确定的基准指标，应为生态保护者的机会成本和直接投入之和。其中，直接投入主要由纠正环境污染行为而产生的经济损失、为了修复和保护环境而投入的人力、物力和资金等构成。发展机会成本，指因推动生态保护而放弃经济发展导致的财政减收增支，如由于产业转型而造成闲置劳动力成本增加、行业税收减少以及为了实现新产业发展而投入的大量设备、技术孵化、人员培训费用等。

此外，在制定不同地区的补偿标准时要因地制宜，适当结合当地的其他补偿标准测算方法，如受偿意愿法、利益相关方博弈法等。重视相关利益博弈各方的诉求，结合环保提供者的受偿意愿，合理测定转移支付标准，提高各方环保积极性。

最后，合理界定生态补偿转移支付系数。一方面，对资金分配方式进行调整，以“标准财政收支缺口”为中心内容。在测算标准收入时，将原先的“基数+增长”模式转换为“零基预算”模式；在测算标准支出时，除了一般性公共支出外，还应将生态保护支出因子考虑进去，强调建立重点生态功能区的重要性。此外，用“生态功能区全体居民”替换公式中的“财政供养人口”，从而有效防止出现逆向调节，即比重高的财政供养人口、财力匹配较强的地区，其生态转移支付也较高。

另一方面，要将重点生态功能区的类型化生态职能的作用充分发挥出来。在主体功能区分类指导下，根据不同生态类型（如生物多样性维护型、水源涵养型、水土保持型等），考虑各功能区的现实情况，制定针对性补偿方式，进一步细化补偿标准。

（三）完善生态转移支付监督制度

首先，生态财政转移支付政策功能的有效发挥，需要加强对执行过程的监督管理。完善生态转移支付监督制度，应树立全程监督意识，更多地强调事前与过程监督，而不仅仅是事后监督。需要强调的是，生态转移支付监督的重点，在于监督资金的使用。监督范围涵括转移支付项目立项，执行监管、项目验收全过程，提高资金分配透明度，以及推进公正、公开的最大化。

其次，发挥审计职能。通过开展对生态转移支付资金拨款的审计，以规范资金的使用，有效发挥资金的环保效益。应明确生态转移支付资金的使用权限、分配使用、监督管理的办法等，使生态转移支付资金拨款制度化、规范化、透明化，重点审计资金的实际用途与使用效率，可考虑聘请第三方专业机构进行审计。

最后，建立严格的责任制度。明确追责程序，落实责任主体，规范监管机构。重视公众和媒体的监督力量，推动生态转移支付资金审计公告通俗化、透明化，加强信息公开，加大社会监督力度。

第三节　优化地方政府环境治理手段

一、完善地方政府环境规制

（一）健全环境保护法律体系

地方政府环境治理法律保障体系，需要立足于一套结构完整、有机联系的法律制度。从类型上分，主要包括：预防性制度、管控性制度以及救济性制度。

预防性制度，可分为生态规划制定、环境标准设置、环境影响与风险评估以及环境信息公开等，主要应用于环境污染、生态破坏预防领域；管控性制度，可分为生态经济调控、生态总量控制、生态权属与许可审批，主要应用于环境污染、生态破坏管控领域；救济性制度，可分为生态修复与补偿、环境公益诉讼制度等，主要应用于环境污染、生态破坏损害救济领域。

上述各项主要制度并非孤立存在，而是相互配合，共同作用的有机整体，其法律体系可以包括生态文明建设基本法、生态保护法、自然资源保护法、污染防治法、专项环境管理制度法等各项法律法规。

（二）构建新型环境保护标准体系

我国的环保标准应参考并融入国际环境标准，逐步向国际标准看齐。应借鉴发达国家的经验，制定环境监测的标准和方法，并结合中国环境特色，确定我国环境质量指标，积极响应国际环保要求。例如，可借鉴美国的《清洁空气法》，从地面臭氧、颗粒污染物、一氧化碳、二氧化硫和二氧化氮五个方面，来检测空气污染状况。

同时，重视建立源头性、全过程的环境标准。应完善我国的产品环境标准体系，建立健全产品生命周期的全过程控制体系，实现过程控制与末端控制的有机结合。

二、完善环境税制体系

（一）开征环境税

1. 加强排污监控工作

2003 年以来，我国排污费征收模式是：由环保部门负责核定排污费数额，而后，环保行政主管部门负责核定污染物的排放，并向排污者送达排污费缴纳通知单，征收流程冗杂且成本高，进而导致征收部门不能对所有企业做到应收尽收，排污费制度的执行力度小。2014 年，政府做出调整排污费征收标准的通知，文件中提出了加强污染物在线监测的要求，要求截至 2016 年底，所有国家重点监控企业都要以自动监控数据为标准，核定排污费。

2. 逐步推进排污费改税工作

我国第一部《绿色税法》——于 2018 年 1 月 1 日起施行的《中华人民共和国环境保护税法》规定，在中华人民共和国领域和中华人民共和国管辖的其他海域，直接向环境排放应税污染物的企业事业单位，和其他生产经营者，将成为环境保护税的纳税人①。

环境保护税是酝酿了近十年的新税种，与排污费进行制度衔接和转换，并在开征前设置了一年多的过渡期。过渡时期通过观察征管和污染物检测经验，逐步应用到其他的污染物，完善环境保护税的适用范围。这期间有很多需要考虑的内容：如环境保护部门和税务部门的信息共享与协作，环境保护税与具有环境保护作用的税收之间的合理征收问题，对纳税人的信息如何分类管理等。

---

① 《中华人民共和国环境保护税法》（2016 年 12 月 25 日审议通过，自 2018 年 1 月 1 日起实施），第 1 章第 2 条。

排污费改税工作体现了“税负平移”的立法原则，总体不增加企业负担。这是借鉴了国际上环境税改革的经验，目的是为了平稳过渡，顺利推进环境税制改革。而改征环境税后，意味着对污染行为，从收费时代迈入征税时代。而以税收执法代替环境执法，则弥补了排污费征收缺乏刚性的不足。

此外，国务院决定，环境保护税全部作为地方收入①。此举有利于促进各地保护和改善环境，以及增加环境保护投入。

3. 合理确定环境税税率

排污费改税的重要工作是制定环境税税率，要想达到使企业生产污染排放所产生的负外部性内部化，从而抑制企业污染排放的效果，环境税的税率应当至少等于污染物的边际治理成本。从上文的实证结果得知，不同区域排污费的减排效果存在较大差异。这说明统一的排污税率对不同的区域，不能实现同样的减排效果。

因此，在排污费改税改革过程中，对污染物确定统一的征收税率后，为实现更显著的减排效果，应赋予地方在一定区间内自主调节税率的权限。具体看来，对于高工业化区域，排污费减排效果较其余区域显著。可以鼓励当地政府在基本排污税率的基础上，提高该区域的排污税率，实现更佳的减排效果。

（二）完善现有环保性质税种

目前，中国税制中，缺乏对环保方面的税收规定的整体设计，各税种各自独立、互不衔接，难以形成合力，进而系统地调控环境问题。因此，需要对现有的环保性质的税种和税收政策进行改革和完善，以将其整合为一个高效的环境税费体系。

1. 完善资源税相关制度

想要进一步完善我国现行的资源税有关政策和制度，主要从以下几方面入手：（1）扩大征税范围。与发达国家相比，我国的资源税征税范围较小，难以缓解我国资源短缺和资源利用率不高的现状。因此，及时适当地扩大资源税的征税范围势在必行。新一轮资源税改革以来，已对森林、草场、水、滩涂等开征资源税，征税范围有望继续扩大。（2）提高税率。目前我国资源税的税率较低，而且各档之间的差距较小，难以真实体现出自然资源的实际

---

① 《国务院关于环境保护税收入归属问题的通知》。

价值，特别是一些短缺资源的价值，也很难真正意义上约束纳税人的过度开采行为，无法有效地限制高耗能产业的发展，不利于产业结构的优化升级。所以，应进一步提高资源税的税率标准，以此来推动资源的有效利用，从而实现可持续发展。

2. 完善车船税相关制度

车船税的完善主要包括：（1）调整税额分区。目前的车船税税额较低，各种排量的汽车税额的差别也不大。为了能够鼓励消费者购买小排量的汽车，抑制大排量汽车的购买量，可以对车船税的税额分区做出调整，减少小排量汽车的纳税额度，成倍增加大排量汽车的纳税额度，以减少大气污染物的排放，提高空气质量；（2）加大优惠力度。随着科学技术日新月异，许多新技术可以应用在汽车的节能减排上。目前，车船税在鼓励高新技术的应用上，税收优惠并不明显，因此，可以加大有利于汽车节能减排新技术应用的优惠政策，促进绿色高科技的发展。

3. 完善耕地占用税相关制度

近年来，由于房地产市场价格居高不下，不少人为了个人利益，将耕地用于其他非农业用途。为了能够更好地保护耕地资源，可以对耕地占用税进行相关改革。比如，可以适当提高耕地占用税的税率，扩大耕地占用税的征税范围，以便发挥保护耕地、合理利用土地资源的作用。

三、优化环境保护支出

（一）加大环境保护财政投入

截至 2014 年，我国国内生产总值为 634043.4 亿元，全国节能环保财政支出为 3752.24 亿元，节能环保财政支出占 GDP 的比重为 0.59%。相比之下，发达国家环境保护投入占 GDP 的比重，保持在 2%。此外，我国的财政性环保投入，依旧是问题导向型的应急式投资，缺乏长期、持续、稳定的资金投入作为支撑。为了保护生态环境、实现可持续发展，我国必须建立财政对环境保护的长效支持机制。

1. 健全财政资金投入机制

一方面，逐步加大各级预算投入。稳步提高节能环保财政资金的规模，提高该项支出占地方财政支出的比重，确保环保投入高速增长，满足环境治理需求。

另一方面，完善节能环保科目设置。长期以来，我国的环境保护资金并未在地方政府预算中单独列示，而是分散在科技三项费用支出、基本建设支出等科目之中，并未设立独立的环境保护财政支出科目。此外，我国地方政府环境保护支出，多以项目支出的形式出现，应急性较强，缺乏对环境保护持续稳定的投入。自 2007 年 1 月 1 日，政府收支分类科目改革以来，在 17 个支出功能分类科目中，环境保护科目首次以“类”级出现，为建立长期稳定的节能环保财政资金投入机制，奠定了良好的基础。今后，应进一步完善节能环保科目设置。

2. 加强与私人部门合作

环境保护是一项长期工程，仅仅依靠政府力量投入，难以实现环境保护的目标。因此，可以通过公私合营，政府购买公共服务等手段，积极探索政府部门与私人部门合作治理环境的新模式。

可以尝试运用公私合营（PPP）模式。部分环境保护基础设施具有收益性、稳定性等特点，适合由私人部门供给。环境治理中，垃圾处理、污水处理等具有较好的市场化能力，因此，可引入市场机制提供这些公共服务。通过公私合营模式，我国可培育出一批专业化的环境保护公司，促进环境保护技术的创新。

另外，建立环保产业基金。在环境保护产业基金中，财政资金不占据主要地位，但应发挥引导环境保护产业实现特定的环境保护目标的作用。环境保护产业基金投资项目的设计、运营，均由企业负责。环境保护项目的收益，应用于抵押发行项目收益债，或者通过增资扩股的方式，吸引更多的私人资本参与环境保护产业基金。

（二）加强环保支出管理

一方面，提高环保资金的使用效率。要有效降低污染排放，可以从以下方面着手。第一，改革环境保护财政支出政策，改革政府绿色采购制度、绿色补贴制度，提高环境保护财政支出政策的环境保护效应；第二，加强环境污染治理，严控大气污染，实施水污染防治行动计划，开展山水林田湖系统治理修复试点；第三，在推广新能源利用时，加强对新能源技术的审核，着力促进新能源技术革新，实现污染减排；第四，加大对能源清洁化利用的投入，实现集中用煤、加强脱硫。

另一方面，调整节能环保支出结构。地方政府节能环保财政支出，主要用于环境保护部门公用经费（含行政运行和一般行政管理事务）、污染治理和能源节约三大方面。其中，大多用于环境部门人员经费和公用经费，而对环境治理投入不足。以2014年为例，节能环保支出中公用经费——管理事务支出，达到240.65亿元，占当年地方政府节能环保支出的比重达6.93%。此外，环境基本公共服务的供给不能满足需求，环境基础设施建设、环境监测和监察支出占比较低。今后，应当提高地方政府节能环保支出中，基本环境监测监察费用、污染治理支出和能源节约支出所占的比重。

（三）改革环境保护预算管理机制

目前，我国部门预算采用“两上两下”的编制程序，财政部门和环保局主要负责环境保护预算的制定，立法机构人民代表大会则较少参与。此外，我国环境保护预算，仍存在预算编制基础不精细、信息披露不完整、预算编制受人为因素影响较大等问题。加强地方政府环境保护预算管理，需要从以下几个方面着手。

第一，提高环境保护预算精细化程度。目前，地方政府环境保护支出预算，仅公开“类”级总支出，而未细化到“款”“项”支出，预算透明度较低。地方政府环境保护支出预算公开的细化，便于环境保护预算接受社会公众的监督，以及人大的预算审批。此外，节能环保中，其他节能环保支出规模仍然较大，而这部分支出并未明细用途，不便于接受人大监督。所以，在环境保护预算列示中，公开财政支出经济分类信息与各预算项目多年度信息，有助于公众了解预算资金的具体用途，行使监督权。

第二，改革环境保护预算编制方法。政府会计制度应选择权责发生制，提高政府预算编制的准确性。环境保护预算编制应采用注重最终结果的绩效预算方法。地方政府可聘请第三方评估机构和专家，构建指标体系，评估环境保护支出预算的绩效。在地方政府编制环境保护预算编制中，减少人为因素的影响。

第三，编制环境保护中期预算。环境治理短期内难以见效，环境治理工程往往分年度执行。编制环境保护预算时，也应将这一因素考虑其中。具体执行时，应根据环境保护五年规划以及往年环境财政预算绩效评价情况，编制调整环境保护财政预算。明确地方政府节能环保绩效目标的实现，以及节能环保财政资金的使用路径。编制地方政府环境保护三年滚动预算，实现环境保护财政预算的动态平衡。

四、健全排污权交易制度

（一）完善排污权交易中的政府职能

首先，科学核定区域内排污权总量。为此，政府必须先确保排污权交易存在的前提，即总量控制，简单来说，就是在某一时间和区域范围内，生产者的资源使用量不能超过环境容量资源量上限。环境主管部门在确定总量目标时，应将当地经济技术发展状况、地区的环境质量现状以及标准要求，纳入考虑范围。污染物的类型、数量及季节的变化，都会影响排污总量。因此，在核定时，要尊重当地实情，综合考虑各行业、结构功能区域的环境质量。此外，节能减排、环保力度加大时，污染物总量控制指标的种类也应随之增加。

其次，合理分配初始排污权。只有经过有偿分配，才能有效利用资源，最大化环境容量资源的价值，也才能体现环境资源的有价性。在我国国内推行排污权交易时，应根据污染者付费原则，逐步推行拍卖和奖励等初始分配方式，分配排污权，增加政府的治理资金，更好地实现效率有偿的和公平。排污权交易的初始价格，可由政府结合经济发展和环保目标科学来制定；也可通过市场拍卖等方式形成。

最后，完善政府对排污权交易的监管。可以从以下方面着手：监测和公开污染排放水平；确保排污权交易市场的正常交易秩序；构建排污配额跟踪系统、交易管理系统，以及污染源排放的连续监测系统；开设污染物排放账户，对排污单位的交易状况展开了解，定期发布交易指导价格等信息；联网并严格管理，开展复核与后续督查工作。

（二）构建排污权交易法律体系

一方面，确立排污权的法律地位。我国现阶段在国家层面的立法中，对排污权交易的法律规定还有待完善。尽管我国的单行性专门立法《大气污染防治法》《水污染防治法》都存在涉及排污权交易制度的条款，但这还不够。要明确排污权的法律地位，应将排污权明确纳入物权体系之中，使之能够被依法占有、使用、收益和处分。总而言之，只有填补法律方面上的空白，明确排污权交易的原则、目的、惩罚机制等，才能从根本上规范排污行为。

另一方面，进行对排污权交易法律制度的“查缺补漏”。立法部门要从排污权交易、排污许可、污染物总量控制以及排污权立法等角度去起草和完善排污权法律法规。必须要对排污总量控制目标、总量设计、总量分布、实地调研检测等，做出明确法律规定。应该统一排污许可证的核发主体。除此之外，完善违法排污的处罚手段，并加大处罚力度。需要增强环保部门处罚行为的威慑力，除了罚款手段外，还要增加配套强制性措施，从而推动企业自觉遵循环保部门的相关规定，开展排污权交易。

（三）完善排污权交易市场

目前，在总量控制上我国是以行政区域划分为控制单位，使排污权交易受到局限。今后，应积极拓宽排污权交易市场以及交易主体的范围，进而促进排污权交易成交量的增长，扩大交易市场。

首要工作是确保交易经济主体的公平性，政府、各类组织、个人排污者等，都平等地享有许可证购买资格。尤其鼓励公众参与，可采取公众收购排污许可证方式，从而进一步限制排污。

此外，建立完善的排污权交易平台。完善的市场机制，是排污权交易制度发挥作用的前提条件。政府减少对排污权交易的不当干预，才能形成真正有效的排污权交易市场。今后，应在借鉴国外排污权交易体系的建设经验和先进理念基础下，推动排污权交易市场逐步适度金融化，并结合自身情况，优化排污权交易市场机制，培育现货和期货、场内和场外相结合、多层次的排污权交易市场体系。

第四节　构建政府、企业、公众共治的环境治理体系

一、改善环境治理中的政府管理

（一）实现政府角色转换

未来的环境治理，应向多元共治模式跨越。政府、企业、环保组织甚至个人，都有责任参与环境治理，为环保事业贡献一份力量。然而，就当前的情况来看，政府在社会资源调动能力方面，远超其他治理主体，此外，政府拥有强大权力，这意味着，政府需要承担更多治理责任。

显然，环境多元共治结构以政府为主导。这是多元环境共治体系的基础

与重心。需要探讨的是，如何在此基础上，构建权责分配体系，确保政府作为多元共治的核心基础，并通过建立健全官员问责体系，最终实现责权利相匹配的治理架构。同时，重视、鼓励并引导其他治理主体的共同参与，对于各自权责给予适当引导和清晰界定，使其治理能力得到提高。通过积极调动联合各类社会有生力量，构建起科学系统的环境多元共治体系。

（二）实行政府环境责任考核

1. 政府环境责任考核体系

政府环境责任考核，就是考核主体根据特定的考核标准，来衡量和判断政府是否履行了环境责任，以及其履责的具体状况。需要指出的是，考核标准在政府环境责任评价中，具有十分重要的意义，因为需要用该标准，来判定政府是否正确履行了环保职责，推动了环保工作的进程。政府环境责任考核，也包括考核主体、考核客体、考核项目、考核功能、考核结果以及考核目的等六方面内容（见表6-1）。

表6-1　政府环境责任考核体系要素

考核主体	权力机关、公众和社会机构
考核客体	在环境保护领域，根据政府的职能和环保的需要，确定政府及其工作人员的职责，以及因未履责而要承担的不利后果
考核项目	制度、行为和人员
考核功能	一是指向作用。通过一系列明确的标准，引导和推动政府优化环境管理，有效地处理公共环境事务； 二是控制作用。控制和规范政府的活动，使政府工作的结果，无论在数量还是时间上，都能为社会和人民所接受，不超出允许的偏差； 三是鉴别作用。鉴别政府环境行为活动的优劣，衡量政府保护环境的决策水平
考核结果	通过绿色国民经济的核算方法，测算发展过程中的资源消耗、环境损益； 将环境保护的成果融入领导班子和领导干部考核，将考核情况列为干部选拔、任用和奖惩的重要考察因素； 建立完善的问责制度，确保环境信息的公开监管； 实行地方政府环境目标责任制，开展目标管理，定期考核环境保护的主要任务和指标，及时公布考核结果； 单位评优创先活动实行环保一票否决制； 表彰、奖励环保工作突出贡献单位或个人
考核目的	完善制度，规范行为，优化配置环保人力资源

2. 政府环境责任评价指标体系

政府环境责任评价的指标体系，旨在科学地评判政府是否正确履行了环保职责，其主要做法，就是对政府的环境工作，进行绩效考核。

无论是内容上，还是程序上，都应保证政府绩效考核体系，能符合环境保护的目标。中国急需建立起绿色 GDP 考评体系，将生态指标作为一项重点考核的指标，必须研究逐步建立绿色国民经济核算方法，将发展过程中的资源消耗、环境损失和环境效益，逐步纳入经济社会发展的评价体系，确保各级政府能有效贯彻环境保护工作，对本地环境质量负责。

政府环境责任评级指标体系的构建，是一个动态的全面的发展过程，既要看到结果性指标，例如污染控制、生态系统恢复等，也需要重视内部性、动态性、过程性指标，实现政府治理环境的过程与结果的有机统一。

政府环境责任指标体系（见表 6－2）应有相应的层次。其主要层次有：(1) 目标层。政府环境责任评价指标体系，旨在推动政府切实履行环保职责，促进人与自然和谐相处，实现自然资源的合理利用和生态系统的良性循环；

表 6－2　　政府环境责任评价指标体系

<table>
<tr><th>目标层</th><th>一级层次指标</th><th>二级层次指标</th><th>指标权重</th><th>指标分配</th></tr>
<tr><td rowspan="8">政府环境责任评价指标体系（100 分）</td><td rowspan="3">政府环境责任评价的制度性指标</td><td>政府环境责任体制的合理与合法性</td><td rowspan="3">24%</td><td>30 分</td></tr>
<tr><td>政府环境责任职能的灵活多样性</td><td>50 分</td></tr>
<tr><td>环境指标纳入党政领导干部考核指标制度</td><td>20 分</td></tr>
<tr><td rowspan="5">政府环境责任评价的行为性指标</td><td>工业废水排放达标率（%）</td><td rowspan="5">60%</td><td>5 分</td></tr>
<tr><td>工业固体废弃物处置利用率（%）</td><td>5 分</td></tr>
<tr><td>万元 GDP 二氧化碳排放量（kg_万元）</td><td>5 分</td></tr>
<tr><td>水土流失土地治愈率（%）</td><td>5 分</td></tr>
<tr><td>主要河流三级水质达标率（%）</td><td>5 分</td></tr>
</table>

续表

目标层	一级层次指标	二级层次指标	指标权重	指标分配
政府环境责任评价指标体系（100分）	政府环境责任评价的行为性指标	集中式饮用水水源地水质达标率（%）	60%	5分
		城市生活污水集中处理率（%）		5分
		危险废物处置率（%）		5分
		生活垃圾无害化处理率（%）		5分
		森林覆盖率（%）		5分
		城市人均公共绿地面积（m^2_人）		5分
		噪声达标区覆盖率（%）		5分
		全年API指数优良天数（天数）		5分
		城镇燃气普及率（%）		5分
		环保财政投入占同期财政支出的比例（%）		5分
		环境保护投入占GDP比例（%）		5分
		生态环境议案、提案、建议比例（%）		5分
		为民办实事环境友好项目比例（%）		5分
		环境管理能力标准化建设达标率（%）		5分
		生态知识普及率（%）		5分
	政府环境责任评价的人员性指标	政府环保领导班子建设（用人、决策、团队合作、创新）	16%	60分
		政府环保非领导人员资源开发（执行、效率）		40分

资料来源：许继芳：《建设环境友好型社会中的政府环境责任研究》，苏州大学博士学位论文，2010年。

（2）一级层次指标。由政府环境责任评价的制度性指标、行为性指标与人员性指标构成；（3）二级层次指标。根据一级指标所包含的实质内容，借鉴参考了我国生态文明指标体系、小康社会指标体系的设置方法，政府环境责任评价的制度性指标的二级指标包括：政府环境责任职能的灵活多样性以及体制的合理与合法性、环境指标纳入党政领导干部考核指标制度。在政府环境责任评价的行为性指标中，二级指标具体划分为各类环境数值指标。政府环境责任评价的人员性指标的二级指标设置为：政府环保领导班子建设（用人、决策、团队合作、创新）与政府环保非领导人员资源开发（执行、效率）①。

评价者根据有关数据材料对照表对政府环境保护情况进行打分，一般来说，90～100 分为优秀，80～89 分为良好，70～79 分为一般，60～69 分为合格，60 分以下为不合格。

3. 加强考核结果运用

一方面，使政绩考核结果作为任用、管理干部的重要依据。"举贤以图治，论功以举贤"②，真正做到以实绩任官。对各级干部的环境责任考核评价结果，要有效地体现到干部的使用上。应按照《党政领导干部任用工作条例》的要求，根据考核结果，建立起适当的奖惩制度。

另一方面，加强责任追究。责任追究对象包括领导班子集体和领导干部个人。应细化集体责任，落实主要责任、重要领导责任和一般责任，确保出现问题时有明确的责任人，而不是以集体领导为借口，导致责任虚化。

二、强化环境治理中的企业责任

（一）建立绿色供应链

绿色供应链，旨在使得产品的全过程对环境的影响（副作用）最小，这一过程涵盖物料获取、加工、仓储、运输、销售、消费、使用、报废处理，力求提高资源效率。企业要从环境治理的战略层面，进行考虑和规划布局，合理协调、安排各成员间的权责利分配，发挥系统合力组合优势，搭建循环经济架构，优化制度安排。

---

① 许继芳：《建设环境友好型社会中的政府环境责任研究》，苏州大学博士学位论文，2010 年。

② 出自唐甄《潜书·省官》（1705）。

由于企业管理绿色供应链的模式不一，因此，企业在做出实施绿色供应链管理决策时，应明晰实施目标，深入分析自身实际与承载能力，寻找较快见效的环节，从突破口出发，提高管理效率。

首先，加强企业内部管理。重新设计、整改旧有职能部门的运作和考核机制，明确跨越职能部门的业务流程，提倡节约资源，减少资源浪费。强化企业工作人员的环境意识，推广绿色采购，根据实际需求，减少库存囤货，努力寻找有害材料的替代物，充分利用多余设备与材料。

其次，加强供应商的环境管理。应着力提高供应商与制造商的环保认同感，关注制造商本身的战略目标、资源与能力，适当调整评价指标，提高供应链成员的创新能力与竞争力。

最后，提高消费用户环境意识。企业加强引导消费过程，通过促使消费者转化观念、转变行为，提高公众对绿色消费、环境保护以及可持续发展的认知与赞同。

（二）实现绿色生产与研发

企业的生产与研发，对是否能减少环境危害和提升生态效益，具有十分重要的影响。在产品设计开发期，应从源头减少环境污染，最大限度地降低产品生命周期的资源消耗，减少含有有毒物质的原材料的使用，控制污染物的产生与排放，从而降低原材料选用、生产、使用等各环节对环境产生的不利影响。此外，在生产环节，应大力推行清洁生产方式，采用资源节约、生态安全标准，在精细化管理的基础上，将包括计划、采购、加工、组装、检测等在内的整个生产环节，按照清洁化方式进行，推进生产工艺的改进，提高科技含量。

（三）推广绿色营销

企业环境治理的营销环节，应按照绿色营销渠道的要求，综合考虑相关渠道主体，甚至消费者消费过程中的外部化影响。可以从以下方面着手，进行绿色营销管理：

第一，树立绿色营销观念。应从节能环保的目的出发，制定企业的营销决策。放眼全球，着眼于长远的角度，将社会利益明确定位于节能与环保，推动实现可持续发展。

第二，设计绿色产品。应转变生产和销售观念，适量生产，建立全新的生产美学观念，引导消费者正确消费、绿色消费。

第三，制定绿色产品价格。在市场投入期，与同类传统产品相比，绿色产品的生产成本较高。但是，值得注意的是，随着经济和科技的发展，其生产成本会逐步降低，并趋向稳定。此外，制定绿色产品价格时，也要考虑到消费者消费观念的转变。

第四，改善绿色营销渠道。应启发和引导中间商的绿色意识，建立稳定的营销网络，尽量缩短和拓宽营销渠道，以减少资源消耗和运作费用，从而推动消费者购买绿色产品。

三、加强环境治理中的公众参与

（一）加强环境教育

应加强公众参与的宣传教育，培养环境主人翁意识。环境保护与每位公民息息相关，不能仅由政府承担环保责任。加强环保的培训教育，有助于推动公众达成共识，形成参与生态环境问责的良好意识。我们应充分利用各种渠道，宣传环境友好型的生产和生活方式，促进公众主动、自觉地参与环境保护。

一方面，政府应丰富环境教育、宣传路径，如免费开展环保知识讲座，发放环保知识小册子，鼓励环保公益视频的制作与播映等。同时，学校也应积极树立和增强学生们从我做起、从小做起的环境保护意识，开设环境教育课程，大力举办环保知识竞赛等活动，提高公众参与环境保护的水平。另一方面，应充分发挥大众传媒的宣传作用，加快环保知识的传播速度，从而加强大众对当前环境状况的了解，推动其加入保护环境的行列。

（二）完善环境信息公开制度

环境信息公开，指的是向社会公众公布已发生的环境行为，旨在保障公众的环境知情权，推动其参与和监督环境事务。公众须获取和知悉一定的环境信息，方能有效参与决策。因此，政府应加快建立健全环境信息公开制度，切实保障公众的知情权。

首先，明确环境信息公开的范围。2017 年 1 月，环境保护部发布《〈关于全面推进政务公开工作的意见〉实施细则》，着力推进落实环境信息“五公开”，即进一步推进决策、执行、管理、服务、结果公开，并明确提出要稳步拓展“五公开”范围，细化公开内容。因此，政府应按照实施细则的要求，进一步扩大环保信息公开的广度。环境的政策法规信息、环境管理机构的信息、环境的状态信息、科学信息以及生活信息等，应予以全面公开。其中，环境的状态信息是指环境质量指数、环境资源状况、各类污染指数等；科学信息应包括环境指标的统计数据、科技信息以及相关研究成果；生活信息主要包括垃圾分类、废品妙用等绿色生活知识。

其次，加强环境信息公开深度。环保部门应从更广、更深层次，加强环境政务信息公开力度，加强部门能力建设。公开的环境信息应细化到环保部门的工作内容和方式，严厉打击违法排污企业，鼓励公众监督。同时，调动各方力量，开通环保官方微博、博客、微信公众号等新媒体平台，披露公众需求的各种环境信息，以先进的信息技术为纽带，调动公众的能动性。

最后，构建配套的环境信息公开的问责制度。公众是否能够自愿参与环境治理，很大程度上受环境信息公开的程度影响。故而，公布环境信息，是地方政府不可推卸的义务。当政府疏于披露信息的行为，侵害了公众的环境知情权时，公众可以采取合法方式，如行政问责，来维护自身的权益。今后，政府应建立健全相应的配套制度，提高信息公开的水平，落实行政问责制度。

（三）充分发挥环保非政府组织的功能

随着经济和社会的发展，我国的环保非政府组织（non-governmental organizations，NGO），对组织和推动公众参与环境保护的作用愈发显著。只有环保组织、各级政府与广大群众一齐发力，才能充分发挥环保 NGO 的环境治理作用。

政府应该加强对环境 NGO 的引导与支持。首先，政府应建设良好、宽松的政治环境，破解环保 NGO 注册难问题，制定更为合理的准入标准，引导并鼓励公众加入组织，推动环保 NGO 的产生与发展。另外，配套制定环保 NGO 参与环境治理的具体实施办法与法律法规，给予环保 NGO 参与治理的信息知情权、监督权、享受司法救济权利，营造良好制度环境，为环保 NGO 以及广大公众参与环境治理，提供便利与保障。就环境保护主管部门而言，可通过提供项目资助、购买公共服务等方式，将对环保 NGO 的鼓励与支持，落实到实际行动中。

环保 NGO 也应加强自身建设，拓宽参与环境治理的渠道。一方面，环保 NGO 要注重人才培养，吸收优秀人才，规范组织管理，提升团队参与能力。此外，重视与政府之间的沟通合作。环保 NGO 可采取多种形式，例如组织环保公益活动、创建环保网站、开展评先活动、举办宣传教育讲座等，搭建交流互动平台，加强政府与公众间的联系。另一方面，作为信息辅助平台，环保 NGO 能有效促进政府与公众的良性互动，既可作为政府环境信息公开的辅助，保障公众的监督权、参与权和知情权，同时还有利于政府准确掌握广大群众的现实诉求，搭建起有效的沟通渠道。

本章小结

当前，我国全面深化改革进入攻坚期，处于全面建成小康社会的决定性阶段，国家对生态文明的重视程度越来越高。不过，环境治理是一个长期的过程，地方政府需要坚持不懈地实施可持续发展战略，不仅从治理工具上入手，也要完善相应的配套工具，方可收到较好的环境治理效果。

明确环境事权划分是首要工作。包括环境事权的纵向划分与横向划分。首先，纵向划分环境事权，即界定中央与地方的环境责任。中央与地方的环境责任划分，应该按照环境公共物品层次性划分、职能下放、政府环境基本公共服务均等化等原则，对中央、地方以及共享责任进行清晰界定，为后续管理打好基础。其次，横向划分环境事权，即构建跨区域环境治理机制。应该在培育环境跨域治理文化、完善环境跨域治理制度方面，加强建设，实现环境跨区域的协调治理。

有效的环境治理，需建立规范的财政管理体制。一方面，构建地方税体系，适当扩大地方税收权限，完善地方税种建设，使地方政府有稳定收入来源。另一方面，健全生态转移支付体系，科学测算生态转移支付标准，完善生态转移支付监督制度，体现财政公平。

此外，优化地方政府环境治理方式，也具有重要的现实意义。地方政府环境规制的改进、环境税制体系的完善、环境保护支出的优化、排污权交易制度的健全，都将促进地方政府环境治理能力的提高。

“十三五”规划提出，政府、企业、公众三方要联合起来，形成共治的环境治理体系，改善环境总体质量。因此，要着力构建多元环境共治体系，完善环境政府管理，推进企业承担责任的教育工作，调动公众主动性，形成“政府 - 企业 - 公众”共同贡献力量的多元共治的格局。

因此，应该从明确环境事权划分、完善财税体制、优化地方政府环境治理手段、构建多元环境共治体系等方面着力，多管齐下，提升地方政府环境治理能力。

参考文献

[1] Aidt, T. S. , "On the Political Economy of Green Tax Reforms", University of Aarhus. , 1997, p. 20.

[2] Alistair Ulph, "Harmonization and Optimal Environmental Policy in a Federal System with Asymmetric Information", Journal of Environmental Economics and Management, Vol. 39, No. 2, 2000, pp. 224 – 241.

[3] Allouche J. "International Water Treaties: Negotiation and Cooperation Along Transboundary Rivers", Global Environmental Politics, 2009, pp. 164 – 167.

[4] Atle Midttun, Ishwar Chander. , "The political economy of energy use and pollution: the environmental effects of East-European transition to market economy", Energy Policy, Vol. 26, 1998, pp. 1017 – 1029.

[5] Anne N. Glucker, Peter P. J. Driessen, Arend Kolhoff, Hens A. C. Runhaar, "Public participation in environmental impact assessment: why, who and how?", Vol. 43, 2013, pp. 104 – 111.

[6] Antonio M. Bento, "Equity Impacts of Environmental Policy", Annual Review of Resource Economics, Vol. 5, 2013, pp. 181 – 196.

[7] Barman T R. , Gupta M R. , "Public expenditure, environment and economic growth", Journal of Public Economic Theory, Vol. 12, 2010, pp. 1109 – 1134.

[8] Benz, E. , Ehrhart, K. M. , "The Initial Allocation of C02 Emissions Allowances: a Theoretical and Experimental Study", Working Paper, 2007, pp. 235 – 263.

[9] Bergin M S, West JJ, "Regional Atmospheric Pollution and Transboundary Air Quality Management", Annual Review of Environment and Resources, 2005, P. 30.

[10] Blanchard, "Olivier and Andrei Shleifer. Federalism With and Without Political Centralization: China versus Russia", NBER Working Paper, 2000, P. 616.

[11] Bovenberg, A. L., "Costs of alternative environmental policy instruments in the presence of industry compensation requirements", Journal of Public Economics, Vol. 9, 2007, pp. 316 – 329.

[12] Brent. S Steel, "Thinking Globally and Acting Locally: Environmental Attitudes, Behavior and activism". Journal of Environmental Management, Vol. 47, 1996, pp. 181 – 197.

[13] Bromley D. W., "Handbook of Environmental Economics", 1995, p. 145.

[14] Bruyn, S., Opschoor, J., "Economic Growth and Emissions: Reconsidering the Empirical Basis of Environmental Kuznets Curves", Ecological Economics, 1998, pp. 161 – 175.

[15] Buchanan, J. M., "External Diseconomies, Corrective Taxes and Market Structure", The American Economic Review, Vol. 59, 1969, pp. 174 – 177.

[16] Bye B. Taxation, "Unemployment and growth: dynamic welfare effects of" green "policies", Journal of Environmental Economics and Management, 2002, p. 43.

[17] Careaga, M, Weingast, "B. R The Fiscal Pact with the Devil: A Positive Approach to Fiscal Federalism", Revenue sharing and Good Governance. WP, 2000, pp. 28 – 30.

[18] Cason, T. N., Gandgadharan, L., "Transactions Cost in Tradable Permit Markets: an Experimental Study of Pollution Market Designs", Journal of Regulation Economies, Vol. 23, 2003, pp. 145 – 165.

[19] Charles N. Noussair, Daan P. Van Soest, "Economic Experiments and Environmental Policy", Annual Review of Resource Economics, Vol. 6, 2014, pp. 319 – 337.

[20] Cheng, F. L., Charles, L., "Effects of Carbon Taxes on Different Industries by Fuzzy Goal Programming: A Case Study of the Petrochemical-related Industries, Taiwan", Energy Policy, Vol. 35, 2007, pp. 4051 – 4058.

[21] Coase, Ronald., "The Federal Communications Commission", Journal of Law and Economics, 1959, pp. 236 – 241.

[22] Coase R. H, "the nature of the firm", Economics (NS) 4. November, 1937, P. 256.

[23] Cole, M., "Trade, the Pollution Haven Hypothesis and the Environ-

mental Kuznets Curve: Examining the linkages", Ecological Economics, Vol. 48, No. 1, 2004, pp: 71 -81.

[24] Cristina E Ciocirlan, "The Political Economy of Green Taxation in OECD Countries", European Journal of Law and Economics, 2003, pp. 98 -102.

[25] Cropper, M. C., "The Interaction of Population Growth and Environmental Quality", American Economic Review, 84, 1994, pp. 250 -254.

[26] Cutter, W. Bowman, J. R. De Sha zo, "The Environmental Consequences of Decentralizing the Decision to Decentralize", Journal of Environmental Economics and Management, Vol. 53, 2007, pp. 32 -53.

[27] Daniels, Steven E. Lawrence, Rick L., Alig, Ralph J., "Decision-making and ecosystem-based management: applying the Vroom-Yetton model to public participation strategy", Environmental Impact Assessment Review, Vol. 16, 1996, pp. 13 -30.

[28] Dasgupta, S., Laplante, B., "Confronting the Environmental Kuznets Curve", Journal of Economic Perspectives, 2002, pp. 147 -168.

[29] David, M., "Environment Kuznets Curves: A Spatial Econometric Approach", Journal of Environment Economics Management, 2006, pp. 221 -243.

[30] Deacon Rober T., "Research trend and opportunities in environmental and nature resource economics", Environmental and Resource Economics, 1998, Vol. 11, pp. 383 -397.

[31] Estache. A, Sinba. S, "Does Decentralization Increase Spending on Public Iinfrastructure?", World Development Report, 1995, P. 1457.

[32] Esther F, Péreza R, Ruiz J, "Double dividend, dynamic laffer effects and public abatement", Economic Modeling, 2010, P. 320.

[33] F. Javier Arzedel Granado, Jorge Martinez-Vazquez, Robert McNab, "Fiscal Decentralization and The Functional Composition of Public Expenditures. Paper provided by International Studies Program, An-drew Young School of Policy Studies, Georgia State University in its series International Studies Program Working Paper Series", at AYSPS, GSU with number paper0501, 2005, P. 368.

[34] Faguet J. P., "Does Decentralization Increase Government Responsiveness to Local Needs? Evidence from Bolivia", Journal of Public Economics, 2004, pp. 867 -893.

[35] George Halkos, Epameinondas Paizanos, "Exploring the Effect of Economic Growth and Government Expenditure on the Environment", MPRA Paper No. 56084, posted 20. May 2014.

[36] Gilbert, E. M., "Corporate Tax Reform: Paying the Bills with a Carbon Tax", Public Finance Review, Vol. 15, 2007, pp. 440 – 459.

[37] Grossman, G. M. and kreuger, A. B., "Environmental Impacts of a North American Free Trade Agreement", Cambridge, MA: MIT Press, 1993, pp. 245 – 248.

[38] Grossman, G. M. and Kreuger, A. B., "Economic Growth and the Environment", Quarterly Journal of Economics, 1995, pp. 353 – 337.

[39] Grossman, G. M., Krueger, A. B., "Environmental Impacts of a North American Free Trade Agreement", National Bureau of Economic Research Working Paper3914, NBER, Cambridge, M. A., 1991, pp. 68 – 72.

[40] Harris, J. L., "Taking the 'U' Out of Kuznets: A Comprehensive Analysis of the EKC and Environmental Degradation", Ecological Economics, 2009, pp. 1149 – 1159.

[41] Holmlund B, Kolm A, "Environmental tax reform in a small open economy with structural unemployment", International Tax and Public Finance, 2000, P. 22.

[42] Hong bin Li, Lian Zhou, "Political Turnover and Economic Performance: The Incentive Role of Personnal Control in China", Journal of Public Economics, 2005, pp. 1743 – 1762.

[43] Hua, W., David, W., "Financial Incentives and Endogenous Enforcement in China's Pollution Levy System", Journal of Environmental Economics and Management, 2005, pp. 174 – 196.

[44] Ian W. H. Parry, "Pollution Taxes and Revenue Recycling", J. Envtl. Econ. & Mgmt. S, 1995, P. 438.

[45] Israel M, Lund J R, "Recent California Water transfers: Implications for Water Management", Natural Resources Journal, 1995, pp. 1 – 32.

[46] Jaeger W K, "Carbon taxation when climate affects productivity", Land Economics, 2002, P. 78.

[47] James, A., Spencer, B., "Designing Economic Instruments For The

Environment In A Decentralized Fiscal System", Journal of Economic Surveys, Vol. 26, 2012, pp. 387 – 396.

[48] Jota Ishikawa, Kazuharu Kiyono, Morihiro Yomogidais, "Is Emission Trading Beneficial?", The Japanese Economic Review, Vol. 63, No. 2, 2012, pp. 168 – 174.

[49] Kahn J R, Farmer A, "The double dividend, second-best worlds, and real-world environmental policy", Ecological Economics, 1999, P. 30.

[50] Kallioras A, Pliakas F, Diamantis I, "The legislative framework and policy for the water resources management of transboundary rivers in Europe: the case of Nestos/Mesta River, between Greece and Bulgaria", Environmental Science & Policy, 2006, pp. 291 – 301.

[51] Kathleen Segerson, "Voluntary Approaches to Environmental Protection and Resource Management", Annual Review of Resource Economics, Vol. 5, 2013, pp. 161 – 180.

[52] Keen M., March M, "Fiscal Competition and the Pattern of Public Spending", Journal of Public Economics, 1997, pp. 33 – 53.

[53] KEL D., "Drivers for corporate environmental responsibility", Environment, Development and Sustainability, Vol. 8, No. 3, 2006, pp. 375 – 389.

[54] Kling C L, Zhao J H, "On the Long—Run Efficiency of Auctioned vs. Free Permit", Economics Letters, 2000, P. 69.

[55] Kun-min Z., Wen Z., "Review and challenges of policies of environmental protection and sustainable development in China", Journal of Environmental Management, Vol. 88, 2008, pp. 1249 – 1261.

[56] Kumar S., Managi, S., "Compensation for Environmental Services and Intergovernmental fiscal transfers: the Case of India", Ecological Economics, Vol. 68, 2009, pp. 3052 – 3059.

[57] Kunce M, Shogren J, "Destructive Interjurisdictional Competition: Firm, Capital, and Labor Mobility in A Model of Direct Emission Control". Ecological Economics, 2007, P. 60.

[58] Leeuw D, F. A. A. M, "A set of emission indicators for long-range transboundary air pollution", Environmental Science & Policy, 2002, P. 135.

[59] Lents J M, "Making Clean Air Programs Work", Environmental Sci-

ence & Policy, 1998, pp. 211 –222.

[60] Liang, F., "Does Foreign Direct Investment Harm the Host Country's Environment?", Mimeo, Hass School o Business, UC Berkeley, Vol. 5, 2006, pp. 17 –21.

[61] Licheng S., Wang Q., Zhou P., Cheng F., "Effects of carbon emission transfer on economic spillover and carbon emission reduction in China", Journal of Cleaner Production, Vol. 112, 2016, pp. 1432 –1442.

[62] Liu Y, Qiu L Y, Zhou Z B., "An empirical study on double dividend in China's existing environmental taxation", International Conference on ManagementScience and Engineering, 2009, pp. 89 –94.

[63] Luca Del Furiaa, Jane Wallace-Jonesb, "The effectiveness of provisions and quality of practices concerning public participation in EIA in Italy", Environmental Impact Assessment Review, Vol. 20, 2000, pp. 457 –479.

[64] Luciano, G. "On the Power of Panel Cointegration Tests: A Monte Carlo Comparison", Economics Letters, Vol. 80, 2003, pp. 105 –111.

[65] Malik, A. S., "Further Results on Permit Markets with Market Power and Cheating", Journal of Environmental Economies and Management, 2002, pp. 371 –372.

[66] Manash Ranjan Gupta, Trishita Ray Barman, "Environmental Pollution, Informal Sector, Public Expenditure and Economic Growth", Hitotsubashi Journal of Economics, Vol. 56, No. 1, 2015, pp. 73 –91.

[67] Maria Carmen Lemos, Arun Agrawal., "Environmental Governance", Annual Review of Environment and Resources, Vol. 31, 2006, pp. 297 –325.

[68] Markus, W., Erica, M., Svante Mandell, Charles Holt, Dallas Burtraw., "Pricing Strategies under Emissions Trading: an Experimental Analysis", Resources for the Future, 2008, pp. 8 –49.

[69] McBean, E. A., "Improvements in financing for sustainability in solid waste management", Conservation and Recycling, 2005, pp. 391 –401.

[70] Michigan, N., "Department of Environment Quality-Air Quality Division", Air Emission Trading Program Summary, 2000, pp. 328 –357.

[71] Milne J E, "Critical Issues in Environmental Taxation: International and Comparative Perspectives", Vol. 1. Canadian Tax Journal, 2005, P. 53.

[72] Mulugetta Y. and Urban F, "Deliberation on Low Carbon Development", Energy Policy, Vol. 38, 2010, pp. 7546 – 7549.

[73] Nolon J R, "In Praise of Parochialism: The Advent of Local Environmental Law", Pace Environmental Law Review, 2006, P. 705.

[74] Nolon J R, "Introduction: Considering the Trend toward Local Environmental Law", Pace Environmental Law Review, 2003, P. 35.

[75] OECD., "Environmentally Related Taxes in OECD Countries: Issues and Strategies". OECD, Paris. 2001, P. 118.

[76] Panayotou, T., "Empirical Tests and Policy Analysis of Environmental Degradation at Different Stages of Economic Development, Working Paper WP 238, Technology and Employment Programme", International Labor Office, Geneva, 1993, pp. 132 – 138.

[77] Panayotou, T., "Demystifying The Environmental Kuznets Curve: Turning A Black Box into a Policy Tool, Special Issue on Environmental Kuznets Curves, Environment Development Economics", 2004, pp. 465 – 484.

[78] Parag Y., Darby S, "Consumer-supplier-government Triangular Relations: Rethinking the UK Policy for Carbon Emissions Reduction from the UK Residential Sector", Energy Policy, Vol. 37, 2009, pp. 3984 – 3992.

[79] Pearce, D., "The Role of Carbon Taxes in Adjusting to Global Warming", Economic Journal, Vol. 102, 1991, pp. 938 – 948.

[80] Prudhomm., "Dangers of Decentralization", World Bank Research Observer (International), 1995, pp. 201 – 220.

[81] Qun D, John D, "Local Enactment of Urban Environmental Management Law: The Case of Shenzhen City, China", Asia Pacific Journal of Environmental Law, 2001, pp. 49 – 51.

[82] Ramsey F P, "A contribution to the theory of taxation", Economic Journal, 1927, P. 145.

[83] Reto, S., "Money illusion and the Double Dividend in the short run", German Economic Review, 2005, pp. 219 – 251.

[84] Robin Boadway; Anwar Shah, "Public Sector Governance and Accountability Series: Intergovernmental Fiscal Transfers: Principles and Practice", The Word Bank, 2007.

[85] Rund A. de Mooij. , "Environmental Taxation and the Double Dividend", 2000, P. 65.

[86] Sample, V. A, "A Framework for Public Participation in Natural Resource Decision-Making", Journal of forestry, 1993, pp. 22 – 27.

[87] Sancho F. , "Double dividend effectiveness of energy tax policies and the elasticity of substitution: a CGE appraisal", Energy Policy, 2010, P. 146.

[88] Sartzetakisa T. , "Uncertainty and the double dividend hypothesis", Environment and Development Economics, 2009, P. 78.

[89] Selden, T. M. , Song, D. "Environmental Quality and Development: Is There a Kuznets Curve for Air Pollution", Journal of Environmental Economics and Management 27, 1994, pp. 147 – 162.

[90] Shafik, N. , "Economic Development and Environmental Quality: an Econometric Analysis", Oxford Economics Papers, 1994, pp. 757 – 773.

[91] Sim, N. , "Environmental Macroeconomics: Extending the IS-LM model to Include an 'Environmental Equilibrium Curve'", Australian Economic Papers, 2003.

[92] Song, T. , Zheng, T. , "An Empirical Test of the Environmental Kuznets Curve in China: A Panel Cointegration Approach", China Economic Review, 2008, pp. 381 – 392.

[93] Stavins, R. N. , "Transaction Costs and Tradable Permits", Journal of Environmental Economies and Management, 1995, pp. 133 – 148.

[94] Stavins R. N. , B. W. Whitehead, "Pollution Charges for Environmental Protection: A Policy Link between Energy and Environment", Annual Review of Energy and Environment, Vol. 17, 1992, pp. 187 – 210.

[95] Stern David. I, "Explaining Changes in Global Sulfer Emissions: An Econometric Decomposition Approach", Ecological Economics, Vol. 42, 2002, pp. 201 – 220.

[96] Stranlund, J. K. , "Endogenous Monitoring and Enforcement of a Transferable Emissions Permit System", Journal of Environmental Economics and Management, Vol. 38, 1999, pp. 267 – 282.

[97] Surender Kumar, Shunsuke Managi, "Compensation for Environmental Services and Intergovernmental Fiscal Transfer: The Case of India", Ecological

Economics, Vol. 68, Issue 12, 15 October 2009, pp. 3052 – 3059.

[98] Tetsuo Ono, "The Political Economy of Environmental Taxes with an Aging Population", Environmental and Resource Economics, 2005, P. 58.

[99] Tiebou, Charles., "A Pure Theory of Local Expenditures", Journal of Political Economy, 1956, pp. 416 – 424.

[100] Wang H., W. Di., "The Determinants of Government Environmental Performance: An Empirical Analysis of Chinese Townships", The World Bank, 2002.

[101] Wei Z., Wen H., Zhang D., "Discussion on the Role of Chinese Government in Strengthening Environmental Protection Investment", Energy Procedia, Vol. 5, 2011, pp. 250 – 254.

[102] Weinberg P, "Local Environmental Laws: Forging a New Weapon in Environmental Protection", Pace Environmental Law Review, 2003, P. 89.

[103] Wickson F., "Environmental protection goals, policy & publics in the European regulation of GMOs", Ecological Economics, Vol. 108, 2014, pp. 269 – 273.

[104] William, S., Karen, P., Erica, M., "An Experimental Analysis of Auctioning Emissions Allowances Under a Loose Cap", Resources for the Future, 2009, pp. 563 – 586.

[105] Williams R C, "Environmental tax interactions when pollution affects health or productivity", Journal of Environmental Economics and Management, 2002, P. 44.

[106] Xue B., B. Mitchell, Y. Geng, W. Ren, K. Müller, Z. Ma, J. A. Puppim de Oliveira, T. Fujita, M. Tobias, "A Review on China's Pollutant Emissions Reduction Assessment", Ecological Indicators, Vol. 38, 2014, pp. 272 – 278.

[107] Yabin Z., Jin P., Feng D., "Does civil environmental protection force the growth of China's industrial green productivity? Evidence from the perspective of rent-seeking", Ecological Indicators, Vol. 51, 2015, pp. 215 – 227.

[108] Zhang Z X., "Asian Energy and Environmental Policy: Promoting Growth while Preserving the Environment", Energy Policy, 2008, P. 75.

[109] Zhuravskaya, Ekaterina, "Incentives to Provide Local Public Goods-Fiscal Federalism", Russian Style. WP, 2000, P. 165.

[110] [法] 亚历山大·基斯:《国际环境法》,法律出版社2000年版。

[111] [荷] 格劳秀斯:《捕获法》,上海人民出版社2006年版。

[112] [美] Y. 巴泽尔:《产权的经济分析》,上海三联书店1997年版。

[113] [美] 阿兰·兰德尔:《资源经济学:从经济角度对自然资源和环境政策的探讨》,商务印书馆1989年版。

[114] [美] 埃莉诺·奥斯特罗姆:《公共服务的制度建构》,上海三联书店2000年版。

[115] [美] 埃莉诺·奥斯特罗姆:《公共事务的治理之道》,上海译文出版社2012年版。

[116] [美] 安东尼·德·雅赛:《社会契约免费乘车:公共物品问题研究》,牛津大学出版部印刷所1989年版。

[117] [美] 安瓦·沙:《公共支出分析》,清华大学出版社2009版。

[118] [美] 奥茨:《财政联邦主义》,译林出版社2012年版。

[119] [美] 保罗·R. 伯特尼、罗伯特·N. 史蒂文斯:《环境保护的公共政策》,上海人民出版社2004年版。

[120] [美] 保罗·A. 萨缪尔森、威廉·D. 诺德豪斯:《微观经济学》,华夏出版社1999年版。

[121] [美] 伯克、赫尔方:《环境经济学》,中国人民大学出版社2013年版。

[122] [美] 大卫·D. 弗里德曼:《经济学语境下的法律规则》,法律出版社2004年版。

[123] [美] 戴维·奥斯本、特德·盖布勒:《改革政府》,上海译文出版社2006年版。

[124] [美] 丹尼尔·F. 史普博:《管制与市场》,上海人民出版社1999年版。

[125] [美] 哈维·S. 罗森:《财政学》,中国人民大学出版社2000年版。

[126] [美] 理查德·A. 波斯纳:《正义/司法的经济学》,中国政法大学出版社2002年版。

[127] [美] 莱斯特·R. 布朗:《建设一个可持续发展的社会》,科学技术文献出版社1984年版。

[128] [美] 罗伯特·考特、托马斯·尤伦:《法和经济学》,上海三联

书店 1994 年版。

[129] [美] 罗纳德·哈里·科斯等:《财产权利与制度变迁》，上海人民出版社 2000 年版。

[130] [美] 斯蒂格利茨:《公共财政》，中国金融出版社 2009 年版。

[131] [美] 泰坦伯格:《初始排污权交易——污染控制政策的改革》，三联书店 1992 年版。

[132] [美] 托尼·赛奇:《盲人摸象：中国地方政府分析》，《经济社会体制比较》，2006 年第 4 期。

[133] [美] 约瑟夫·E. 斯蒂格利茨:《公共部门经济学》，中国人民大学出版社 2005 年版。

[134] [美] 詹姆斯·麦基尔·布坎南:《公共财政》，中国财政经济出版社 1991 年版。

[135] [美] 珍妮特·V. 登哈特、罗伯特·B. 登哈特:《新公共服务——服务，而不是掌舵》，中国人民大学出版社 2011 年版。

[136] [英] 庇古:《福利经济学》，华夏出版社 2007 年版。

[137] 白俊红、蒋伏心:《考虑环境因素的区域创新效率研究——基于三阶段 DEA 方法》，《财贸经济》，2011 年第 10 期。

[138] 白永秀、李伟:《我国环境管理体制改革的 30 年回顾》，《中国城市经济》，2009 年第 1 期。

[139] 包群、彭水军:《经济增长与环境污染：基于面板数据的联立方程估计》，《世界经济》，2006 年第 11 期。

[140] 鲍学杰:《论地方环境立法对完善我国环境法制的促进作用——以山东省小清河流域水污染防治条例》，《环境保护》，1996 年第 6 期。

[141] 蔡博峰:《东京市碳排放总量控制和交易体系及对我国的启示》，《环境经济》，2011 年第 12 期。

[142] 蔡昉、都阳、王美艳:《经济发展方式转变与节能减排内在动力》，《经济研究》，2008 年第 6 期。

[143] 曹春苗、李云燕:《环境治理中寻租的经济学分析》，《环境保护与循环经济》，2011 年第 2 期。

[144] 曹刚:《权利冲突的伦理学解决方案：以排污权和环境权的冲突为线索》，《中国人民大学学报》，2011 年第 6 期。

[145] 曾贤刚:《地方政府环境管理体制分析》，《教学与研究》，2009

年第 1 期。

[146] 柴发合:《建议成立区域性大气污染管理部门》,《环境》,2008 年第 7 期。

[147] 陈抗、Arye L. Hillman、顾清扬:《财政集权与地方政府行为变化——从援助之手到攫取之手》,《经济学》(季刊),2002 年第 1 期。

[148] 陈刚、李树:《中国式分权下的 FDI 竞争与环境规制》,《财经论丛》,2009 年第 7 期。

[149] 陈华文、刘康兵:《经济增长与环境质量:关于环境库兹涅茨曲线的经验分析》,《复旦学报》(社会科学版),2004 年第 2 期。

[150] 陈歧山、张清华、赵尊华:《我国财政管理体制的变迁与原则》,《经济纵横》,2004 年第 10 期。

[151] 陈谦:《环境经济政策与政府职能转型》,《环境经济》,2012 年第 10 期。

[152] 陈强:《高级计量经济学及 Stata 应用》(第二版),高等教育出版社 2013 年版。

[153] 陈蓉:《浅析制度环境与地方政府行为选择》,《改革与战略》,2007 年第 11 期。

[154] 陈诗一:《边际减排成本与中国环境税改革》,《中国社会科学》,2011 年第 3 期。

[155] 陈思霞、卢洪友:《公共支出结构与环境质量:中国的经验分析》,《经济评论》,2014 年第 1 期。

[156] 陈思霞、卢洪友:《辖区间竞争与策略性环境公共支出》,《财贸研究》,2014 年第 1 期。

[157] 陈雯王、学山等:《区域环境冲突与排污权交易模型探讨》,《湖泊科学》,2003 年第 12 期。

[158] 陈艳莹:《污染治理的规模收益与环境库兹涅茨曲线》,《预测》,2002 年第 5 期。

[159] 陈阳、赵晶晶:《海洋区域环境管理立法研究——以渤海区域环境管理立法为例》,《东岳论丛》,2009 年第 4 期。

[160] 陈英:《企业社会责任理论与实践》,经济管理出版社 2009 年版。

[161] 陈勇兵、曹亮、何兴容:《中国经济为何偏好 FDI》,《宏观经济研究》,2011 年第 1 期。

［162］崔海伟：《浅谈 1970 年代以来中国环境政策的演变》，《山东大学》，2010 年第 5 期。

［163］崔景华：《日本环境税收制度改革及其经济效应分析》，《现代日本经济》，2012 年第 3 期。

［164］崔亚飞、刘小川：《中国省级税收竞争与环境污染——基于 1998 - 2006 年面板数据的分析》，《财经研究》，2010 年第 4 期。

［165］崔亚飞、刘小川：《环境污染与经济增长方式转变——来自中国省际面板数据的证据》，《财经科学》，2009 年第 4 期。

［166］崔亚飞、刘小川：《中国地方政府间环境污染治理策略的博弈分析——基于政府社会福利目标的视角》，《理论与改革》，2009 年第 6 期。

［167］代军、吴克明：《湖北省实施排污权交易的障碍及对策分析》，《生态经济》，2011 年第 4 期。

［168］丁菊红：《中国转型中的财政分权与公共品供给激励》，经济科学出版社 2010 年版。

［169］丁骋骋、傅勇：《地方政府行为、财政—金融关联与中国宏观经济波动——基于中国式分权背景的分析》，《经济社会体制比较》，2012 年第 6 期。

［170］邓可祝：《美国州际环境合作及启示》，《环境保护》，2012 年第 18 期。

［171］邓可祝：《中国排污权交易制度的实现条件研究》，《环境科学与管理》，2011 年第 7 期。

［172］邓远军：《中国环保税费制度研究》，《改革》，2002 年第 4 期。

［173］邓志强、罗新星：《环境管理中地方政府和中央政府的博弈分析》，《管理探索》，2007 年第 5 期。

［174］邓子基、唐文倩：《我国财税改革与“顶层设计”——省以下分税制财政管理体制的深化改革》，《财政研究》，2012 年第 2 期。

［175］董莉：《国际环境非政府组织在环境治理中的作用》，《知识经济》，2011 年第 1 期。

［176］董小林、周晶、杨建军：《区域环境污染治理投资结构分析》，《西北大学学报》（自然科学版），2008 年第 2 期。

［177］董小林、林霄、马谨等：《环境管理经济手段有效性分析》，《环境科学导刊》，2012 年第 4 期。

[178] 董秀海、李万新：《经济发展方式转变与节能减排内在动力》，《经济研究》，2008 年第 6 期。

[179] 董竹、张云：《中国环境治理投资对环境质量冲击的计量分析——基于 VEC 模型与脉冲响应函数》，《中国人口 · 资源与环境》，2011 年第 8 期。

[180] 杜光秋、黄战峰：《论排污权交易法律支撑体系的构建》，中国环境科学学会学术年会论文集，2009 年。

[181] 杜莉、李华：《典型环境政策的经济分析及中国的政策选择》，《经济问题》，2001 年第 11 期。

[182] 杜文甫：《论我国地方政府保护环境的激励机制》，《山东行政学院学报》，2012 年第 1 期。

[183] 段彦新：《建立区域大气污染物交易市场的探讨》，中国环境科学出版社 1997 年版。

[184] 范柏乃、段忠贤：《政府绩效评估》，中国人民大学出版社 2012 年版。

[185] 樊根耀：《环境 NGO 及其制度机理》，《环境科学与管理》，2008 年第 7 期。

[186] 范金、胡汉辉：《环境库兹涅茨曲线研究及应用》，《数学的实践与认识》，2006 年第 6 期。

[187] 范俊玉：《我国环境治理中政府激励不足原因分析及应对举措》，《中州学刊》，2011 年第 1 期。

[188] 方灏、马中：《美国 SO_2 排污权交易的实践对我国的启示》，《南昌大学学报》，2008 年第 5 期。

[189] 方小玲：《污染治理中文本规范和实践规范分离的生态环境分析》，《管理世界》，2014 年第 6 期。

[190] 费孝通：《论西部开发与区域经济》，群言出版社 2000 年版。

[191] 冯海波、方元子：《地方财政支出的环境效应分析》，《财贸经济》，2014 年第 2 期。

[192] 冯瑶瑶、李红娟：《环境治理的政府经济激励机制探讨》，《中国集体经济》，2009 年第 22 期。

[193] 冯宗宪：《基于资源开发的区域环境治理与经济社会发展研究》，中国社会科学出版社 2015 年版。

[194] 付德忠、尹贵斌：《我国环境管理的不足与制度建议》，《经济研究参考》，2007 年第 53 期。

[195] 傅京燕、李丽莎：《环境规制、要素禀赋与产业国际竞争力的实证研究——基于中国制造业的面板数据》，《管理世界》，2010 年第 10 期。

[196] 付文林：《财政分权、财政竞争与经济绩效》，高等教育出版社 2011 年版。

[197] 傅勇、张晏：《中国式分权与财政支出结构偏向：为增长而竞争的代价》，《管理世界》，2007 年第 3 期。

[198] 傅勇：《从财政支出结构看地方政府投资过热》，载《第一财经日报》(评论版)，2006 年 8 月 11 日。

[199] 傅勇：《中国的分权为何不同：一个考虑政治激励与财政激励的分析框架》，《世界经济》，2008 年第 11 期。

[200] 傅勇：《中国式分权、地方财政模式与公共品供给：理论与实证研究》，2007 年复旦大学博士学位论文。

[201] 傅勇：《财政分权、政府治理与非经济性公共物品供给》，《经济研究》，2010 年第 8 期。

[202] 高寒峰、蔡玉胜：《转型期地方政府竞争性行为的形成与发展》，《经济纵横》，2008 年第 6 期。

[203] 高吉喜：《国家生态保护红线体系建设构想》，《环境保护》，2014 年 Z1 期。

[204] 高宏霞、杨林、付海东：《中国各省经济增长与环境污染关系的研究与预测——基于环境库兹涅茨曲线的实证分析》，《经济学动态》，2012 年第 1 期。

[205] 高宏霞、杨林、王节：《中国各省经济增长与环境污染关系的研究与预测——对环境库兹涅茨曲线的内在机理研究》，《辽宁大学学报》(哲学社会科学版)，2012 年第 1 期。

[206] 高鹏飞、陈文颖：《碳税与碳排放》，《清华大学学报》(自然科学版)，2002 年第 10 期。

[207] 高萍：《排污税与排污权交易比较分析与选择运用》，《税务研究》，2012 年第 4 期。

[208] 高萍：《中国环境税制研究》，中国税务出版社 2010 年版。

[209] 高铁梅：《计量经济分析方法与建模 EViews 应用及实例》，清华

大学出版社2009年版。

[210] 高鑫、潘磊：《从社会资本角度探索创新排污权初始分配模式》，《生态经济》，2010年第5期。

[211] 高亚军：《中国地方税研究》，中国社会科学出版社2012年版。

[212] 葛察忠、王金南、高树婷：《环境税收与公共财政》，中国环境科学出版社2006年版。

[213] 葛察忠、王金南、翁志雄等：《环保督政约谈制度探讨》，《环境保护》，2015年第12期。

[214] 龚锋、卢洪友：《公共支出结构、偏好匹配与财政分权》，《管理世界》，2009年第1期。

[215] 谷蕾、马建华、王广华：《河南省1985~2006年环境库兹涅茨曲线特征分析》，《地域研究与开发》，2008年第4期。

[216] 古屹：《旅游企业的环保牌》，《环境保护》，2010年第17期。

[217] 关健、李伟斌：《所有制、市场化程度与企业多元化》，《中央财经大学学报》，2011年第8期。

[218] 关阳：《追踪美国"酸雨计划"》，《环境保护》，2011年第9期。

[219] 郭国峰、郑召锋：《基于DEA模型的环境治理效率评价——以河南为例》，《经济问题》，2009年第1期。

[220] 海贝斯、格鲁诺、李惠斌等：《中国与德国的环境治理比较的视角》，中央编译出版社2012年版。

[221] 韩兴旺：《修改环境保护基本法完善排污权交易市场制度》，全国环境资源法学研讨会，2007年。

[222] 何建武、李善同：《节能减排的环境税收政策影响分析》，《数量经济技术经济研究》，2009年第1期。

[223] 贺立龙、朱方明、陈中伟：《企业环境责任界定与测评：环境资源配置的视角》，《管理世界》，2014年第3期。

[224] 何显明：《市场化进程中的地方政府行为逻辑》，人民出版社2008年版。

[225] 何晓星：《再论中国地方政府主导型市场经济》，《中国工业经济》，2005年第1期。

[226] 何燕、陈真帅：《国外环境税的发展现状及启示》，《环境保护》，2010年第7期。

[227] 洪大用：《经济增长、环境保护与生态现代化——以环境社会学为视角》，《中国社会科学》，2012 年第 9 期。

[228] 洪璐、彭川宇：《城市环境治理投入中地方政府与中央政府的博弈分析》，《城市发展研究》，2009 年第 1 期。

[229] 胡佳：《区域环境治理中的地方政府协作研究》，人民出版社 2015 年版。

[230] 胡娟：《环境税的税理分析及其政策启示》，《环境保护》，2009 年第 8 期。

[231] 胡民：《中国构建排污权交易市场的路径分析》，《特区经济》，2011 年第 7 期。

[232] 胡怡建：《转轨经济中的税收变革》，中国财政经济出版社 2008 年版。

[233] 胡宗义、朱丽、唐李伟：《中国政府公共支出的碳减排效应研究——基于面板联立方程模型的经验分析》，《中国人口·资源与环境》，2014 年第 10 期。

[234] 黄菁、陈霜华：《环境污染治理与经济增长：模型与中国的经验研究》，《南开经济研究》，2011 年第 1 期。

[235] 黄少安：《产权经济学导论》，山东人民出版社 1995 年版。

[236] 黄万华、白永亮：《基于区域经济竞争优化环境治理绩效的府际环境合作机制研究——以跨区水污染治理为例》，《当代经济管理》，2011 年第 4 期。

[237] 黄文芳等：《城市环境：治理与执法》，复旦大学出版社 2010 年版。

[238] 计金标：《生态税收论》，中国税务出版社 2000 年版。

[239] 季绍武、徐长城：《经济增长与环境污染——环境库兹涅茨曲线假说的中国检验》，《财经问题研究》，2006 年第 8 期。

[240] 贾康：《运用财税政策和制度建设治理雾霾》，《环境保护》，2013 年第 20 期。

[241] 蒋春来、王金南、许艳玲：《污染物排放总量预算管理制度框架设计》，《环境与可持续发展》，2015 年第 4 期。

[242] 蒋海勇、秦艳：《发达国家环境税实施中出现的问题及启示》，《税务与经济》，2010 年第 4 期。

[243] 孔善广:《分税制后地方政府财事权非对称性及约束激励机制变化研究》,《经济社会体制比较》,2007 年第 1 期。

[244] 孔祥智:《太湖流域水环境污染治理对策研究》,华中科技大学出版社 2010 年版。

[245] 蓝虹:《环境产权经济学》,中国人民大学出版社 2005 年版。

[246] 郎友兴、葛维萍:《影响环境治理的地方性因素调查》,《中国人口·资源与环境》,2009 年第 3 期。

[247] 郎友兴:《走向共赢的格局:中国环境治理与地方政府跨区域合作》,《宁波党校学报》,2007 年第 2 期。

[248] 冷罗生:《日本温室气体排放权交易制度及启示》,《法学杂志》,2011 年第 1 期。

[249] 李爱年、胡春:《排污权初始分配的有偿性研究》,《中国软科学》,2003 年第 5 期。

[250] 李伯涛:《环境税的国际比较及启示》,《生态经济》,2010 年第 6 期。

[251] 李格琴:《当代中国的生态环境治理》,湖北人民出版社 2012 年版。

[252] 李红利:《环境困局与科学发展》,上海人民出版社 2012 年版。

[253] 李红利:《日本地方政府环境规制的经验与启示》,《上海党史与党建》,2012 年第 5 期。

[254] 李洪心、付伯颖:《对环境税的一般均衡分析与应用模式探讨》,《中国人口·资源与环境》,2004 年第 3 期。

[255] 李慧蓉:《基于外部性理论下的排污权交易制度》,《经济研究导刊》,2012 年第 30 期。

[256] 李金龙、游高端:《地方政府环境治理能力提升的路径依赖与创新》,《求实》,2009 年第 3 期。

[257] 李克国:《环境经济学》,中国环境科学出版社 2003 年版。

[258] 李猛:《财政分权与环境污染——对环境库兹涅茨假说的修正》,《经济评论》,2009 年第 5 期。

[259] 李猛:《地方财政在环境监管中的扭曲行为》,《环境保护》,2010 年第 13 期。

[260] 李猛:《中国环境破坏事件频发的成因与对策——基于区域间环

境竞争的视角》,《财贸经济》,2009 年第 9 期。

[261] 李齐云、宗斌、李征宇:《最优环境税:庇古法则与税制协调》,《中国人口·资源与环境》,2007 年第 6 期。

[262] 李齐云、商凯:《二氧化碳排放的影响因素分析与碳税减排政策设计》,《财政研究》,2009 第 10 期。

[263] 李庆瑞:《新〈环境保护法〉:环境领域的基础性、综合性法律——新〈环境保护法〉解读》,《环境保护》,2014 年第 10 期。

[264] 李时兴:《偏好、技术与环境库兹涅茨曲线》,《中南财经政法大学学报》,2012 年第 1 期。

[265] 李寿德、程少川、柯大钢:《我国组建排污权交易市场问题研究》,《中国软科学》,2000 年第 8 期。

[266] 李寿德:《排污权交易思想及其初始分配与定价问题探析》,《科学学与科学技术管理》,2002 年第 1 期。

[267] 李水生:《限期治理法律制度的若干问题研究》,《环境科学研究》,2005 年第 5 期。

[268] 李永友、沈坤荣:《我国污染控制政策的减排效果——基于省际工业污染数据的实证分析》,《管理世界》,2008 年第 7 期。

[269] 李长健、薛报春、李昭畅:《我国区域环境法律制度研究综述》,《成都行政学院学报》,2008 年第 1 期。

[270] 李挚萍:《西方国家环境税的发展及中国的对策》,《当代经济法研究》,人民法院出版社 2003 年版。

[271] 梁晨:《新时期我国环境立法的回顾与反思》,中央文献出版社 2009 年版。

[272] 廖卫东:《中国排污权市场建设的制度优化》,《管理世界》,2003 年第 11 期。

[273] 廖卫东:《生态领域产权市场制度研究》,经济管理出版社 2004 年版。

[274] 廖晓慧、李松森:《完善主体功能区生态补偿财政转移支付制度研究》,《经济纵横》,2016 年第 1 期。

[275] 林伯强、蒋竺均:《中国二氧化碳的环境库兹涅茨曲线预测及影响因素分析》,《管理世界》,2009 年第 4 期。

[276] 林伯强、邹楚沅:《发展阶段变迁与中国环境政策选择》,《中国

社会科学》，2014 年第 5 期。

[277] 林云华：《国际气候合作与排放权交易制度研究》，中国经济出版社 2007 年版。

[278] 刘超：《管制、互动与环境污染第三方治理》，《中国人口·资源与环境》，2015 年第 2 期。

[279] 刘承礼：《财政关系调整与地方政府行为的变迁——纪念改革开放 30 周年》，《财经研究》，2008 年第 11 期。

[280] 刘承礼：《当代中国地方政府行为的新制度经济学分析》，《天津社会科学》，2009 年第 1 期。

[281] 刘承礼：《理解当代中国的中央与地方关系》，《当代经济科学》，2008 年第 5 期。

[282] 刘大洪、岳振宇：《论环境法的终极价值——基于系统论的研究视角》，《甘肃政法学院学报》，2004 年第 5 期。

[283] 刘凤良、吕志华：《经济增长框架下的最优环境税及其配套政策研究——基于中国数据的模拟运算》，《管理世界》，2009 年第 6 期。

[284] 刘恒科：《地方政府环境责任论纲》，《中北大学学报》（社会科学版），2011 年第 4 期。

[285] 刘继勇：《试析国际环境法的产生与发展》，《沈阳师范大学学报》（社会科学版），2012 年第 1 期。

[286] 刘炯：《生态转移支付对地方政府环境治理的激励效应——基于东部六省 46 个地级市的经验证据》，《财经研究》，2015 第 2 期。

[287] 刘荣茂、张莉侠、孟令杰：《经济增长与环境质量：来自中国省级面板数据的证据》，《经济地理》，2006 年第 5 期。

[288] 刘潇蔚：《国际环境法在国内的实施》，《经营管理者》，2011 年第 3 期。

[289] 刘小川、汪曾涛：《二氧化碳减排政策比较以及我国的优化选择》，《上海财经大学学报》，2009 年第 4 期。

[290] 刘燕、潘杨、陈刚：《经济开放条件下的经济增长与环境质量》，《上海财经大学学报》，2006 年第 8 期。

[291] 刘志阔：《晋升激励和财政分权下的环境管制：一个文献综述》，《中国城市经济》，2010 年第 10 期。

[292] 卢洪友：《环境基本公共服务的供给与分享——供求矛盾及化解

路径》，《人民论坛·学术前沿》，2013 年 Z1 期。

[293] 卢洪友等：《外国环境公共治理：理论、制度与模式》，科学出版社 2014 年版。

[294] 卢洪友、杜亦譞、祁毓：《生态补偿的财政政策研究》，《环境保护》，2014 年第 5 期。

[295] 卢洪友、杜亦譞、祁毓：《中国财政支出结构与消费型环境污染：理论模型与实证检验》，《中国人口·资源与环境》，2015 年第 10 期。

[296] 卢洪友、祁毓：《我国环境保护财政支出现状评析及优化路径选择》，《环境保护》，2012 年第 17 期。

[297] 卢洪友、祁毓：《均等化进程中环境保护公共服务供给体系构建》，《环境保护》，2013 年第 2 期。

[298] 卢洪友、祁毓：《日本的环境治理与政府责任问题研究》，《现代日本经济》，2013 年第 3 期。

[299] 卢洪友、祁毓：《环境质量、公共服务与国民健康——基于跨国（地区）数据的分析》，《财经研究》，2013 年第 6 期。

[300] 卢洪友、祁毓：《生态功能区转移支付制度与激励约束机制重构》，《环境保护》，2014 年第 12 期。

[301] 卢洪友、田丹：《中国财政支出对环境质量影响的实证分析》，《中国地质大学学报》（社会科学版），2014 年第 4 期。

[302] 卢洪友、田丹、叶舟舟：《中美环境保护预算比较：管理模式与信息体系——以国家环保部门预算为例》，《管理现代化》，2014 年第 1 期。

[303] 卢洪友、袁光平、陈思霞、卢盛峰：《中国环境基本公共服务绩效的数量测度》，《中国人口·资源与环境》，2012 年第 10 期。

[304] 卢现祥、张翼：《政府职能转变与企业二氧化碳减排动力》，《当代财经》，2011 年第 5 期。

[305] 逯元堂、吴舜泽、陈鹏等：《环境保护事权与支出责任划分研究》，《中国人口·资源与环境》，2014 年第 11 期。

[306] 罗春梅：《地方财政预算权与预算行为研究》，西南财经大学出版社 2010 年版。

[307] 骆建华：《环境污染第三方治理的发展及完善建议》，《环境保护》，2014 年第 20 期。

[308] 罗岚、邓玲：《我国各省环境库兹涅茨曲线地区分布研究》，《统

计与决策》，2012 年第 10 期。

[309] 罗丽、姚志伟：《论政府在排污权交易市场中的定位》，《北京理工大学学报》（社会科学版），2011 年第 1 期。

[310] 吕忠梅、张忠民：《环境公众参与制度完善的路径思考》，《环境保护》，2013 年第 23 期。

[311] 马中：《环境与资源经济学概论》，高等教育出版社 2006 年版。

[312] 马中、昌敦虎、周芳：《改革水环境保护政策告别环境红利时代》，《环境保护》，2014 年第 4 期。

[313] 马中、陆琼、昌敦虎：《我国绿色金融资金的有效需求（2014～2020 年）》，《环境保护》，2016 年第 7 期。

[314] 马中、石磊、崔格格：《关于区域环境政策的思考》，《环境保护》，2009 年第 13 期。

[315] 马中、王卓妮、胡涛：《美国跨界水污染管理的经验与教训》，《环境保护》，2010 年第 4 期。

[316] 马中、吴健：《中国实施环境税的思索》，《环境保护》，2010 年第 17 期。

[317] 马中、谭雪，石磊、程云飞：《论环境保护税的立法思想》，《税务研究》，2014 年第 7 期。

[318] 毛晖：《我国污染治理方式的现实选择——基于市场交易方式与政府管制的比较》，《湖南财经高等专科学校学报》，2009 年第 5 期。

[319] 毛晖、杜小娟、张佳希：《财政分权、政府竞争与环境污染》，《财政经济评论》，2014 年第 2 期。

[320] 毛晖、郭鹏宇、杨志倩：《环境治理投资的减排效应：区域差异与结构特征》，《宏观经济研究》，2014 年第 5 期。

[321] 毛晖、雷莹：《经济新常态下的环境保护税改革取向》，《税务研究》，2015 年第 9 期。

[322] 毛晖、汪莉、郭鹏宇：《我国环境经济手段的减排效应》，《税务研究》，2014 年第 6 期。

[323] 毛晖、杨志倩、郑防防：《排污权交易的区域差异及影响因素》，《行政事业资产与财务》，2014 年第 2 期。

[324] 毛晖、张盼：《中国环境税费的权限划分模式探讨》，《行政事业资产与财务》，2013 年第 2 期。

[325] 毛晖、郑晓芳:《破解环境治理困境:公众参与及实现路径》,《行政事业资产与财务》,2016年第4期。

[326] 毛晖、郑晓芳:《环境经济手段减排效应的区域差异——排污费、环境类税收与环保投资的比较研究》,《会计之友》,2016年第11期。

[327] 毛寿龙:《迈向绿色的市场经济》,三联出版社1997年版。

[328] 毛云芳:《我国地方政府行为现状分析——基于利益集团的视角》,《天水行政学院学报》,2007年第3期。

[329] 梅运彬、刘斌:《环境税的国际经验及其对我国的启示》,《武汉理工大学学报》(信息与管理工程版),2011年第1期。

[330] 聂国卿:《我国转型时期环境治理的政府行为特征分析》,《经济学动态》,2005年第1期。

[331] 聂国卿:《我国转型时期环境治理的经济分析》,中国经济出版社2006年版。

[332] 潘家华:《中国的环境治理与生态建设》,中国社会科学出版社2015年版。

[333] 潘孝珍:《财政分权与环境污染:基于省级面板数据的分析》,《地方财政研究》,2009年第7期。

[334] 庞军、吴健、马中、梁龙妮、张婷婷:《我国城市天然气替代燃煤集中供暖的大气污染减排效果》,《中国环境科学》,2015年第1期。

[335] 庞明川:《中央与地方政府间博弈的形成机理及其演进》,《财经问题研究》,2004年第12期。

[336] 裴淑娥、左戌革、王东:《公民参与环境意识与生态文明建设现状及途径研究》,《前沿》,2010年第17期。

[337] 平新乔、白洁:《中国财政分权和地方公共物品的供给》,《财贸经济》,2006年第2期。

[338] 祁玲玲、孔卫拿、赵莹:《国家能力、公民组织与当代中国的环境信访——基于2003-2010年省际面板数据的实证分析》,《中国行政管理》,2013第7期。

[339] 祁毓、卢洪友:《收入不平等、环境质量与国民健康》,《经济管理》,2013年第9期。

[340] 祁毓、卢洪友:《"环境贫困陷阱"发生机理与中国环境拐点》,《中国人口·资源与环境》,2015年第10期。

[341] 祁毓、卢洪友、吕翅怡：《社会资本、制度环境与环境治理绩效——来自中国地级及以上城市的经验证据》，《中国人口·资源与环境》，2015 年第 12 期。

[342] 祁毓、卢洪友、徐彦坤：《中国环境分权体制改革研究：制度变迁、数量测算与效应评估》，《中国工业经济》，2014 年第 1 期。

[343] 钱光人：《国际城市固体废物立法管理与实践》，化学工业出版社 2009 年版。

[344] 钱箭星：《我国地方政府环境治理绩效分析》，《中国井冈山干部学院学报》，2012 年第 1 期。

[345] 乔宝云、范剑勇、冯兴元：《中国的财政分权与小学义务教育》，《中国社会科学》，2005 年第 6 期。

[346] 秦昌波、王金南、葛察忠等：《征收环境税对经济和污染排放的影响》，《中国人口·资源与环境》，2015 年第 1 期。

[347] 邱桂杰、齐贺：《政府官员效用视角下的地方政府环境保护动力分析》，《吉林大学社会科学学报》，2011 年第 4 期。

[348] 曲格平：《中国环境保护四十年回顾及思考（回顾篇）》，《环境保护》，2013 年第 10 期。

[349] 屈志光、严立冬、罗毅民：《公众环境素质评估及其城乡差异分析》，《干旱区资源与环境》，2015 年第 12 期。

[350] 冉冉：《"压力型体制"下的政治激励与地方环境治理》，《经济社会体制比较》，2013 第 3 期。

[351] 饶立新：《绿色税收理论与应用框架研究》，中国税务出版社 2006 年版。

[352] 任婧：《浅析我国"三同时"制度》，《法制与社会》，2010 年第 14 期。

[353] 任赟：《日本地方政府在环境政策实施中的作用》，《世界经济研究》，2012 年第 12 期。

[354] 邵稳重：《中国环境保护税费机制研究》，中南财经政法大学博士学位论文，2009 年。

[355] 佘群芝、王文娟：《减污技术与环境库兹涅茨曲线——基于内生增长模型的理论解释》，《中南财经政法大学学报》，2012 年第 4 期。

[356] 沈坤荣：《体制转型期的中国经济增长》，南京大学出版社 1999

年版。

[357] 沈满洪:《环境经济手段研究》,中国环境科学出版社2001年版。

[358] 沈田华、彭珏:《环境税经济效应的扩展分析及其政策启示》,《财经问题研究》,2011年第1期。

[359] 施从美、沈承诚:《区域生态治理中的府际关系研究》,广东人民出版社2011年版。

[360] 石广明、王金南、董战峰:《跨界流域污染防治:基于合作博弈的视角》,《自然资源学报》,2015年第4期。

[361] 司言武:《环境税经济效应分析一个理论框架》,《税务研究》,2007年第11期。

[362] 宋国君:《排污权交易》,化学工业出版社2004年版。

[363] 宋鹭、马中:《破解中国环境保护管理体制改革难题》,《环境保护》,2009年第15期。

[364] 宋璐、南灵:《排污权交易市场中政府角色研究》,《环境科学与管理》,2010年第5期。

[365] 宋马林、王舒鸿:《环境库兹涅茨曲线的中国"拐点":基于分省数据的实证分析》,《管理世界》,2011年第10期。

[366] 宋晓丹:《排污权交易中的政府权力制度约束》,《江苏大学学报》,2011年第3期。

[367] 苏明、傅志华、许文等:《碳税的国际经验与借鉴》,《经济研究参考》,2009年第72期。

[368] 苏明、傅志华、许文等:《中国开征碳税的障碍及其应对》,《环境经济》,2011年第4期。

[369] 苏明、刘军民:《科学合理划分政府间环境事权与财权》,《环境经济》,2010年第7期。

[370] 苏明、邢丽、许文:《推进环境保护税立法的若干看法与政策建议》,《财政研究》,2016年第1期。

[371] 苏明、许文:《中国环境税改革问题研究》,《财政研究》,2011年第2期。

[372] 苏明、许文:《开征环境税 加快转变经济发展方式》,《加快转变经济发展方式研究论文集(2010~2011)》,2011年。

[373] 苏明:《我国环境保护的公共财政政策走向》,《学习论坛》,2009

年第1期。

[374] 苏明:《中国环境税改革问题研究》,《当代经济管理》,2014年第11期。

[375] 苏明:《中国生态文明建设与财政政策选择》,《经济研究参考》,2014年第61期。

[376] 苏明:《环境保护税法迈出关键一步》,《环境经济》,2015年第21期。

[377] 苏明:《农村环境问题的投融资对策探讨》,《经济研究导刊》,2016年第6期。

[378] 苏明:《"十三五"财税改革政策取向》,《当代经济管理》,2016年第5期。

[379] 苏姝:《公众参与环境保护的现状与建议》,《资源节约与保护》,2013年第6期。

[380] 孙俊峰:《浅谈中国排污许可证制度》,《环境科学导刊》,2011年第5期。

[381] 孙荣:《公众参与环境治理存在的主要问题及对策》,《环境科学与管理》,2012年S1期。

[382] 孙晓伟:《财政分权、地方政府行为与环境规制失灵》,《广西社会科学》,2012年第8期。

[383] 孙伟增、罗党论、郑思齐、万广华:《环保考核、地方官员晋升与环境治理——基于2004~2009年中国86个重点城市的经验证据》,《清华大学学报》(哲学社会科学版),2014年第4期。

[384] 孙智芳:《地方政府招商引资竞争分析及对策建议》,《理论研究》,2007年第5期。

[385] 谭志雄、张阳阳:《财政分权与环境污染关系实证研究》,《中国人口·资源与环境》,2015年第4期。

[386] 唐敏:《论我国环境污染防治法的完善》,《湖北经济学院学报》(人文社会科学版),2008年第7期。

[387] 汤亚莉、陈自力、刘星、李文红:《我国上市公司环境信息披露状况及影响因素的实证研究》,《管理世界》,2006年第1期。

[388] 唐志军:《地方政府竞争与中国经济增长——对中国之"谜"中若干谜现的解释》,中国经济出版社2011年版。

[389] 陶然、苏福兵、陆曦、朱昱铭:《经济增长能带来政治晋升吗?——对晋升锦标竞赛理论的逻辑挑战与省级实证评估》,《管理世界》,2010 年第 12 期。

[390] 陶然、陆曦、苏福兵、汪晖:《地区竞争格局演变下的中国转轨:财政激励和发展模式反思》,《经济研究》,2009 年第 7 期。

[391] 陶振:《财政包干体制下中央与地方政府关系走向分析》,《哈尔滨学院学报》,2007 年第 5 期。

[392] 田民利:《我国现行环境税费制度缺失原因分析及对策建议》,《财政研究》,2010 年第 12 期。

[393] 田润宇:《当代地方政府行为研究现状综述》,《天津行政学院学报》,2010 年第 4 期。

[394] 童锦治、朱斌:《欧洲五国环境税改革的经验研究与借鉴》,《财政研究》,2009 年第 3 期。

[395] 童锦治、朱斌:《我国环境税费的环保效果——基于地方政府视角的分析》,《税务与经济》,2012 年第 5 期。

[396] 王春侠、高新军:《我国乡镇级地方政府治理中的潜规则刍议》,《经济社会体制比较》,2005 年第 5 期。

[397] 王德祥、李建军:《财政分权、经济增长与外贸依存度——基于 1978~2007 年改革开放 30 年数据的实证分析》,《世界经济研究》,2008 年第 8 期。

[398] 王芳芳、郝前进:《地方政府吸引 FDI 的环境政策分析》,《中国人口·资源与环境》,2010 年第 6 期。

[399] 王凤:《公众参与环保行为影响因素的实证研究》,《中国人口·资源与环境》,2008 年第 6 期。

[400] 王家祺、李寿德、刘伦升:《跨期间排污权交易中的市场势力与排污权价格变化的路径分析》,《武汉理工大学学报》,2011 年第 1 期。

[401] 汪劲:《中国生态补偿制度建设历程及展望》,《环境保护》,2014 年第 5 期。

[402] 王金南:《中国环境政策改革与创新》,中国环境科学出版社 2008 年版。

[403] 王金南:《排放量拐点未必是污染恶化终点》,《环境经济》,2015 年第 9 期。

[404] 王金南等:《二氧化硫排放交易——美国的经验与中国的前景》,中国环境科学出版社2000年版。

[405] 王金南、蔡博峰、严刚等:《排放强度承诺下的CO_2排放总量控制研究》,《中国环境科学》,2010年第11期。

[406] 王金南、曹国志、曹东:《国家环境风险防控与管理体系框架构建》,《中国环境科学》,2013年第1期。

[407] 王金南、葛察忠、高树婷等:《环境税收政策及其实施战略》,中国环境科学出版社2006年版。

[408] 王金南、葛察忠、秦昌波等:《中国独立型环境税方案设计及其效应分析》,《中国环境管理》,2015年第4期。

[409] 王金南、蒋洪强、刘年磊:《关于国家环境保护"十三五"规划的战略思考》,《中国环境管理》,2015年第2期。

[410] 王金南、龙凤、葛察忠等:《排污费标准调整与排污收费制度改革方向》,《环境保护》,2014年第19期。

[411] 王金南、秦昌波、田超等:《生态环境保护行政管理体制改革方案研究》,《中国环境管理》,2015年第5期。

[412] 王金南、田仁生、吴舜泽等:《"十二五"时期污染物排放总量控制路线图分析》,《中国人口·资源与环境》,2010年第8期。

[413] 王金南、许开鹏、迟妍妍等:《我国环境功能评价与区划方案》,《生态学报》,2014年第1期。

[414] 王金南、许开鹏、王晶晶等:《国家"十三五"资源环境生态红线框架设计》,《环境保护》,2016年第8期。

[415] 王金南、杨金田、曹东、高树婷、葛察忠、钱小平:《中国排污收费标准体系的改革设计》,《环境科学研究》,1998年第5期。

[416] 王金南、张静、刘年磊:《基于EKC的全面小康中国与发达国家环境质量比较》,《中国环境管理》,2016年第2期。

[417] 王金南、朱建华、逯元堂、苏明、吴舜泽:《加快构建环境保护财政制度体系》,《财政研究》,2009年第3期。

[418] 王军锋、闫勇、杨春玉:《区域差异对排污税费政策的影响分析及对策研究》,《中国人口·资源与环境》,2012年第3期。

[419] 王立德、杨晨曦:《环境健康与法律:美国经验借鉴》,《中国地质大学学报》,2010年第4期。

［420］王连芬、孙平平：《区域环境治理效率测的评价指标体系研究》，《统计与决策》，2012 年第 10 期。

［421］王盼盼：《PX 项目公众态度：全民反对 PX 项目是错觉》，《世界环境》，2014 年第 4 期。

［422］王奇、刘勇：《三位一体：我国区域环境管理的新模式》，《环境保护》，2009 年第 13 期。

［423］王树义、蔡文灿：《论我国环境治理的权力结构》，《法制与社会发展》，2016 年第 3 期。

［424］王文剑、仉建涛、覃成林：《财政分权、地方政府竞争与 FDI 的增长效应》，《管理世界》，2007 年第 3 期。

［425］王小军：《论排污权交易制度在我国的实施》，《宁波大学学报》，2005 年第 9 期。

［426］王小龙：《排污权交易研究——一个环境法学的视角》，法律出版社 2008 年版。

［427］王新程：《推进生态文明制度建设的战略思考》，《环境保护》，2014 年第 6 期。

［428］王亚菲：《公共财政环保投入对环境污染的影响分析》，《财政研究》，2011 年第 2 期。

［429］魏珣、马中：《环境税国际经验及对中国启示》，《环境保护》，2009 年第 1 期。

［430］邬亮、马丽、齐晔：《省级政府环境政策制定过程的特征分析：以陕西和云南水土保持生态补偿政策为例》，《中国人口·资源与环境》，2012 年第 3 期。

［431］吴荻、武春友：《建国以来中国环境政策的演进分析》，《大连理工大学学报》（社会科学版），2006 年第 4 期。

［432］吴健：《排污权交易——环境容量管理制度创新》，中国人民大学出版社 2005 年版。

［433］吴健、陈青：《从排污费到环境保护税的制度红利思考》，《环境保护》，2015 年第 16 期。

［434］吴健、马中：《科斯定理对排污权交易政策的理论贡献》，《厦门大学学报》（哲学社会科学版），2004 年第 3 期。

［435］吴健、马中、王潇：《我国排污权交易若干问题的思考与展望》，

《环境保护》，2014 年第 18 期。

[436] 吴健、毛钰娇、王晓霞：《中国环境税收的规模与结构及其国际比较》，《管理世界》，2013 年第 4 期。

[437] 吴俊培：《公共经济学》，武汉大学出版社 2009 年版。

[438] 吴俊培、丁玮蓉、龚旻：《财政分权对中国环境质量影响的实证分析》，《财政研究》，2015 年第 11 期。

[439] 吴俊培、毛晖：《多管齐下治污染》，《涉外税务》，2008 年第 8 期。

[440] 吴俊培、李淼焱：《国际视角下中国环境税研究》，《涉外税务》，2011 年第 8 期。

[441] 吴俊培、王宝顺：《我国省际间税收竞争的实证研究》，《当代财经》，2012 年第 4 期。

[442] 吴霖：《建立公平与效率相统一的"绿色"税制体系》，《税务研究》，2006 年第 10 期。

[443] 武普照、王倩：《排污权交易的经济学分析》，《中国人口·资源与环境》，2010 年 S2 期。

[444] 吴顺恩：《我国财政分权体制下的环境污染问题研究》，《生态经济》，2014 年第 12 期。

[445] 吴舜泽、逯元堂、朱建华、徐顺青：《率先落实政府环境保护职责加强企业和社会资金投入导引》，《环境保护》，2014 年第 8 期。

[446] 吴旭东、李静怡：《刍议环境税的"大棒"与"胡萝卜"效应》，《财经问题研究》，2010 年第 4 期。

[447] 武亚军、宣晓伟：《环境税经济理论及对中国的应用分析》，经济科学出版社 2002 年版。

[448] 吴玉萍：《北京市环境政策评价研究》，《城市环境与城市生态》，2002 年第 2 期。

[449] 伍世安：《改革和完善我国排污收费制度的探讨》，《财贸经济》，2007 年第 8 期。

[450] 夏永祥、王常雄：《中央政府与地方政府的政策博弈及其治理》，《当代经济科学》，2006 年第 2 期。

[451] 肖建华、邓集文：《多中心合作治理：环境公共管理的发展方向》，《林业经济问题》，2007 年第 1 期。

［452］肖建华、秦立春：《两型社会建设中府际非合作与治理》，《湖南师范大学社会科学学报》，2011 年第 2 期。

［453］肖建华、游高端：《地方政府环境治理能力刍议》，《天津行政学院学报》，2011 年第 5 期。

［454］肖江文、罗云峰、赵勇等：《初始排污权拍卖的博弈分析》，《华中科技大学学报》，2001 年第 9 期。

［455］肖军、翁晓华：《用环境经济手段保证西部可持续发展》，《思想战线》，2011 年第 S2 期。

［456］肖巍、钱箭星：《环境治理中的政府行为》，《复旦学报》（社会科学版），2003 年第 3 期。

［457］谢炜、蒋云根：《中国公共政策执行过程中地方政府间的利益博弈》，《浙江社会科学》，2007 年第 5 期。

［458］邢丽：《开征环境税：结构性减税中的“加法”效应研究》，《税务研究》，2009 年第 7 期。

［459］邢璐、马中、单葆国：《欧盟碳减排目标分解方法解读及借鉴》，《环境保护》，2013 年第 1 期。

［460］徐双庆、刘滨：《日本国内碳交易体系研究及启示》，《清华大学学报》（自然科学版），2012 年第 8 期。

［461］徐志：《荷兰的环境税及其借鉴》，《涉外税务》，1999 年第 12 期。

［462］许陈生：《我国地方环境污染治理效率研究》，《科技管理研究》，2010 年第 5 期。

［463］许士春、何正霞：《中国经济增长与环境污染关系的实证分析：来自 1990 - 2005 年省级面板数据》，《经济体制改革》，2007 年第 4 期。

［464］薛刚、陈思霞：《中国环境公共支出、技术效率与经济增长》，《中国人口·资源与环境》，2014 年第 1 期。

［465］薛澜、董秀海：《基于委托代理模型的环境治理公众参与研究》，《中国人口·资源与环境》，2010 年第 10 期。

［466］薛钢、潘孝珍：《财政分权对中国环境污染影响程度的实证分析》，《中国人口·资源与环境》，2012 年第 1 期。

［467］闫文娟：《财政分权、政府竞争与环境治理投资》，《财贸研究》，2012 年第 5 期。

[468] 闫文娟、郭树龙、熊艳：《政府规制和公众参与对中国环境不公平的影响——基于动态面板及中国省际工业废水排放面板数据的经验研究》，《产经评论》，2012 年第 3 期。

[469] 杨朝飞：《积极探讨“费改税”稳妥推进排污收费制度的革命性变革》，《环境保护》，2010 年第 20 期。

[470] 杨海生、陈少凌、周永章：《地方政府竞争与环境政策——来自中国省份数据的证据》，《南方经济》，2008 年第 6 期。

[471] 杨华：《中国环境保护政策研究》，中国财政经济出版社 2007 年版。

[472] 杨华锋：《后工业社会的环境协同治理》，吉林大学出版社 2013 年版。

[473] 杨启乐：《当代中国生态文明建设中政府生态环境治理研究》，中国政法大学出版社 2015 年版。

[474] 杨瑞龙、章泉、周业安：《财政分权、公众偏好和环境污染——来自中国省级面板数据的证据》，《中国人民大学经济学院经济所宏观经济报告》，中国人民大学出版社 2008 年版。

[475] 杨树旺、冯兵：《环境库兹涅茨曲线与自回归模型用于三废污染预测的比较分析》，《管理世界》，2007 年第 3 期。

[476] 杨妍、孙涛：《跨区域环境治理与地方政府合作机制研究》，《中国行政管理》，2009 年第 1 期。

[477] 杨喆、石磊、马中：《污染者付费原则的再审视及对我国环境税费政策的启示》，《中央财经大学学报》，2015 年第 11 期。

[478] 杨志军：《环境治理的困局与生态型政府的构建》，《大连理工大学学报》(社会科学版)，2012 年第 3 期。

[479] 杨钟馗、廖尝君、杨俊：《分权模式下地方政府赶超对环境质量的影响——基于中国省际面板数据的实证分析》，《山西财经大学学报》，2012 年第 3 期。

[480] 姚志勇：《环境经济学》，中国发展出版社 2002 年版。

[481] 叶安珊、姚德利：《论农村生态环境保护中利益平衡及影响》，《环境经济》，2008 年第 3 期。

[482] 于长革：《中国式财政分权与公共服务供给的机理分析》，《财经问题研究》，2008 年第 11 期。

[483] 于凌云：《发展绿色经济的地方财税政策研究》，中国环境科学出版社2006年版。

[484] 于满：《由奥斯特罗姆的公共治理理论分析公共环境治理》，《中国人口·资源与环境》，2014年S1期。

[485] 余敏江：《论生态治理中的中央与地方政府间利益协调》，《社会科学》，2011年第9期。

[486] 虞伟：《公众参与环境保护机制完善路径》，《环境保护》，2014年第16期。

[487] 袁占亭：《资源型城市环境治理与生态重建》，中国社会科学出版社2010年版。

[488] 原哲、张宏翔：《环境税的研究现状述评》，《财政监督》，2011年第4期。

[489] 苑银和：《作为平等权的环境权析》，《首都师范大学学报》（社会科学版），2010年第6期。

[490] 岳世平：《新加坡环境保护的主要经验及其对中国的启示》，《环境科学与管理》，2009年第2期。

[491] 曾婧婧、胡锦绣：《中国公众环境参与的影响因子研究——基于中国省级面板数据的实证分析》，《中国人口·资源与环境》，2015年第12期。

[492] 张彩虹、安秀丽：《中国环境保护投资策略探析》，《辽宁工业大学学报》（社会科学版），2012年第4期。

[493] 张成、陆旸、郭路等：《环境规制强度和生产技术进步》，《经济研究》，2011年第2期。

[494] 张传国、许姣：《国外环境税问题研究进展》，《审计与经济研究》，2012年第3期。

[495] 张恒龙、陈宪：《财政竞争对地方公共支出结构的影响——以中国的招商引资竞争为例》，《经济社会体制比较》，2006年第4期。

[496] 张慧毅、魏大鹏：《环境约束、环境库兹涅茨曲线与产业竞争力生成能力》，《中央财经大学学报》，2011年第11期。

[497] 张建英：《区域生态治理中地方政府经济职能转型研究》，广东人民出版社2011年版。

[498] 张劲松：《生态型区域治理中的政府责任》，广东人民出版社2011

年版。

[499] 张连辉、赵凌云:《1953—2003 年间中国环境保护政策的历史演变》,《中国经济史研究》, 2007 年第 4 期。

[500] 张培、章显:《排污权有偿使用阶梯式定价研究——以化学需氧量排放为例》,《生态经济》, 2012 年第 8 期。

[501] 张平淡、朱松、朱艳春:《我国环保投资的技术溢出效应——基于省级面板数据的实证分析》,《北京师范大学学报》(社会科学版), 2012 年第 3 期。

[502] 张胜军、徐鹏炜等:《浙江省排污权初始分配与有偿使用定价方法初探》,《环境污染与防治》, 2010 年第 7 期。

[503] 张伟、蒋洪强、王金南:《"十一五" 时期环保投入的宏观经济影响》,《中国人口·资源与环境》, 2015 年第 1 期。

[504] 张卫国:《地方政府投资行为: 转型期中国经济的深层制约因素》,《学术月刊》, 2005 年第 12 期。

[505] 张文彬、张理芃、张可云:《中国环境规制强度省际竞争形态及其演变——基于两区制空间 Durbin 固定效应模型的分析》,《管理世界》, 2010 年第 12 期。

[506] 张文彬、张良刚:《环境规制分权与治理成本在政府间分担的分析》,《中国市场》, 2012 年第 6 期。

[507] 张雪兰、何德旭:《双重红利效应之争及对我国绿色税制改革的政策启示》,《财政研究》, 2008 年第 3 期。

[508] 张晏、汪劲:《我国环境标准制度存在的问题及对策》,《中国环境科学》, 2012 年第 32 期。

[509] 张翼、卢现祥:《公众参与治理与中国二氧化碳减排行动——基于省级面板数据的经验分析》,《中国人口科学》, 2011 年第 3 期。

[510] 张涌:《试析地方政府竞争行为》,《岭南学刊》, 2007 年第 4 期。

[511] 张元友、叶军:《我国环境保护多中心政府管制结构的构建》,《重庆社会科学》, 2006 年第 8 期。

[512] 张征宇、朱平芳:《地方环境支出的实证研究》,《经济研究》, 2010 年第 5 期。

[513] 赵丹、殷培红、韩兆兴:《怎样看待"碳交易"下的行业减排效果》, 2011 中国环境科学学会学术年会论文集(第三卷), 2011 年。

[514] 赵静、段志辉:《地方政府环境监管的失衡与平衡》,《行政与法》,2011 年第 1 期。

[515] 赵俊:《论环境法的理论基础》,《华中科技大学学报》(社会科学版),2005 年第 3 期。

[516] 赵美珍、邓禾:《立体化环境监管模式的创建与运行》,《重庆大学学报》(社会科学版),2010 年第 1 期。

[517] 赵细康:《中国排污权交易市场如何破局?》,《环境保护》,2009 年第 5 期。

[518] 赵霄伟:《地方政府间环境规制竞争策略及其地区增长效应——来自地级市以上城市面板的经验数据》,《财贸经济》,2014 年第 10 期。

[519] 赵玉民、朱方明、贺立龙:《环境规制的界定、分类与演进研究》,《中国人口·资源与环境》,2009 年第 6 期。

[520] 赵志华、董小林:《陕西省环保投资绩效 DEA 实证分析》,《环境科学导刊》,2013 年第 1 期。

[521] 赵志平、贾秀兰:《环境保护的政府行为分析及反思》,《生态经济》,2005 年第 10 期。

[522] 郑磊:《财政分权、政府竞争与公共支出结构——政府教育支出比重的影响因素分析》,《经济科学》,2008 年第 1 期。

[523] 郑思齐、万广华、孙伟增、罗党论:《公众诉求与城市环境治理》,《管理世界》,2013 年第 6 期。

[524] 郑有飞:《环境影响评价》,气象出版社 2008 年版。

[525] 郑周胜、黄慧婷:《地方政府行为与环境污染的空间面板分析》,《统计与信息论坛》,2011 年第 10 期。

[526] 仲伟合:《加拿大蓝皮书:加拿大发展报告(2014)》,社会科学文献出版社 2014 年版。

[527] 周芳、马中、石磊:《企业节能减排行为研究:以 D 市为例》,《中国地质大学学报》(社会科学版),2012 年第 6 期。

[528] 周飞舟:《以利为利:财政关系与地方政府行为》,上海三联书店 2012 年版。

[529] 周光亮:《财政分权地方政府投资和产业结构调整——来自中国的经验》,《经济问题》,2012 年第 1 期。

[530] 周黎安:《晋升博弈中政府官员的激励与合作——兼论我国地方

保护主义和重复建设问题长期存在的原因》,《经济研究》,2004 年第 6 期。

[531] 周黎安:《中国地方官员的晋升锦标赛模式研究》,《经济研究》,2007 年第 7 期。

[532] 周茜:《中国区域经济增长对环境质量的影响——基于东、中、西部地区环境库兹涅茨曲线的实证研究》,《统计与信息论坛》,2011 年第 10 期。

[533] 周权雄:《政府干预、共同代理与企业污染减排激励——基于二氧化硫排放量省际面板数据的实证检验》,《南开经济研究》,2009 年第 4 期。

[534] 诸大建:《可持续发展》,同济大学出版社 2013 年版。

[535] 朱德米:《地方政府与企业环境治理合作关系的形成——以太湖流域水污染防治为例》,《上海行政学院报》,2010 年第 1 期。

[536] 朱宏涛:《关于我国环境税税权分配的思考》,《财会月刊》,2011 年第 9 期。

[537] 朱玲、万玉秋、缪旭波、杨柳燕、汪小勇、刘洋:《论美国的跨区域大气环境监管对我国的借鉴》,《环境保护科学》,2010 年第 2 期。

[538] 朱轶、熊思敏:《财政分权、FDI 引资竞争与私人投资挤出——基于中国省际面板数据的经验研究》,《财贸研究》,2009 年第 4 期。

[539] 庄宇、张敏等:《西部地区经济发展与水文环境质量的相关分析》,《环境科学与技术》,2007 年第 4 期。

[540] 左玉辉:《环境经济学》,高等教育出版社 2003 年版。

后　记

本书是国家社科基金青年项目“地方政府环境治理的驱动机制与减排效应研究”（项目号：13CGL106）的研究成果。该项目在2018年2月结项，并获得“良好”等级。

党的十九大报告指出，我国经济已由高速增长阶段转向高质量发展阶段。在这一转型过程中，加快生态文明建设，推动绿色发展，成为新时代的重要任务。而在我国，环境问题带有深刻的体制烙印。只有有效激励地方政府开展环境治理，各项治理手段才能充分发挥其减排效应，这正是本课题研究的初衷。

2013年课题立项以来，笔者有机会到全国东、中、西部各地财政部门调研，同时参与到地方环保部门的绩效评价工作中。调研使课题收获了丰富的一手资料，而课题负责人对地方政府环境治理问题，也有了更为全面和深入的认识。目前，项目的部分阶段性研究成果已经在《税务研究》《宏观经济研究》《中南财经政法大学学报》《环境保护》《新视野》等刊物上发表。

本书在写作过程中，笔者指导的硕士研究生郑晓芳、张胜楠、余爽、谢李娜、于梦琦、雷莹、严笑羽、潘珊、张佳希、甘军、张鸿景、刘铮霓、曾伟蕾、张佳楠等，参与到数据和文献的收集、整理以及有关章节的撰写中来。

课题在撰写立项申请书阶段，武汉大学吴俊培教授、中南财经政法大学陈志勇教授、庞凤喜教授、侯石安教授，从不同角度，对申请书的内容提出了中肯而有建设性的意见。课题在研究过程中，中南财经政法大学祁毓副教授、武汉工程大学王娟副教授对研究工作给予了大力支持。在申请结项阶段，匿名评审专家提供了宝贵的修改意见。经济科学出版社白留杰主任为本书的出版付出了辛勤的劳动。对于各位专家、学者提供的大力帮助，笔者谨在此表示衷心的感谢。

环境治理是一个涉及多门学科的综合性问题，尽管本书尝试探讨了其中一些问题，但受条件和能力所限，不足之处在所难免，敬请各位专家学者批评指正。

毛　晖

2019年1月于武汉